作者简历

周成明，男，1963年8月出生于湖南省茶陵县。1978年毕业于茶陵一中；1981-1985年在吉林农业大学中药材学院学习药用植物栽培，获学士学位；1985-1988年在中国农业大学研究生院获硕士学位；1988-1995年在原国家医药管理局中国医药研究开发中心从事中草药及天然药物的研究开发工作；2004年获博士学位。

1995年，周成明博士自筹资金在北京市大兴区生物医药开发区创建北京时珍中草药技术有限公司，任法人。20年来，在全国建立连锁乌拉尔甘草基地500余个，种植面积达20万亩，培训基层中草药种植户3000余户，每年为国家生产数千吨甘草。从2001年开始在甘肃民勤、新疆等地开展乌拉尔甘草优良品系选育研究，发现乌拉尔甘草优良新品系"民勤一号"、"阿勒泰一号"，该品系栽培3年亩产鲜根可达2500千克，甘草酸含量达3%以上。此外，周成明博士还不间断地从中国民间中草药中挖掘具有抗癌作用的天然药物，与美国加州大学、美国国立癌症研究所、中国科学院华南植物园合作，终于从一种中草药中发现了一个具有全新抗癌机制的天然药物NSC-736517，经美国国立癌症研究所药理实验，该药物的抗癌效果是紫杉醇Taxol的6倍，可以灭杀60种人体癌细胞，对肾癌、乳腺癌、肺癌有特效，该药物如开发成功将给全世界癌症患者带来福音。

周成明博士非常重视理论与实践相结合，积极开展对外交流，多次出访过美国、韩国、哈萨克斯坦等国家。在国内外学术刊物上发表中草药论文50余篇，出版中草药专著8本，达100万字之多，是国内知名中草药专家。

联系方式：

单位：北京时珍中草药技术有限公司

地址：北京市大兴区黄良路马村

邮政编码：102609

电话：（010）61259631，13501072627

传真：（010）61259886

网站：www.dxgc.com；www.shizhenzy.co.

E-mail：zcmzzk@126.com

U0273060

作者简历

靳光乾，男，1962年5月出生，安徽省萧县人。1985年毕业于吉林农业大学特产系药用植物栽培专业。

现为山东省中医药研究院主任药师、山东中医药大学兼职教授、国家科技部火炬计划项目评审专家、国家食品药品监督管理总局保健食品评审专家，山东省、江苏省、重庆市科技项目评审专家、山东林业科技杂志编委、山东省健康长寿文化促进会常务理事、吉林农业大学山东校友会副会长。

农工党山东省委委员、省委科技委员会副主任、参政议政委员会特聘研究员、农工党研究院委员会主任委员。

主持和参加科研项目14项；参与医院制剂研究10余项；取得发明专利4项；主编和参编著作13部（主编4部、副主编2部，其余为编委），其中3部为高校教材；发表专业论文76篇；在中国中医药报、中国医药报、科技信息报等专业报纸应邀发表中药材科普文章100余篇。

2003年，在农工党山东省委、内蒙古自治区青少年基金会以及库伦旗政府的支持下，在内蒙古库伦旗三家子镇建立了"百亩蔓荆治沙试验园"，农工党中央秘书长、山东省政协副主席张敏以及内蒙古自治区有关领导，亲自参与有关活动。山东电视台多次跟踪报道，还专门播出了40分钟的新闻纪录片《蔓荆子》，此事受到全国政协主席贾庆林的高度评价。

2006年，中共中央统战部及各民主党派中央授予靳光乾"全面建设小康社会全国先进个人"，9月20日，在北京人民大会堂参加了有贾庆林、回良玉等党和国家领导人出席的表彰大会。

多次被农工党中央和山东省委评为先进个人。

2004年被中共山东省委统战部评为"全省民主党派为经济建设服务先进个人"。

联系电话：13001725816

作者简历

张成文，男，1962年9月出生，高级经济师，重庆骄王天然产物股份有限公司董事长，西安瑞仁生物技术有限公司董事长、总经理，中国医保商会植物提取物分会理事长，CSNR天然药物资源委员会副主任委员，陕西省高新技术产品进出口协会副会长。吉林农业大学应用化学专业硕士毕业。

1987—1990　吉林农业大学农化系农药教研室主任

1990—1993　深圳邦大生物制品有限公司（中港合资）总经理

1993—1995　吉林玉龙保健品有限公司（中非合资）副总经理

1996—2002　西安高科股份有限公司副总经理，西安天诚医药生物工程有限公司总经理

2003—2013　西安皓天生物工程技术有限责任公司董事长、总经理

2013-今　重庆骄王天然产物股份有限公司董事长

2013-今　西安瑞仁生物技术有限公司董事长、总经理

张成文同志曾获"国家科学技术进步二等奖"、"农业部科技进步二等奖"、"国家技术监督局科技进步一等奖"等称号，主编或合作编写了《80种常用中草药栽培、提取、营销》《庄稼医生实用手册》和《农药使用技术大全》等书，并先后在国内著名刊物上发表论文10余篇。

作为国内最早从事植物提取物的研究开发与生产销售的先导者之一，张成文同志是中国植物提取物协会的第一、第三、第四届及现任理事长。在其管理经营的西安天诚医药生物工程有限公司、西安皓天生物工程技术有限公司的推动及整个行业协会的正确引导下，中国植物提取行业在近20年间完成了从小规模经营到进入国际主流市场并取得主导地位的骄人业绩。

电话：13909253198

作者简历

徐小琴本科毕业于青海大学无机化学专业，吉林农业大学药用植物专业硕士研究生；2004年入职西安皓天生物工程技术有限责任公司，一直从事植物提取物的研发工作，是我国第一批将辅酶Q10产业化的核心研究人员，并领导开发了环保法生产肌醇的重大产业化转型项目等。目前任职西安瑞仁生物技术有限责任公司副总、重庆骄王天然产物有限公司研究所所长。凭借对产品工艺技术和应用研究的造诣以及深厚的理论基础、丰富的研发经验，徐小琴和她领导的研发团队为企业在技术上处于行业的领先位置做出了突出的贡献。

作者简历

陈振鸿，祖籍四川，1963年出生，大专文化，当过兵，复员转业后于1993年在西安市拼搏创业，现为陕西富捷药业有限公司、新疆富沃药业有限公司、新疆富捷生态农业开发有限公司董事长、法人。公司形成了集甘草等中药材种植、初加工、高精加工、新产品研发、销售及服务完整的产业链。陈振鸿对甘草等中药材的繁育、种植、提取加工、精制均有深厚的学识和成功的实践经验，对甘草产业的发展做出了贡献。

80种常用中草药

栽培 提取 营销

第 3 版

周成明　靳光乾　张成文　徐小琴　陈振鸿　编著

中国农业出版社

编写人员　周成明　靳光乾　张成文　徐小琴
　　　　　　陈振鸿

PREFACE
前　言

　　中药材采集、栽培是中药产业链的源头，是所有中成药、保健品和许多食品的原材料，千年来使用都是安全可靠的。1982 年以来，国家执行改革开放政策，除甘草、麝香、杜仲、厚朴外，所有中药材均可上市自由交易，使我国的中药材栽培和生产进入了前所未有的空前繁荣发展的阶段。自 1998 年开始到今天，由于种种原因，我国的中药材栽培产业走入了低谷。面对这种状况该怎么办？我们认为，还是应该按照传统道地中药材栽培技术和方式恢复中药材生产，恢复传统道地中成药品种的生产，恢复地方小制药厂的生产，真正让 8 亿农村居民和 5 亿城市居民吃上价廉物美的中成药，扩大中药材、中成药的市场份额。只有立足于国内，才能振兴中医药产业，才能真正的走出国门。寄希望于"十一五"期间我国中医药产业能够迎来新的辉煌灿烂的明天！

　　我国蕴藏着 1.1 余万种中草药物种类，是药用植物资源极其丰富的国家，然而开发利用有交易价格的只有 500 余种，只占总资源量的 4.5％左右，其余大部分是野生药材，大宗的家种药材约 200 余种，市场用量较大、栽培技术较成熟的约 100 余种。《80 种常用中草药栽

培 提取 营销》第 3 版中草药栽培技术与市场分析部分精辑了 80 种常用中草药最新的栽培技术及提取技术，简化了基础知识的介绍，强化了市场分析部分，每一种药材都配有 25 年（1990—2014 年）每个月的价格变化情况，这一部分价格资料是笔者根据 20 余年的实际商业运作经验和教训综合归纳而成，是某一种药材某一个规格的市场一级生产价格，是本书最珍贵的部分，是同类书籍中没有的。本书国内外中药材市场和北方地区传统中药材种植现状部分的内容显得更为珍贵，目前还没有同类书籍向读者提供过如此翔实的国内、国外植物提取物资料，其价格和销售渠道都是商业秘密。本书首次将国内、国外 20 余个药材市场的情况编入书中，使读者对中药材和植物提取物市场及药材和植物提取物的物流有个大致的了解。本书图片部分是笔者 20 年研究开发乌拉尔甘草等中草药栽培技术经验的积累，极为实用，种植户根据图片的流程就能种植成功，对其他药材的种植可以达到触类旁通、举一反三的效果。

看了此书后，肯定会有读者朋友想加入到药材种植和经营行列里来，为此，笔者提醒种植户和商家应注意以下四点：

1. 药用植物的引种栽培一定要遵循其自身的生物学规律，一定要讲究其道地性，盲目跨纬度引种是不提倡的。

2. 种植户及商家应找一个龙头企业，与其签订产、供、销及技术服务合同，生产的产品应有一个企业收购。目前有个别企业打着高价回收产品的广告，种植户应认真地考察其资信，确认其真实性后才能与其签订合同，防止经济损失。这一点提醒种植户切切注意。

3. 目前，国内没有成熟的种子种苗市场，还没有制定出全行业的药用植物种子质量标准。因此，在采购种子种苗时，一定要找专业的研究机构、专家鉴定后才能掏钱购买。忽视药材种子质量，贪图种子价格便宜，肯定是种不好药材的。

4. 栽培技术培训。笔者在 20 余年的中草药栽培技术推广中发现，对基层种植户的培训是十分重要的一个环节。凡是与我们签订供种和收购合同的种植户，都必须强制性地在北京时珍中草药技术有限公司设在北京市大兴区黄良路马村的基地接受为期 3～7 天的技术培训，由专家指导，设计好自己的种植方案，并要考试合格后才能回去种植，这样才能保证田间技术实施到位。截至 2014 年底，我们已经累计培训了 基层种植员 5 000 余名，这些人已经成为我国中药材栽培事业的中坚力量。

笔者在《80 种常用中草药栽培》一书前言中写了 4 条注意事项，深得基层种植户的首肯，收到大量的读者来信，该书累积销售近 20 万册。本书又归纳整理了上述 4 条注意事项，请读者谨记。药材栽培属于农业范畴，有许多不确定因子，需要跟天斗、跟地斗，规避天气风险和财务风险是首先要考虑的问题。

　　药用植物栽培学是一门实践科学，无论有多高深的理论，不去种植实践，则只能说是纸上谈兵。笔者倾其所有，以药用植物栽培研究开发作为终身追求的事业，20 年不间断地在北京市郊区、内蒙古和甘肃、新疆等地大面积租地种植药材，摸索药用植物大面积栽培技术的规律，跑遍了国内外医药市场，以写成此书，以期给读者一个更广阔的视野。最近，《中华人民共和国中医药法》即将出台，这是我国 2000 年以来首次在法律上确立中医药的地位，是史无前例的大好时机，它即将促进中药材事业的大步向前发展。

　　由于作者水平有限，书中难免有不足之处，请读者见谅为盼。

周成明于大兴马村

2014 年 10 月

CONTENTS

目　录

前言

第一章　中草药栽培技术与市场分析 …………………… 1

一、根及根茎类 …………………………………………… 1

（一）甘草 ………………………………………………… 1

（二）北沙参 ……………………………………………… 9

（三）黄芩 ………………………………………………… 12

（四）地黄 ………………………………………………… 15

（五）北柴胡 ……………………………………………… 18

（六）云木香 ……………………………………………… 21

（七）三七 ………………………………………………… 24

（八）知母 ………………………………………………… 29

（九）苍术 ………………………………………………… 31

（十）膜荚黄芪 …………………………………………… 34

（十一）蒙古黄芪 ………………………………………… 37

（十二）掌叶大黄 ………………………………………… 40

（十三）川芎 ……………………………………………… 43

（十四）半夏 ……………………………………………… 46

（十五）天南星 …………………………………………… 49

（十六）桔梗 ……………………………………………… 52

（十七）乌头 ……………………………………………… 55

（十八）怀牛膝 …………………………………………… 57

（十九）人参 ……………………………………………… 60

（二十）黄连 ……………………………………………… 63

（二十一）天麻 …………………………………………… 67

（二十二）党参 …………………………………………… 72

（二十三）防风 …………………………………………… 75

（二十四）白芷 …………………………………………… 78

（二十五）丹参 …………………………………………… 81

（二十六）百合 …………………………………………… 84

（二十七）巴戟天 ………………………………………… 88

（二十八）山药 …………………………………………… 91

（二十九）泽泻 …………………………………………… 94

（三十）麦冬 ……………………………………………… 98

（三十一）西洋参 ………………………………………… 101

（三十二）元胡 …………………………………………… 105

（三十三）板蓝根 ………………………………………… 109

（三十四）白术 …………………………………………… 113

（三十五）浙贝母 ………………………………………… 116

（三十六）条叶龙胆 ……………………………………… 119

（三十七）南沙参 ………………………………………… 122

（三十八）当归 …………………………………………… 125

（三十九）射干 …………………………………………… 128

（四十）姜黄 ……………………………………………… 132

（四十一）太子参 ………………………………………… 136

（四十二）玄参 …………………………………………… 139

（四十三）紫菀 …………………………………………… 142

（四十四）黄精 …………………………………………… 145

（四十五）芍药 …………………………………………… 148

（四十六）远志 …………………………………………… 151

二、花类 …………………………………………………… 154

（一）金银花 ……………………………………………… 154

（二）红花 ……………………………………… 157

（三）西红花 …………………………………… 160

（四）辛夷 ……………………………………… 164

（五）菊花 ……………………………………… 167

三、果实种子类 ………………………………… 171

（一）连翘 ……………………………………… 171

（二）罗汉果 …………………………………… 174

（三）急性子 …………………………………… 178

（四）补骨脂 …………………………………… 180

（五）银杏 ……………………………………… 184

（六）栀子 ……………………………………… 188

（七）砂仁 ……………………………………… 192

（八）山茱萸 …………………………………… 197

（九）白花菜子 ………………………………… 200

（十）栝楼 ……………………………………… 202

（十一）薏苡 …………………………………… 207

（十二）枸杞子 ………………………………… 210

（十三）酸枣 …………………………………… 213

（十四）决明子 ………………………………… 215

（十五）沙苑子 ………………………………… 218

（十六）五味子 ………………………………… 221

四、树皮及根皮类 ……………………………… 224

（一）肉桂 ……………………………………… 224

（二）厚朴 ……………………………………… 231

（三）丹皮 ……………………………………… 235

（四）杜仲 ……………………………………… 239

五、全草类 ……………………………………… 243

（一）穿心莲 …………………………………… 243

（二）草麻黄 …………………………………… 247

（三）藿香 ……………………………………… 250

（四）荆芥 ……………………………………… 253

（五）细辛 ……………………………………… 256

（六）石斛 ……………………………………… 259

（七）薄荷 ……………………………………… 263

六、真菌类 ……………………………………… 268

（一）茯苓 ……………………………………… 268

（二）灵芝 ……………………………………… 272

（三）猪苓 ……………………………………… 277

第二章　植物提取物发展历史、市场概况

　　　　和常用提取技术 ……………………… 282

一、植物提取物的发展历史 …………………… 282

（一）DSHEA 法案——植物提取物发展的里程碑 … 282

（二）世界植物提取物行业不同阶段发展状况 ……… 283

二、植物提取物行业全球市场现状及未来发展趋势 … 288

（一）草本补充剂（植物提取物）全球市场状况 … 288

（二）不同区域草本补充剂（植物提取物）

　　　市场整体状况 ………………………… 290

（三）草本补充剂（植物提取物）市场发展趋势 … 294

三、全球植物提取物行业大事件 ……………… 295

（一）DSHEA 法案——植物提取物行业发展的里

　　　程碑 …………………………………… 295

（二）马兜铃酸肾病（Ari-stolochic acid nephropathy）

　　　——中药副作用引起全球关注 ………… 296

（三）麻黄提取物被禁售——"天然的即为安全的"

　　　观念被彻底颠覆 ………………………… 296

（四）"南安普顿学术"—天然色素—植物

　　　提取物的新领域 ………………………… 297

（五）欧盟指令（The Traditional Herbal Medicine
　　　Product Directive THMPD 2004/24/EC）
　　　扼杀了非欧洲传统草药产品 …………………… 297
（六）巨头制药企业和日用消费品公司纷纷进入食品
　　　补充剂（植物提取物）行业 …………………… 298

四、植物提取物常用提取技术 …………………………… 299

五、主要植物提取物和主要超级水果简介 …………… 306

第三章　国内外中药材市场简介 ……………………… 313

一、国内外中药材市场 …………………………………… 313
（一）国内主要药材市场 ………………………………… 313
（二）国内次要药材市场 ………………………………… 319
（三）未形成市场的传统道地药材产区 ……………… 326
（四）中国香港、韩国、日本药材市场 ……………… 328

二、北方地区传统中药材种植现状调查 ……………… 331
（一）我国中药材生产和市场状况 …………………… 331
（二）我国传统中药材种植及市场形成示意图 ……… 333
（三）总结 ………………………………………………… 334

三、中药种植和中药材市场图说 ……………………… 334

第四章　图解乌拉尔甘草全程栽培技术 ……………… 345

附录一　对中药材 GAP 认证和产业的思考与建议 …… 375
附录二　甘草栽培与甘草酸生物合成及其调控的
　　　　研究进展 ………………………………………… 394
附录三　人工种植乌拉尔甘草根中甘草酸含量的测定 … 400
附录四　常用中药材种植生产效益分析参考简表 …… 404

第一章　中草药栽培技术与市场分析

一、根及根茎类

（一）甘草

1. 概述　乌拉尔甘草（*Glycyrrhiza uralensis* Fisch）为豆科植物干燥根和根茎，是一味大宗的常用中草药，被国家列为重点专控中药材，由于甘草味甜，除药用外，还被广泛用于食品工业，作为天然的甜味剂。近几年来，在天然产物热的潮流影响下，我国大量出口甘草及其提取物到东南亚及欧美国家，甘草已成为我国医药行业最大宗的出口创汇药材之一（图 1-1-1）。

野生的甘草资源主要分布在我国黄河流域及黄河以北地区，内蒙古、甘肃、新疆等省、自治区野生资源分布较多。20 世纪 90 年代以前，我国的甘草供应主要靠在这些地区采挖的野生资源，随着国内外对甘草需求量的成倍增长，靠人工采挖野生甘草已不能满足市场需求，同时严重破坏了我国西北地区的植被，导致沙漠化程度加重，这样使甘草的供需矛盾进一步加剧，因此，研究甘草野生变家种和高产优质栽培技术已是一个迫在眉睫的课题。

2. 栽培技术

（1）选地整地

①选地。选择土地肥沃、宿根性杂草少、有排灌条件的黑油砂土地或砂壤地种植甘草。前茬最好是玉米、小麦、瓜菜类熟地，不能选择杂草多的荒地、干旱地、涝洼地、盐碱地种植甘

草，即使种了也长不好。

②选好地后，每 667 米² 撒施 15 千克磷酸二铵作为底肥，也可施农家肥，然后深翻土地，耙平。播种技术分两种：垄播和平播。垄播要起垄，垄距 60 厘米左右，起垄要直，成龟背形，土壤要疏松。也可以平播，华北、西北地区砂土地一般采用平播技术。种植甘草，选地技术是关键，选好一块地等于成功了一半。

图 1-1-1 甘 草
1. 果枝 2. 根的一部分

（2）播种技术

①播种前一天，将甘草种子 100 千克拌 0.25 千克辛硫磷乳液，目的是防止地下害虫吃掉甘草种子和甘草幼芽，拌好药后，用塑料布盖好种子，待播种。

②播种量。直播地每 667 米² 播 3～4 千克。种子经化学药物处理并包衣。种子质量标准：发芽率 80% 左右，纯度 100%，净度为 95%，发芽势＋＋＋，每千克种子 8.5 万～9.5 万粒，发芽势好。育苗地每 667 米² 土地播种量 5～8 千克。

③播种方法。分机械和人工播种两种方法。

机械播种方法：将拌好辛硫磷的甘草种子装入播种机种箱内，播种机可选择精量播种机。播种深度一定要严格控制在 2.0～2.5 厘米，千万不能播得深了，播深了，甘草幼芽顶不出土。约 10 天左右甘草幼芽陆续出土。

人工播种方法：垄播方法为在垄上开 10 厘米宽幅的小沟，沟深 2～3 厘米，用点葫芦或手将种子播在 10 厘米宽幅的沟内，人工覆土，覆土深为 2 厘米，不允许超过 3 厘米，人工用脚踩实或用碌子压实，10 天左右甘草幼芽陆续出土。平播方法为将土地整平，用开沟器开沟，将种子均匀洒在沟内，然后覆土 2～3 厘米厚，用脚踩实。

为了保证甘草出全苗，在干旱的年份，必须在播种前灌水，然后再播种，如果有喷灌条件，可播后喷水保墒。在没有浇水条件的旱地，可在雨后趁墒播种也能抓住全苗。

甘草播种的技术要求很精细，望各位种植户认真安排好播种的时间和人工、物资，每天每人播 667 米² 左右，不能求快，要求高质量。

（3）田间管理程序

①播种后第二天立即地面喷洒甘草专用除草剂 1 号和杀虫剂各一次，两种药剂可合并一次喷施。

人工喷雾或机械喷雾均可。配药的方法：每 667 米² 用专用除草剂 1 号 200 毫升＋杀虫剂 0.1 千克＋水 50 千克左右混匀，地面全封闭喷雾。目的是封闭田间的种子杂草和杀死地上害虫。如果春季地上害虫很厉害，再喷一次杀虫剂。一般 15 天左右不进入田间。但农技人员必须每天例行检查甘草幼苗的生长情况并作文字记录。如果甘草幼芽已出土面，则不能喷甘草专用除草剂。

②15 天左右，甘草幼苗出土面，两片子叶展开，第一片真叶随后出来，此时，到田间观察甘草幼苗有少量死苗现象。在甘草幼苗两片真叶时，应打保苗药剂，配方如下：每 667 米² 用专用保苗剂粉剂 100 克＋水 50 千克，充分溶解，喷施在甘草幼苗的叶子上。将甘草幼苗迅速催起来，从而防止甘草幼苗的死亡。如出现断垄现象，应及时组织人工补种断垄的部分，保证田间出全苗，补种是保证全苗的重要田间措施。

③当甘草幼苗长出 3 片真叶时，要组织人工拔掉甘草田间的早春杂草，不要用锄铲草，以免破坏专用除草剂的效果。

④当甘草长出 4～6 片真叶时，人工顺垄开沟追施一次尿素，每 667 米^2 地 5～15 千克，雨前雨后追施均可，也可结合人工除草将尿素埋入土里。

⑤6 片真叶时，直播地需要间苗，每 667 米^2 地保苗 2.5 万～3.5 万株即可。育苗地一般不间苗，每 667 米^2 8 万～10 万株即可。此时，甘草幼苗的根长 15 厘米左右，株高 10 厘米左右，一般不会发生死苗现象。田间保苗除草算成功。

⑥6～10 片真叶时，气温升高，田间杂草开始旺长，此时田间机械铲草或人工铲草 1～2 次。

⑦6～10 片真叶时，结合铲草每 667 米^2 再追施 5～10 千克尿素，使甘草幼苗迅速长起来，尽早封垄。

⑧15 片真叶时，可能发生蚜虫和青虫，一旦发生，就应马上打药，刻不容缓，蚜虫可用氧化乐果每 667 米^2 0.1 千克，共喷 1～3 次；青虫用溴氰菊酯乳油每 667 米^2 0.1～0.15 千克叶面喷雾，1～3 次可解决；两种虫子同时发生可将两种药剂一起混打。

⑨15 片真叶期，甘草生长旺盛即将封垄，应加紧追施一次尿素，每 667 米^2 地 5～10 千克，并用人工或机械铲一次草。此时，即将进入雨季。铲草追肥后，在田间垄沟中喷施专用除草剂 2 号每 667 米^2 200 毫升，可抑制夏季单子叶杂草的生长，此时的甘草根长应在 30 厘米以上，地上叶子生长旺盛，进入封垄。

⑩15～20 叶期，甘草苗高达 30～40 厘米，甘草封垄。田间管理工作基本结束，派人看护即可。但还要密切注意杂草的长势，如果杂草多，还应派人拔除，雨季要及时排水，不能让雨水浸泡甘草根而导致烂根。

⑪茎叶枯萎期。到秋季，当地上茎叶干枯时可将其烧掉或割掉，有条件的地块可浇一次冻水。

⑫育苗地当年秋季可挖出甘草根，进行移栽，挖出的根芦头以上要留 5 厘米的茬和横走茎，甘草苗在移栽前必须用甘草专用

保根剂浸蘸 30 秒钟，防止烂根，促进根系生长。边挖边栽，最好不要假植，绝对不允许将根苗芦头的幼根系和须根剪掉。移栽方法如下：开 20 厘米深沟，沟距 40 厘米，将甘草根斜摆或平摆在沟内，株距 7～10 厘米左右，然后再盖土，芦头在土下 2 厘米处，用脚踩实或压实即可。每 667 米^2 可栽 1.5 万～2.2 万株左右，上冻前浇一次定根水即可。华北地区秋栽方法比春栽产量要高一些。东北地区移栽时一定要防冻、防烂根，最好采用春栽。

⑬第二年田间管理。开春后，直播地甘草开始返青，苗高 5 厘米时，可每 667 米^2 一次性追肥 10～15 千克磷酸二铵或尿素 10～20 千克，并浇水一次。

移栽的甘草苗第二年春天返青后，结合浇水，要追一次磷酸二铵或尿素，每 667 米^2 15～30 千克即可。

等甘草苗高 10 厘米以上时，机械或人工除草 1～2 次。

当甘草苗 30 厘米高时，甘草封垄。

有蚜虫和青虫发生时，用敌百虫和乐果防治。

第二年秋季采收前，有条件的地区应浇一次水。

⑭收获。甘草一般 2～3 年可收获成品，如因土地、田间管理方面的原因没有长成成品，可以再长一年收获。通过测产，达到每平方米挖出 1.5 千克成品，即每 667 米^2 出产 1 000 千克以上鲜根时，可收获作成品。如果根头直径在 0.7 厘米以下时，应该挑选出来做甘草苗再移栽。

直播地一般根深在 50 厘米左右，用甘草专用犁可起收 40 厘米左右土层的产品，40 厘米以下的毛根放弃，丢失率 10% 左右，损伤率 15% 左右，用甘草专用犁起收基本达到农艺要求。2～3 年直播或移栽鲜根每 667 米^2 产量在 1 000～1 250 千克左右折干货：混等条甘草每 667 米^2 300 千克左右，毛甘草每 667 米^2 200 千克左右，条甘草 7 元/千克，毛甘草 3 元/千克，合计每 667 米^2 产值 2 700 元左右。育苗移栽的产品质量与直播相比，区别不大，小面积种植，可采用育苗移栽方法，大面积采用直播方式，因地因人而异。

3. 加工 甘草根起出土以后，千万不能使其发霉、受冻，以免变质霉烂。可边晾晒，边加工，挑成两个等级规格，即混等条甘草和毛甘草，也可以按甲、乙、丙、丁等级将甘草分开。可参照表 1-1-1 的规格要求加工、分级，如不销售原草再进一步加工、切片、提炼，可另设加工厂加工，加工后的利润可增10％～30％。

表 1-1-1 甘草收购的质量标准及预计价格

（2014 年）

等　级	根长 （厘米）	根头直径 （厘米）	根尾直径 （厘米）	含水量 （％）	预计价格 （元/千克）
甲级条甘草	20 厘米以上	1.5	1.3	14	20～25
乙级条甘草	20 厘米以上	1.3	1.1	14	18～20
丙级条甘草	20 厘米以上	1.1	0.9	14	15～18
丁级条甘草	20 厘米以上	0.9	0.7	14	13～15
混等条甘草	20 厘米以上			14	15～18
毛甘草	甲乙级占 50％、 丙丁级占 50％ 0.7 厘米 以上须根			14	10～13
横走茎	芦头及横茎 （自留作饲料用）			14	7～10

表 1-1-1 中甘草各规格均无虫蛀，无霉变，无冻害，无杂质砂土。打成捆待收购。检测甘草酸的含量应≥2％。

4. 市场分析与营销 甘草为常用中草药，用途极为广泛，主要应用于医药、食品行业，全国年需求量为 10 万～15 万吨。出口量也很大，多年来价格一直较为稳定，有逐年上涨之势，其甲级条甘草达25 元/千克，乙级条甘草20 元/千克，丙级条甘草15 元/千克，丁级条甘草10 元/千克，毛甘草 7 元/千克。经过加工制成圆片、斜片，价格又有所提高。其中甲级甘草斜片 35

元/千克，乙级甘草斜片 30 元/千克，丙级甘草斜片 25 元/千克，丁级甘草斜片 15 元/千克。而丙、丁混等甘草圆片为 15 元/千克，丁级以下混等甘草圆片 10 元/千克，小圆片 7 元/千克。甘草斜片是出口的主要品种，尤以韩国的需求量最大，每年用量达 6 000 吨。甘草圆片主要销售国内各大药厂及药店。家种甘草生产已形成了生产、加工、销售一条龙的一个较为完善的产业。特别是近年来国家严禁采挖野生甘草，人工栽培甘草将有很大的发展空间。

表 1-1-2-1～表 1-1-2-4 是各等级条甘草 25 年的价格走势表。

表 1-1-2-1　1990—2014 年丁级甘草市场价格走势表

（元/千克）

年份＼月份	1	2	3	4	5	6	7	8	9	10	11	12
1990	3	3	3	3.5	3	3	3.5	3.5	3.5	3.5	3.5	3.5
1991	3.5	3.5	3.5	3	3	3.5	3.5	3	3	3	3	3.5
1992	3.5	3.5	3.5	4	4	4.2	4.2	4.5	4	4	4	4
1993	3.8	3.8	3.8	3.8	4	4	3.8	3.8	4	4	4	4
1994	4.2	4.2	4.2	4.5	4.5	4.5	4	4.5	4	4	4.8	4.8
1995	5	5	6	6	6	5.8	6	4.5	4.5	6.5	6.8
1996	6.5	6.5	7	7	7	6.5	6.5	6.5	6.2	6.2	7	7
1997	7	7	6.5	7	7	6.5	6.5	6.5	6.5	6.5	7	7
1998	6.5	6.5	7	7	7	6.5	6.5	6.5	7	7	7	6.5
1999	6.5	7	7	7	6.5	6.5	6	6.5	7	7	7	6.5
2000	6.5	6.5	6.5	7	7	6.5	6.5	7	7	7	6.5	6.5
2001	6.5	6.5	7	7	6.5	6.5	6.5	7	7	6.5	6.5	6.5
2002	6	6	5.5	5.5	6.5	6	6	6.5	7	7	6.5	6.5
2003	8	15	30	30	15	7	7	7	6.5	6.5	6.5	6.5
2004	5	5	5	5	5	5.8	5.8	5.8	6.2	6.2	6.5	6.2
2005	7.5	7.5	7.5	7.5	7.5	8	9	9	9	9	9.5	9.5
2006	9.5	9.5	9.5	9.5	9.5	10	10	10	12.2	12.5	12.5	12.5
2007	12.5	12.5	12.5	13	13	13	13	13	13	12.5	12.5	12.5
2008	13	13	13	13	13	13	13	13	13	13	13	13

（续）

月份 年份	1	2	3	4	5	6	7	8	9	10	11	12
2009	13	13	13	13	13	13	13	13	13	13	13	13
2010	13	13	13	13	13	13	13	13	13	13	13	13
2011	13	13	14	14	14	14	14	14	14	14	14	14
2012	13	14	14	14	14	14	14	14	14	14	14	14
2013	13	14	13	13	13	12	12	13	13	13	13	13
2014	13	13	12	13	13	13	13	13	13	13		

表 1-1-2-2　2004—2014 年丙级甘草市场价格走势表

（元/千克）

月份 年份	1	2	3	4	5	6	7	8	9	10	11	12
2004	6.5	6.5	6.5	6.5	6.5	7	7	7	8	8	8	8
2005	9.5	9.5	9.5	9.5	9.5	10.5	11	11	11	12.5	12.5	12.5
2006	12.5	12.5	12.5	12.5	12.5	13	13	13	14	14	14	14
2007	14	14	14	14	14	15	15	15	15	15	15	15
2008	15	15	15	15	15	15	15	16	16	16	16	16
2009	17	17	17	17	17	17	17	17	17	17	17	17
2010	17	17	17	17	17	17	17	17	17	17	17	17
2011	18	18	18	18	18	18	18	18	18	18	18	18
2012	18	18	18	18	18	18	18	18	18	18	18	18
2013	17											
2014	17	17	17	17	17	17	17	17	17	17		

表 1-1-2-3　2004—2014 年乙级甘草市场价格走势表

（元/千克）

月份 年份	1	2	3	4	5	6	7	8	9	10	11	12
2004	7.5	7.5	7.5	7.5	7.5	8.5	8.5	8.5	9	9	9	9
2005	11	11	11	11	11	12	12.5	12.5	12.5	13.5	13.5	13.5
2006	14	14	14	14	14	15	15	15	15	15	15	16.5
2007	18	18	18	18	18	18	18	18	18	18	18	18

（续）

年份＼月份	1	2	3	4	5	6	7	8	9	10	11	12
2008	19	19	19	19	19	19	19	19	19	19	19	19
2009	20	20	20	20	20	20	20	20	20	20	20	20
2010	20	20	20	20	20	20	20	20	20	20	20	20
2011	21	21	21	21	21	21	21	21	21	21	21	21
2012	21	21	21	21	21	21	21	21	21	21	21	21
2013	20	20	20	20	20	20	20	20	20	20	20	20
2014	20	20	20	20	20	20	20	20	20	20		

表 1-1-2-4 2004—2014 年甲级甘草市场价格走势表

（元/千克）

年份＼月份	1	2	3	4	5	6	7	8	9	10	11	12
2004	9	9	9	9	9	10.5	10.5	10.5	12	12	12	12
2005	13	13	13	13	13	13.5	14.5	14.5	14.5	17.5	17.5	17.5
2006	18	18	18	18	18	19	19	19	19	19	19	20
2007	22	22	22	22	23	23	23	23	23	23	23	23
2008	24	24	24	24	24	24	24	24	24	24	24	24
2009	25	25	25	25	25	25	25	25	25	25	25	25
2010	25	25	25	25	25	25	25	25	25	25	25	25
2011	25	25	25	25	25	25	25	25	25	25	25	25
2012	24	24	25	25	25	24	24	24	25	25	25	25
2013	24	24	24	24	25	25	25	25	25	25	25	25
2014	24	24	24	24	24	24	24	24	24	24		

（二）北沙参

1. 概述 北沙参（*Glehnia littoralis* Fr. Schmidt ex Miq.）为伞形科植物珊瑚菜的干燥根，主产于山东、辽宁、内蒙古、河北等省、自治区，具有润肺止咳、养胃生津等功能。北沙参的适应性强，喜温暖湿润的气候，耐寒、耐旱，喜阳光、喜砂质肥沃的土壤（图 1-1-2）。

2. 栽培技术

（1）选地整地 北沙参是深根性植物，应选择土层深厚、土质疏松、肥沃、排水良好的砂质壤土种植，低洼积水的地块和黏土地不宜种植。选好地后深翻，施足基肥，耙平做畦。

（2）播种 秋季采收的新鲜种子需砂藏处理，将种子按 1∶3 的比例拌砂，埋入坑内，保持湿润和低温。砂藏期间，要经常检查种子胚芽发育状况。第二年春化冻后，即可挖

图 1-1-2　北沙参

出播种。条播方式播种，行距 25 厘米，播深 3 厘米，每 667 米^{2}需种子 4～5 千克，镇压保湿，15 天左右，幼芽出土。

（3）田间管理 苗齐后，要及时中耕除草，并结合追肥，每 667 米^{2}施 10 千克尿素加 10 千克磷酸二铵，同时间苗，保持株距 5～7 厘米。雨季要及时排除地里的积水，并把花蕾摘掉，促进根的生长。北沙参的主要病虫害有根腐病、锈病、蚜虫、钻心虫，用常规方法均能防治。

3. 采收加工 生长 1 年的北沙参在 9～10 月份茎叶见黄时将根挖出，抖掉泥土，去除茎叶，按粗细分级加工。加工方法为按级放入沸水中烫，先烫上中部，后烫尾部，不断翻动，烫至能剥下皮时捞出，放入冷水中，趁湿剥去外皮，在草席上晒干，扎成把，装箱，也可外销加工出口。每 667 米^{2}产 400 千克左右干品。

4. 市场分析与营销 北沙参的社会需求量呈逐年增长的趋势，20 世纪 50～60 年代我国年需北沙参 500～1 000 吨左右，90

年代3 000吨左右，目前年需求量在3 000～3 500吨，其中有1 500～1 800吨是用作食疗，这部分的年用量基本保持稳定。剩下的1 500吨用作出口及制药，这部分可能会随着新药的开发，而发生改变，但依目前的经济形势来看，这部分用量在1～2年内保持稳定，即北沙参的年用量在一定程度上是保持稳定。

北沙参在2010年创下高价后，激发了农户的种植积极性，2012年北沙参的种植面积较2011年增大近1倍，当地药材服务中心的人员预测产量将超过4 000吨，已是供大于求，产新后，价格下滑的可能性较大。目前，20元是北沙参的成本价，低于该价，农户惜售；25元是北沙参在一般年份正常的市场价位。

北沙参的市价呈周期性的大起大落，历史最高价2010年为64元/千克，历史最低价为2.5元/千克。一般五六年一个周期，近几年价格走势创出新高，并保持逐步上升的趋势。北沙参属于常用药材，销路也很广泛，是广大种植户值得考虑的种植品种之一。

北沙参近25年市场价格波动情况详见表1-1-3。

表1-1-3　1990—2014年混等北沙参市场价格

（元/千克）

年份＼月份	1	2	3	4	5	6	7	8	9	10	11	12
1990	8	9	8.5	8.5	8	8	8.5	8.5	8.5	8.5	7.5	8.25
1991	8.25	8.5	9.5	10.5	11.5	11.25	11.5	10.5	10.5	11.5	11.5	11.5
1992	11.5	11.5	12.5	12.5	12.5	12.75	12.75	11.5	11.5	7.5	7.5	6.75
1993	6.75	6.5	5.5	5	4.5	4	4.25	5	5	2.75	2.75	2.75
1994	2.75	2.75	2.75	2.75	2.75	2.75	2.75	2.75	2.75	5.5	8.5	9
1995	9	9	10	9	8.5	8.5	8.5	9	9.5	9	11.5	12
1996	12.5	13	14.75	15	15	15	14.5	15	21.5	21.5	15	15
1997	15	15.25	16.25	16.25	16.5	16.25	16.5	16.75	17	13.5	13.5	15
1998	15	15	17.25	20	20.5	22	22	21	10	10	10	10
1999	8	8	8.5	8.5	7.25	7.25	6	5.5	5.5	5	5	4.9
2000	4.9	4.9	4.9	4.9	5	5	5	5	5	5.5	5	5

（续）

年份 \ 月份	1	2	3	4	5	6	7	8	9	10	11	12
2001	6.5	6.5	7.5	7.5	7.5	7.5	6.5	6.5	6	6.5	6.5	6.5
2002	7	6.5	6.5	6.5	6.5	6.5	5.5	5.5	5.5	6.5	6.5	6.5
2003	6.5	7	25	30	25	7.5	7.5	7.5	9.8	9.8	10.5	11.2
2004	11.2	12.5	12.5	13.3	9.5	9.5	9.5	8.7	8.7	8	8	7.8
2005	8.6	9.5	9.5	9.5	9.5	9.2	9.2	9.8	9.6	12.5	13.5	13
2006	12.5	12.5	12	11.5	11.5	12	12	13	13.3	11.7	11	11
2007	11	11	12.6	13	13	13	13	13	14	15	15	16
2008	10.7	11.2	11.7	12.2	12.5	12.7	12.7	13	14	13	11.5	11.3
2009	13	13	12.5	15	15	15	14	14	13.5	15.5	25	25
2010	25	24	26	27	30	28	27	29	33	60	64	64
2011	36.5	36.5	36.5	36.5	36	35	32	39	30.5	21.5	23.5	20
2012	23.5	23.5	24	24	24.5	26	26.5	29	29	26	24	23
2013	23	23	23	23	23	21	20	20	20	20	19.5	18
2014	18											

（三）黄芩

1. 概述 黄芩（*Scutellaria baicalensis* Georgi）又名山茶根、土金茶根，为唇形科黄芩属多年生草本植物。以根入药，有清热燥湿、凉血安胎的作用。黄芩喜温暖气候，耐干旱，耐高温，耐严寒，怕涝，忌连作。在高燥向阳、雨量中等、排水良好的中性或微碱性土壤中长势好。主要分布于河北、辽宁、陕西、山东、内蒙古、黑龙江等省、自治区（图 1-1-3）。

2. 栽培技术 黄芩采用种子繁殖和分根繁殖。种子繁殖要选用新籽。播种方式分直播与育苗两种，以直播为好。

直播分春播与秋播，春播于 4 月进行，秋播于 8 月进行。选择条播方法，按行距 30～35 厘米，沟深 1～3 厘米，开沟进行播种，每 667 米^2 播种量为 0.5～0.75 千克。播种后一定要保持土壤湿润，约 10～12 天幼苗出土。育苗需要做苗床，在 3 月底至

4 月初，将土地精耕细作，施足底肥，做宽 1.2 米的苗床，按行距 20～27 厘米，深 2 厘米开沟播种。种子要经过 40～45℃温水浸 5～6 小时，捞出稍晾方可播种。每 667 米² 播种量为 1.5～2.5 千克。播后盖细土，以不见种子为度。为利于出苗，可进行喷灌或薄膜覆盖。若采用薄膜覆盖方式，出苗后应适时通风，当苗高 3 厘米时，应逐渐除去薄膜。在幼苗 5～6 厘米时，起挖苗栽，按行距 30 厘米、株距 10 厘米移栽于大田。

图 1-1-3 黄 芩
1. 植株上部 2. 根

直播地苗高 3 厘米时，按株距 6～10 厘米定苗。黄芩苗期生长缓慢，要及时松土、除草。追肥在 6 月底至 7 月初进行，每 667 米² 追施磷酸二铵 20 千克加尿素 10 千克，于行间沟施，覆土，浇水。第二年返青后和 6 月中旬各追肥一次。为促进根部生长，对于不留种的植株，每年应剪去花枝。

分根繁殖在春季进行，在黄芩芽未萌发时，挖出地下部分，切下主根供药用。将根茎分成若干块，但应保证每块有 2～3 个芽，按行距 30 厘米、株距 15 厘米穴栽。保持土壤湿润，大约 10 天出苗。

黄芩的主要病害是叶枯病，为害叶片。发病初期，先从叶尖或叶缘出现不规则的黑褐色斑，然后自下而上蔓延，严重时叶片枯死。防治方法：

①收获后，清除残枝病叶，集中烧毁。

②发病初期用 50%多菌灵 1 000 倍液或 1∶1 000 甲基托布

津液喷雾，每7～10天一次，连续2～3次。

3. 采收加工 直播地2～3年，育苗移栽后次年的早春或深秋均可采收。采挖时应深挖，避免损伤。将收获鲜品除去残茎，晒至半干，放入箩筐内，撞掉老皮，再晒至全干，撞净老皮，以形体光滑呈黄白色者为佳。晾晒时切勿暴晒，同时防止雨淋，不可水洗。一般每667米^{2}产干品200千克，高产达350千克左右。

4. 市场分析与营销 20世纪80年代，随着医药工业的扩大应用，外贸出口的增加及在日用化工等方面的开发利用，对黄芩的需求量逐年增加。以野生资源供应为主的黄芩，资源日渐枯竭。90年代初，种子价格曾达到每千克300元。人工栽培黄芩迅速发展，商品黄芩价格一直稳定在每千克6元左右。到90年代中后期价格上扬到每千克11元左右，1999—2001年各产区便开始大面积扩种。随后货源大量上市，造成市场供大于求，其价格便由每千克11元节节开始下滑，到2001年产新后价格落到每千克6元左右，2002年最低价至每千克5元。2003年突然而来的"非典"，使得正处于低谷运行中的黄芩价格瞬间升至每千克30元的高价。2004年各产地又扩大种植，这无形中拉长了黄芩低价周期。直到2011年由于当时的大环境较好，黄芩价格也水涨船高，达到黄芩史上的一定高点每千克23元，目前在每千克17元左右。

黄芩是常用大宗药材，随着新产品的开发，需求量逐渐增大。虽然近年来种植规模不断扩大，但是仍存在一定缺口。如扬子江药厂用其制造"蓝芩口服液"需求用量较大。因其抗菌消炎、清热解毒功效突出，各类成药产品开发广泛，成为中药治疗急症的得力品种之一。利用黄芩或黄花黄芩提取黄芩素、黄芩苷、黄芩苷作为制药原料，用量也很大。还有制成的黄芩酊剂，可治植物神经的动脉硬化性的高血压以及神经性的机能障碍；也可消除高血压引起的头痛、失眠、胸闷等症。双黄连口服液等中成药产品，都需要大量原料，目前黄芩的应用，越来越被国内外所重视，需求会不断增加，很适合选择种植。

表 1-1-4 为混等黄芩 25 年市场价格表，供参考。

表 1-1-4　1990—2014 年混等黄芩市场价格走势表

（元/千克）

年份＼月份	1	2	3	4	5	6	7	8	9	10	11	12
1990	4.5	4.5	5	5	4.5	4.5	4.5	4.5	5	5	5	4.5
1991	4.5	5	5	5	5.5	6	6	5.5	6	6.5	7	7
1992	6	6	5.5	5.5	6	7.5	7.5	8	8	8	7.5	7.5
1993	7	7	6.5	6.5	6	6	6	6	6.5	6.5	6.5	6
1994	6	6	6	6.5	6.5	6.5	7	6.5	7	7	7.5	7.5
1995	7.5	8	8	8.5	8.5	8	8.5	8.5	8.8	8.8	8.5	
1996	8.8	9	9	10	10	11	11	11	11.5	11.5	11.5	11
1997	11	11	11.5	12	12	12	12	11	11	11	11.5	11
1998	11	12	12	12	12	11	11	11	11.5	12	12	12
1999	12	12	12	12	12	12.5	12.5	12	12	12.5	12.5	12.5
2000	13	13	13	13.5	13.5	14	14	14	14	14.5	15	14
2001	13	13	11.5	11.5	11.5	12	10	9	9	8	8	7
2002	6.5	6.5	6.5	6.5	6.5	5	5.5	5.5	5.5	5	5.5	5.5
2003	6	7	15	30	30	7	7	7	7	6.5	6.5	6.5
2004	8.4	8.4	8.6	9.4	9.4	8	8	8	7.5	7.5	7.5	7.3
2005	7	7	7	7.2	7.6	7.6	7.5	7.5	7.9	8	10	9.5
2006	8.7	8.4	8.4	8.4	8.3	8.3	8.3	8.7	8.7	8.5	8.5	8.5
2007	8	8.5	8.5	9	9	9	10	9	9	10	10	11
2008	10.2	10.2	10.2	10.2	10.2	10.2	10.2	9.8	9.7	9.5	8.5	7.5
2009	8.7	8.7	9	8.5	8	8	8	7.5	7.5	7.2	9.5	13.5
2010	12.5	11.7	11.5	12.5	12.5	13.5	11.5	13	15	15	15.5	16
2011	16	16	17	20	21	22	22	23	21	20	17	18
2012	20	21.5	21	21	20	19	18	17	17	17	17	16
2013	16	16	18	20	19	18	17.5	17	17	17	17	17
2014	17											

（四）地黄

1. 概述　地黄〔*Rehmannia glutinosa*（Gaertn.）Libosch.〕又名怀地黄，为玄参科地黄属多年生草本植物。以块根入药，因加工方法不同分鲜地、生地、熟地。鲜地有清热、生津、凉血之功效。生地具清热、生津、润燥、凉血、止血的作用。熟地则有滋阴补肾、补血调经的作用。地黄有"三喜"、"三怕"的习性：喜凉爽气候，怕高热；喜阳光充足，怕阴雨；喜黄墒，怕水泡。选择肥沃、松软的砂质壤土为宜，不可选盐碱地、黏重土壤。主产河南温县、博爱、武陟、孟州市等地产量最高，质量也最佳。全国其他地方也有栽培（图1-1-4）。

2. 栽培技术 地黄以根茎繁殖为主。选择5年未栽培过地黄的土地。前茬以禾本科为宜，而前茬为芝麻、花生、油菜、豆类、萝卜、瓜类、棉花的地块不宜栽培。同时还要求地块通风良好。土地应深翻30厘米左右，施足基肥，以农家肥为佳。土地要整细耙平，做宽1.2米的畦。将根茎切成长3~6厘米的小段，切口蘸草木灰，稍晒即可栽种。按行距35厘米、株距30厘米挖穴，穴深3~5厘米，每穴1~2节栽入，覆土、镇压，每667米^{2}需种栽30~40千克。大约10天左右出苗。

图1-1-4 地 黄
1. 地上植株 2. 地下根茎

当苗高10~20厘米时，进行间苗，每穴留壮苗1株。但若缺苗，应及时补栽。齐苗后应结合除草施肥一次，每667米^{2}施人畜粪水3 000千克或饼肥50~100千克。苗高15厘米左右，再施第二次，每667米^{2}施尿素10千克。封行后则不再追肥。

地黄浇水以勤浇为主，尤以生长前期浇水更应及时，而到了雨季则注意排水。

地黄病害主要为斑枯病与轮纹病。斑枯病在 5 月中旬发生，病叶出现黄绿色病斑，后来变成黄褐色，叶片上出现许多小黑点，可导致植株死亡。轮纹病特点是病叶上呈现同心轮纹，上面着生黑点，导致叶片枯死。两者的防治方法：

①收获时，清除残枯病叶并烧毁或深埋。

②增施磷、钾肥，增强抗性。

③发病时喷 1∶1 000 甲基托布津液，每隔 10～14 天一次，连续 3～4 次。

3. 采收加工　一般于 10 月中下旬收获。采收后除去茎叶、泥土、须根，即得鲜地黄。将鲜地黄在火炕或烘炉上烘烤，逐渐干燥，颜色变黑，全身柔软，外皮发硬即为生地。将生地浸入黄酒，用火炖至黄酒干，把地黄晒干可得熟地。

4. 市场分析与营销　地黄为常用大宗中药。据医保统计，我国 2002 年出口 6 000 吨左右，国内药厂投料 18 000 吨，配方 2 000～4 000 吨，总计用量 26 000～28 000 吨，为中药材单味用量之首。全国每月用量在 1 700 吨，保守估计用量约 1 500 吨。地黄还作为中成药原料，如作为滋补和更年期中老年人大量使用的六味地黄丸。除广泛用于制药方面，也应用于保健食品方面，可制成饮料、茶、罐头等。

从 1990 年至 2014 年的 25 年间，生地有过 3 年的中高价位，7～8 元/千克，也有 2005 年的历史最高价 18～20 元/千克，其他 5 年生地萧条，价格在 4.5～5.5 元/千克之间动荡。近年维持在 12～13 元/千克，应该不会再进一步下降。在 2010 年后物价上涨，药市行情整体走高，生地小有涨幅，好统货涨至 14～15 元/千克。虽然加工成本稍高，按照产区一般 667 米² 产量（干）600～700 千克，仍是很好的种植品种。

表 1-1-5 为地黄 25 年价格走势，供参考。

表 1-1-5　1990—2014 年混等地黄市场价格走势表

（元/千克）

月份 年份	1	2	3	4	5	6	7	8	9	10	11	12
1990	3.5	3.5	3.5	4	4	3.5	3.5	3.5	4	4	4	3.5
1991	3.2	3.2	3.5	4	4.5	5	5.2	5.2	5.2	5	4.7	4.7
1992	4.8	4.8	5	5		5.3	6.5	6	5	5.3	5.3	5
1993	5	4.5	4	4	4	4	4	3.5	3.5	4	4	4
1994	3.5	3.5	3.5	4	4	4	3.5	3.5	4	4	4	4
1995	4	4.5	4.5	5	5	5	4.5	4.5	4.5	4.5	4.5	4.5
1996	5	5	5	5	5	5.5	6	6	6	5.5	5.8	6
1997	7.8	7.5	8.5	8.5	8.5	8.5	8.5	8.5	8.5	9	9	9
1998	9.5	9.5	9.5	9	9	8.5	8.5	8.5	8.5	8.5	8	7
1999	7	7	7		6		6.5	6.5	6.5	6.5	6.5	6.5
2000	5.5	5	5	5	4.8	4.8	4.8	4.5	4.5	4.5	4.5	4.2
2001	4.2	4.3	4.3	4.3	4.5	4.8	4.8	4.8	4.5	4.5	4.5	4.3
2002	4.3	4.3	4.3	4.5	4.5	4.8	4.8	4.8	4.8	4.8	4.5	4.5
2003	4.5	6	6.5	8	7	6.5	6	5.8	6.2	6.2	6.2	7.5
2004	7.5	7.5	7.8	7.8	9.7	11.3	13.5	13.5	13.5	16	12.5	13.5
2005	16.5	18.5	18.7	18.7	20	18	15.5	16.5		13.5	12.5	10.5
2006	8.5	8.5	8.2	7	7	6.8	6.2	6.5	6.7	7.3	7.3	7.3
2007	6	6.5	6.5	6.5		6	6	6.5		7	7	7
2008	6.3	6.3	6.3	6.3	6.3	6.3	6.3	6.3	7.2	7.2	5.8	5.5
2009	6	6	6	6	6.2	7	7.5	7	7.5	7.5	8	9
2010	9	9.7	10	13	12.2	12.2	13	14	15		15	14
2011	14.2	14.2	13.5	13.5	13.5	13	12	12.5	12	11.2	10.8	10
2012	10.3	10.5	11	11.7	11.7	11.5	11.5	11.3	11	11.5	11	11
2013	11	12	12	12	12	12	12	12	11.5	11.5	12	12.5
2014	13											

（五）北柴胡

1. 概述　北柴胡（*Bupleurum chinense* DC.）别名硬苗柴胡、竹叶柴胡，为伞形科多年生草本植物，以根入药。柴胡的野生资源主要分布于吉林、辽宁、河北、河南、山东等省，生长在较干燥的山坡、林缘、草丛等处，适宜生长在壤土、砂质土壤或腐殖质土壤中，耐寒性强，并能耐旱，但忌水涝（图1-1-5）。

2. 栽培技术 北柴胡用种子繁殖，人工栽培时可采取直播方式或育苗移栽。当大面积生产时多采用直播，直播期多在冬季结冻前或春季。播时先按 15～20 厘米的行距划行开沟，沟深 1～2 厘米，将种子撒入沟内，覆土 1～1.5 厘米，稍镇压后浇水，播种量每 667 米^{2}1.5 千克左右。播后注意土壤湿润，以利出苗，一般秋播较春播出苗齐，育苗选向阳的地块或做成阳畦，在 3 月上旬至 4 月下旬期间播种，条播或撒播均可。条

图 1-1-5 北柴胡
1. 花枝 2. 花 3. 小伞形花序
4. 果实 5. 根

播行距 1 厘米，划小浅沟，将种子均匀撒入沟内，覆土盖严，稍作镇压，用喷壶洒水，或者先向阳畦的床土上灌水，待水渗下后再行播种，均匀的撒完种子后，用竹筛撒上一层细土覆盖畦面，播种畦上可加盖塑料薄膜或盖层草帘，有利于保温保湿，可加速种子出芽出苗。待苗高 5～7 厘米时即可挖取带土坨的秧苗，定植到大田里面去，定植后，要及时浇水。待定植苗生出新根、叶片开始扩展的时候，轻轻松土一次，做好保墒保苗工作是创造高产的关键。

出苗前保持畦面湿润，出苗后要经常锄草松土，苗高 5～7 厘米时进行间苗，待苗高 10 厘米以上时，按 5～7 厘米株距定苗，苗长到 15～20 厘米高时，每 667 米^2 追施磷酸二铵 12.5 千

克，尿素 7.5 千克。在松土锄草时，都需注意勿碰伤茎秆，以免影响产量。第一年新播的柴胡茎秆比较细弱，在雨季到来之前应中耕培土，以防倒伏，无论直播或育苗定植的幼苗，第一年只长基生叶，很少抽薹开花，第二年才抽薹开花。目前野生的柴胡种子不易收集，在人工栽培的场地最好留有采种圃，采集柴胡种子，以利扩大种植面积。

3. 采收加工 播种后生长 2 年即可采挖。采挖期在秋季植株开始枯萎时或春季新梢未长出前。采挖后除去残茎，抖去泥土，晒干后备用，也可切段加工再晒干备用。

4. 市场分析与营销 柴胡不仅是我国常用中草药，而且还大量出口韩国、日本等国。它的主要有效成分是柴胡皂甙，对流感、发烧、头痛都有很好的疗效，因此在新型感冒药研制与开发中被广泛重视，这更加大了柴胡的需求量。可是，有限的野生资源不能满足国内外市场的需求，从而加剧了柴胡的供需矛盾，导致销售价格波动很大，每千克柴胡售价由 1990 年的 8～10 元上升到 2002 年的 28～29 元，2003 年"非典"时最高价格达 38 元/千克，2006 年价格为 13 元/千克，进入低谷期，2007 年后逐步回升到 23～25 元/千克，2011 年达到历史高位 60～63 元/千克，近年随着物价上涨，整体中药材价格上升，每千克维持在 50 元左右。

柴胡近 25 年的市场价格波动详见表 1-1-6。

表 1-1-6　1990—2014 年混等柴胡市场价格走势表

（元/千克）

月份 年份	1	2	3	4	5	6	7	8	9	10	11	12
1990	9	8	9	8.5	9	9	9	9	9	8	8	9
1991	9	9	9	10.5	11	10	11	11	11	11	11	11
1992	11	11	12	12.5	12.5	12	12	11.5	11.5	12	12	11.5
1993	11.5	11.5	10.5	10.5	11.5	11.5	11.5	11.5	11.5	11.5	11.5	11.5

（续）

年份＼月份	1	2	3	4	5	6	7	8	9	10	11	12
1994	11.5	11.5	10.5	11.5	11.5	11.5	11.5	11.5	2	11.5	12	12.5
1995	12.5	12.5	15.5	16.5	17	17	17	18	18	18	18	18
1996	20	22	22	26.5	26.5	25	24	23	24.5	24.5	24.5	24.5
1997	24.5	24.5	26.5	26.5	26.5	24	24	24	24	24	24	24
1998	26	25.5	25.5	26	26	23	23	23	22	22	22	22
1999	22	22	22	22	22	21	22	24	24	24	25	25
2000	26.5	26.5	30.5	28.5	28.5	29	26.5	28	28	28	27	27
2001	28.5	28.5	26.5	26.5	26.5	28.5	30	29	29	29	28	27
2002	39	29	29.5	30	27.5	27.5	29	30	29.5	30	30	30
2003	30	35	35	45	40	35	35	32	28	25.5	22	21
2004	19.5	17.2	16	15.5	11	15.2	15.5	15.5	14.2	13.5	13.5	11.3
2005	10	10	10	11	11	11	12.5	13.5	14.5	14	14	14.5
2006	14.5	14	14	13.5	20	11	15.8	15.8	15.8	15.8	15.9	16.1
2007	18	18	18	19	22.3	20	20	20	23	24	24	25
2008	22.3	22.3	22.3	22.3	18	22.3	22.3	22	22	22	18	20
2009	18	18	16	24	32	18	18	18	18	24	24	26
2010	26	26	26	30	62	32	32	32	36	38	38	48
2011	48	50	56	62	47	61	60	63	60	57	57	55
2012	55	55	54	50	38	44	46	44	44	46	48	49
2013	50	38	38	38		42	50	50	50	50	50	50
2014	48											

（六）云木香

1. 概述　云木香（*Saussurea lappa* Clarke）为菊科植物。中药取其根，名为云木香，具有行气止痛、温中和胃、舒肝解郁、安胎之功效。云南丽江、维西傈僳族自治县等地为传统道地产地。云木香喜冷凉气候，耐寒，可在地中安全越冬。云木香生长要求土层深厚，要求50厘米以上土层及排水保水性能好、疏松肥沃的土壤（图1-1-6）。

2.栽培技术

（1）选地整地 选择土层深厚的砂质壤土，必须深耕，深耕的土地长出的云木香根长达30～60厘米，产量高。选好地后，施足农家肥，深翻，整平做畦。

（2）繁殖方法 主要用种子繁殖，分为直播和育苗移栽。采用直播的主根粗大，杈根少，品质好；育苗移栽的杈根多，质量较差。

①直播法。开春后可以进行播种。可采用条播和点播法，行距45厘米，开沟，将种子均匀撒入沟内，盖土踩实，15天左右即可出苗。

图1-1-6 云木香
1.根 2.花枝 3.根生叶

②育苗移栽法。选择肥沃疏松的地块播种。株行距与直播法相同，第二年春季挖出苗移栽。

（3）田间管理

①间苗补苗。当苗高5厘米时，间苗补苗，要求株行距15厘米。

②中耕除草。直播法及移栽法育苗阶段，云木香生长缓慢，杂草生长旺盛，要及时除草，第二、第三年，云木香植株生长迅速，可减少除草次数，每次除草后要及时追肥，每667米^{2}施

15～25 千克尿素或磷酸二铵并配合施用一些农家肥。

③培土摘蕾。每年秋季要培土，防寒防冻。生长到第二年，云木香开始抽薹，此时要摘除花蕾。第三年留 20%的蕾开花结种，其余的全部摘除。

④病虫害防治。在多雨季节，要防治根腐病；注意防治蚜虫。

3. 采收加工　在海拔较低、温度较高的地区，种后 2 年即可采收；海拔高、温度低的地区，种后 3 年可采收。当地上茎叶枯萎时用锄将根挖出，抖去泥土，不能用水洗，立即加工，先切去发芽的头部，再切成 5～7 厘米长的段，晒干。放在麻袋中撞去粗皮细根。阴雨天气可用文火烘干，即为成品。一般每 667 米² 产量在 400 千克左右。

4. 市场分析与营销　云木香性辛苦、温，具有行气止痛、温中和胃的功效。近来在香料、寺庙用香也有一定的销路。全国 300 多个生产厂家以木香为原料。云木香由 20 世纪 30 年代从印度带回种子，在云南各地试种成功。于是，云南成为我国木香产地。

1986 年云木香价格高达 25 元/千克以上，1987—1989 年仍然保持在 10 元/千克以上的价位，连续 4 年的高价，大大刺激了产区扩大种植面积。20 世纪 90 年代初，因大面积起挖，供大于求，使价格下降 50%左右，1994 年甚至降到每千克 1.5～1.8 元。1996—2009 年，云木香的价格一直在每千克 1～8 元内起伏不定，至 2006 年每千克已升至 10 元左右，直到 2010 年升到历史最高价 12 元/千克，现在稳定在 10 元/千克左右。

纵观云木香 25 年走势，云木香价格低谷运行长达 10 年之久，10 年之间其种植面积自然会逐年减少，甚至因为价格太低，有的药农放弃了种植，云木香新老库存经过 10 多年的消化，到 2010 年新货加上旧的库存，全国木香总计库存约 5 000 吨左右，云木香年需量在 4 000 吨左右，供求基本处于平衡状态。随着物价和中药材价格的整体上涨，下降空间不大。

近 25 年云木香价格变化详见表 1-1-7。

表 1-1-7　1990—2014 年混等云木香市场价格走势表

(元/千克)

月份 年份	1	2	3	4	5	6	7	8	9	10	11	12
1990	8	8	8	8	8	8	8	8	8	9	9	9
1991	9	7	7	7	7	7	7	7	7	7	7	5
1992	5	5	4	4	4	4	3	3	3	3	3	2
1993	1.6	1.6	1.6	2	2	2	2	2	2	2	2	2
1994	2	2	2	2	2	2	1.5	1.5	1.4	1.4	1.4	1.5
1995	2.5	2.5	2.5	2.5	2.5	2.5	2.5	2.5	2.5	2.5	2.5	2.5
1996	3.5	3.5	3.5	3.5	3.5	3.5	3	3	3	3	3	3
1997	2.2	2.2	2.2	2.4	2.8	2.8	2.5	2.5	2.5	2.5	2.5	2.5
1998	2	2	2	2	2	2	2	2	2	2	2	2
1999	3.5	3.5	3.5	3.5	2.5	2.8	2.8	2.8	2.8	2.5	2	2.5
2000	2.5	2.5	2.5	2.5	2.5	2.5	2.5	2.5	2.5	2.5	2.5	2.7
2001	2.8	3	3	3	3	3	3	3	3	3	3	3
2002	3.2	3.2	3.2	3.2	3.2	3.2	3	3	3	3	3	3
2003	3	3	3	4	3	3	3.6	3.6	3.6	4.2	4.2	
2004	4.8	4.8	4.4	4.4	4.4	4.8	4.8	4.8	4.8	4.8	4.6	5
2005	5	4.9	5.2	5.4	5.4	8	7.4	7.5	8.4	8.4	8.5	
2006	8.4	8	8	7.8	7.8	8.5	8.5	10.3	11.5	10.6	10.1	10.1
2007	6.4	7	7	7	7	7	7	7	7	7	7	7
2008	5.8	5.5	5.5	5.5	4.5	4.5	4.5	4.5	4.5	4.5	4.5	4.5
2009	7.5	5	5	5	8	5	4.5	4	4	4	4.5	4.5
2010	10	10	12	9.5	9.5	9	9	9	9	8	8	9
2011	8.5	8.5	9.5	11	12	12	12	11	11.5	11.5	9.5	9
2012	9	9.7	10.5	10.5	9.5	9	8.5	8.5	8.5	9	9	9
2013	9	8.7	8.9	8.6	8.3	10	9.5	10	10.5	10.5	10.5	10
2014	9.5											

(七)　三七

1. 概述　　三七〔*Panax notoginseng*（Burkill）Hoo& Tseng〕又名田七、金不换，为五加科人参属多年生草本植物。

以根及根状茎入药。生品有散淤止血、消肿镇痛的作用，熟品有补血益气的作用。三七为亚热带高山植物，喜阴，畏严寒；喜潮湿，怕积水，又怕酷热。主要分布于云南、广西、四川等地（图1-1-7）。

2. 栽培技术

（1）选地整地　选择地势高燥、排水良好的壤土或砂质壤土、向阳的缓坡地或生荒地，忌连作。秋季深翻、耙平，做高 25～35 厘米、宽 100～120 厘米的畦，留排水沟。播种或定植前要施足底肥。

（2）选种及种子处理　三七果实于 10～11 月采收。采收时选取 3 年生、生长健壮、籽粒饱满的母种果实作种，以果实成熟变红时采摘为佳。采收后，去掉果皮，净选，可直接进行冬播。若不能立即播种，可将果实摊放在筛内，厚约 3 厘米，置

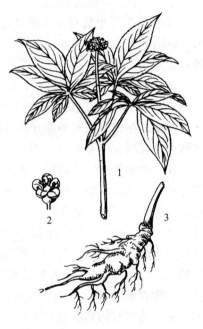

图 1-1-7　三　七
1. 花枝　2. 花　3. 根及根茎

阴凉处，可保存 7～10 天。外运种子，应去掉果皮，洗净，拌入湿砂，种砂比例为 1∶2，贮入木箱中即可。

（3）播种　南方多采用冬播，按行距 6 厘米、株距 5 厘米点播，播后盖细肥土，以盖没种子为度，上盖杂草，防止土壤板结。约 3 个月出苗，4 个月出齐。北方春播，种子砂藏至萌发可播种，播后约 1 个月出苗。

（4）定植　芽未萌动时进行，多在每年的 12 月。挖苗时注

意不要伤根，按大、中、小分级分别栽种。定植方法：

①在畦面上开平底槽，深 3 厘米左右，宽度以能放三七根为度，芽苞朝坡下，尾朝坡上，按行距 17 厘米、株距 15 厘米定植。

②双棵栽植，在畦面上开小沟，深度为 3 厘米，沟距 15～20 厘米。将三七根芽对芽、尾对尾顺沟放入 2 棵，间距为 20 厘米。畦边的 2 棵，根向畦内，同时盖上肥料，以不露芽苞为宜。最后盖草约 3 厘米，以不见土为原则。

(5) 搭荫棚 整地做畦后，用木棍、竹竿、杂草等材料，搭成高 1～1.5 米的平顶式荫棚。其透光度随生长期与季节的变化适当调整，在出苗期和抽薹开花结籽期需强光，而在干旱、阳光强烈季节应减少透光度。

(6) 肥水管理 齐苗后，要及时除草，雨后松土。如果发现三七根茎外露时，要及时培土。由于三七根入土浅，追肥要少施勤施。追施农家肥，必须要经过充分腐熟。秧苗期多施熏土，展叶后施一次，每 667 米^2 施 150～200 千克，半月后再施一次。5月后追施混合有机肥，每 667 米^2 施 2 500 千克。6～8 月，每月追肥一次，每 667 米^2 施人畜粪水 2 000 千克。定植后翌年 4～5月施一次农家肥，6～8 月同上年一样追肥一次。种植 3 年以上的三七，追肥时间和次数应增加，并追加草木灰。现蕾期和开花期施农家肥，每 667 米^2 施 3 000 千克，9～10 月再施一次盖芽肥。三七喜潮湿，故应保持土壤湿润。雨季时则应及时排水。

(7) 打花薹 这是提高三七产量、质量的一项措施。从第二年开始，在三七抽薹要开花时摘去花薹。留种植株除外。

(8) 病虫害防治

立枯病：又名烂脚瘟，为害三七种子、种芽及幼苗。防治方法：

①播种前用适量敌百虫粉剂处理土壤。

②播种前将种子用甲基托布津适量浸种 10 分钟。

③发病初期用敌百虫 200 倍液浇灌病区。

根腐病：为害根部，防治方法：

①选择排水良好的地块种植。

②选取健壮无病幼苗移栽。

③及时拔除病株并用石灰消毒病穴。

④发病时用多菌灵 1 000 倍液或 50％甲基托布津 1 000 倍液浇灌病区。

3. 采收加工　三七种植 3 年以上均可采收，采收分两期。在 7～8 月采收的三七，称春三七，以打花薹后采收的三七品质为佳，产量亦高；在立冬后 12 月至翌年 1 月采收的三七，称冬三七，质量较差，产量亦低。

采收后的三七除去地上茎叶，洗去泥土，剪出芦头（羊肠头）、支根并摘去须根后，称"头子"。将"头子"反复日晒、揉搓，使其紧实，直到全干，即为"毛货"。将"毛货"装入麻袋并加粗糠或稻谷后，往返冲撞至外表呈棕黑色光亮，即得成品。

4. 市场分析与营销　三七是一种名贵中药材，是治疗外伤出血、痈肿、疼痛的常用药。三七除根及根茎入药外，其茎、叶、花也都供药用，可谓"全身是宝"。著名的云南白药用其作为原料。三七又是著名的活血止血药，血塞通系列产品、复方丹参系列是对三七原料需求较大的两种药品，涉及昆明制药、中恒集团、天士力、云南白药、康缘药业、片仔癀以及华神集团等多家上市公司，每年三七的用量为 7 000 吨。

三七在国内市场上较为紧俏，价格一直较高，只是 2006 年到 2009 年上半年价格下滑到 45～50 元/千克，但是 120 头的三七仍在每千克 50 元左右。到 2010 年后，随着种植成本、劳动力成本增加，社会整体物价水平的提高等，三七价格开始上涨至 770 元/千克的高价。此前种子每千克只有几十元，种子成本也飙升到了每千克上千元。价格的疯涨，也刺激了上市公司"跑马圈地"种三七的决心。公开资料显示，云南白药有自己的三七种植基地，华神集团此前也提到将在四川攀西地区建设三七种植基地，天士力等也都在跑马圈地。2013 年三七的产量将超过 1 万吨，2014 年有可能将突破 2 万吨，后年可能更多。盲目扩种目前产区已经无人收购，2014 年初市场价格已经下降到 400 元/千克左右。

表 1-1-8 为 25 年中三七（120 头）的市场价格走势表，供参考。

表 1-1-8 1990—2014 年 120 头三七市场价格走势表

（元/千克）

年份＼月份	1	2	3	4	5	6	7	8	9	10	11	12
1990	100	105	100	90	95	98	105	100	95	95	97	98
1991	98	95	100	105	115	115	120	110	105	100	105	110
1992	100	90	90	90	90	90	98	110	108	106	109	117
1993	125	130	130	130	170	160	160	165	165	165	160	150
1994	130	125	125	125	130	130	120	115	118	118	110	118
1995	105	100	98	98	95	90	90	80	80	80	85	80
1996	90	90	90	90	100	100	90	95	90	95	90	80
1997	75	78	79	79	79	80	82	82	85	80	80	80
1998	80	82	82	85	90	90	85	82	83	82	82	78
1999	70	69	69	68	70	68	64	68	64	60	58	60
2000	61	61	60	62	64	60	58	56	50	48	48	48
2001	45	45	48	48	50	50	45	40	40	40	40	36
2002	36	40	42	42	42	42	45	48	45	45	45	42
2003	42	45	50	55	45	45	48.5	51	55	55	58
2004	65	72	75	83	82.5	82.5	83.5	83.5	83.5	84.5	84.5	111
2005	100	100	98	98	99	102	108	118	113	85.5	74	69
2006	53	51	50.5	45	45	44.5	44.5	46.5	49	49.5	48	47.5
2007	45	45	45	45	50	50	50	50	50	50	50	50
2008	51	54.5	53	53	56	62	65	66	67	65	62	60
2009	59	62	72	85	90	88	98	94	120	140	155	200
2010	200	200	350	500	420	270	260	260	270	310	340	320
2011	320	360	360	360	330	340	340	340	355	340	340	360
2012	420	430	490	590	690	660	700	660	580	640	730	670
2013	380	480	540	650	760	770	760	720	710	700	700	695
2014	400											

（八）知母

1. 概述 知母（*Anemarrhena asphodeloides* Bge.）又名蒜辫子草、羊胡子根、地参，为百合科知母属多年生草本植物。以根状茎入药，有清热除烦、泻肺滋肾的作用。知母耐严寒、干旱，喜温暖。宜选择疏松的腐殖壤土栽培，土质黏重、排水不良、阴坡不宜种植。知母主产于河北、山西、内蒙古、辽宁等省、自治区，其中以河北易县知母质量最佳（图1-1-8）。

2. 栽培技术 知母分种子与分株两种繁殖方式。种子繁殖分春播与秋播，以秋播为佳。春播于4月上旬进行，按行距25厘米，开1～2厘米的小沟，然后撒种、浇水，每667米²用种量为1～1.5千克。出苗前要保持土壤湿润，大约20天出苗。秋播在10月底至11月初进行，方法同春播一致，次年4月出苗。

分株繁殖在秋季茎叶枯萎或次年春返青前进行，刨

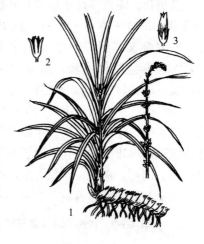

图1-1-8 知 母
1. 植株 2. 花 3. 果实

取根状茎，分段切开，每段3～5厘米，以株距7～10厘米、行距20～30厘米，开10～15厘米深的沟栽种，覆土压紧并浇水。苗高5～7厘米时，松土除草并间苗。苗高10厘米左右定苗。苗期要保持土壤湿润，及时除草。分株繁殖的当年和直播的第二年，在苗高15～20厘米时，每667米²施尿素30千克，沟施后覆土。对于不留种的植株应除去花薹。

知母主要受虫害影响，尤以蛴螬危害严重。防治方法：发生

时浇施 50％辛硫磷乳油，每 667 米² 用量为 250 毫升，对水浇入即可。

3. 采收加工 种子繁殖后栽种 3 年或分株繁殖栽种 2 年的知母均可采收。于春、秋进行，刨出根茎，去掉泥土，晒干或烘干，之后去掉须毛，保留黄绒毛，清洗后切片得毛知母。若趁鲜去外皮，不沾水，烘干或晒干为光知母，也称知母肉。一般每 667 米² 产干货 300～500 千克，折干率为 30％～40％。

4. 市场分析与营销 知母除供药用，也用于园林场园景布置观赏植物。需求量逐年增加，其价格也不断攀升，由 20 世纪 90 年代初的每千克 8 元左右，到 1999 年升到现在的每千克 22 元，2007 年又降到每千克 10 元左右，2008 年又升到每千克 22 元，2010 年随物价上涨，到 2011 年达到每千克 37 元的高价，目前又下降到每千克 12 元左右。

知母国内主要药材市场的年销售量大约在 1 500 吨左右，栽培知母需要 3 年时间，第一年要先育籽，第二年要移载，第三年才能供商品出售。种植知母除了关注价格以外，还要密切关注安徽亳州、山西、浙江、河北等主产区的种植面积情况。

表 1-1-9 为近 25 年混等知母市场价格走势。

表 1-1-9　1990—2014 年混等肉知母市场价格走势表

（元/千克）

月份 年份	1	2	3	4	5	6	7	8	9	10	11	12
1990	7	7	8	7.5	7.5	8	8	8	7	6	6	6
1991	6.5	8	8	9	9	10.5	11	10	9	9	9	10
1992	10	10	11	12	11	10	10.5	10.5	10	10.5	12	11
1993	11	11	11	11	11	12	12	12	12	12	12	12
1994	10	10.5	9.5	9.5	9.5	9.5	9.5	9.5	10	10.5	10.5	10.5
1995	11	12	14	12.5	14	14	14	13	13.5	14	14	14
1996	14	14	14	15	14	15.5	15.5	14	14	14	13	14
1997	14	14	15.5	16	16	16	16	16	17	16	16	16

（续）

月份 年份	1	2	3	4	5	6	7	8	9	10	11	12
1998	16	15	16	18	18	19	18	18	19	17	17.5	17.5
1999	18	20	20	21	22	22	22	22	22	20	19	19
2000	19	19	17	17	17	18	18	18	19	19	18	17
2001	17	17	18	16	16	17	19	19	18	18	18	18
2002	17	17	18	18	19.5	19.5	19	19	19	19.5	19.5	19
2003	19	17	17	20	17	17	18.5	18.5	20	19.2	17.8	17.8
2004	18.5	19.6	20.5	21.5	19.7	18	18	18	18	18	18	18
2005	19.2	19	19	19	19.5	19.5	19.5	21	20.5	20.5	20	20
2006	19.5	19.5	21	21	20	19.8	19.8	20	20.2	20.5	20.5	20
2007	10	10	10	10	10	10	10	11	11	11	12	12
2008	19.5	19.5	19.5	19.5	19.5	20	21	22	22	22	22	22
2009	17	17	17	17	18	25	19	22	22	25	22	22
2010	22	22	22	22	27	30	31	30	32	32	32	32
2011	32	32	32	32	32	32	32	32	33	33	37.5	37.5
2012	37.5	37.5	8.5	10	10	10	10	10	10	10	10	10
2013	10	12	12	12	12	12	12	12	12	12	12	12
2014	12											

（九）苍术

1. 概述　苍术〔*Atractylodes lancea*（Thunb.）DC.〕别名山刺叶、枪头菜、茅术，为菊科多年生草本植物，以根茎入药，具有燥湿健脾的作用，喜凉爽气候，南苍术生于干燥草丛，生活力很强，荒山、坡地、瘦地也可种植，但以排水良好、地下水位低、结构疏松、富含腐殖质的砂质壤土生长最好。忌水浸，受水浸后，根易腐烂，故低洼积水地不宜种植。北苍术产于辽宁、吉林及黑龙江、河南、山东、山西、陕西、内蒙古，南苍术产于江苏、河南等地（图1-1-9）。

2. 栽培技术 苍术用种子繁殖和分株繁殖。

种子繁殖，种子发芽率50％左右，4月初育苗。苗床应选向阳地，播种前深翻，同时施足基肥，北方可用堆肥，南方施草木灰等，整细耙平后，做成宽1米、长3～5米的畦，条播或撒播，每667米^{2}用种量4～5千克，播后覆细土2～3厘米，上盖一层稻草，经常浇水，保持土壤湿润，出苗后去掉盖草，苗高3～5厘米时间苗，苗高10厘米左右即可定植。南方育苗约1年，次年3月上旬定植，定植地一般用荒坡空地，阴雨天或午后定植易成活，行距×株距25厘米×10厘米，栽后覆土压紧，然后浇水。

图1-1-9 苍 术

1. 植株中下部 2. 花枝

3. 头状花序，示总苞及

羽裂的叶状苞片 4. 两性花

分株繁殖，春季4月，将老苗连根掘出，抖去泥土，用刀将每蔸切成若干小蔸，每小蔸带1～3个根芽，然后按育苗定植法栽植，幼苗期宜勤除草，定植后需中耕、除草、培土，并追施粪肥1～2次，尿素10～20千克。

3. 采收加工 南苍术多于秋季采挖，北苍术分春秋两季采挖，但以秋后和春季未出土前质量好，人工家种者，二年内收获。南苍术挖出后，除尽泥土和残茎，晒干后用棒打掉须毛，或晒至九成干后，用火燎掉毛须即可。北苍术挖出后，除去茎叶和泥土，晒至四五成干时装入筐内，撞掉须根，即呈黑褐色，再晒至六七成干，撞第二次，直至大部分老皮撞掉后，晒至全干时撞第三次，到表皮呈黄褐色为止。

4. 市场分析与营销　　苍术药用历史在 2000 年以上。随着科技进步和创新，研究发现，苍术根茎含挥发油为 5%～9%，油的成分为苍术醇、桉叶醇等，在临床上对肝癌有一定疗效。以苍术为主要原料的药物也不断上市，如三妙丸、纯阳正气丸、小儿白寿丸、国公酒等。此外，随着饲养业的发展，苍术还走进了饲料、兽药等行业，成为牲畜饲料和兽药的主要原料，每年需求量均在成倍增加。据统计，苍术需求量年均增长 10%～15%；2000—2001 年的需求量约为 1 000 吨，2005 年已增长至 4 000 吨左右，2006—2007 年再创新高，约为 5 000 吨。

从 20 世纪 90 年代末期开始，野生苍术资源在逐年减少。2000—2001 年产量为 5 000～6 000 吨以上，2004—2005 年再减少至 2 000～2 500 吨，2006—2007 年的产量预测为 1 000～1 500 吨。加上市场存货共计大约有 2 500 吨，当年市场缺口在 50%。由于苍术野生产量的逐年下滑而造成供不应求局面，因此，其市场缺口逐年加大，20 世纪 90 年代市场零售价每千克仅为 2～3 元，在 2004 年药材市场整体萧条的大势下，苍术市价不但没有下降，反而稳中有升，有些产区的优级品还上浮了 0.2～0.5 元，全国每千克平均价上涨至 6.5～7 元；2005—2007 年连续 3 年走势坚挺，持续攀升，去皮货每千克已升至 11～12 元。随着提取业的发展，苍术的需求量逐年上升。价格方面也会随着需求量的加大而上调，2003 年春季。"非典"流行时期苍术每千克价格暴涨到 140 元。此后急剧下降，经过一番波动后，2006—2009 年每千克保持在 10 元左右，2010 年后每千克升到 25 元以上，2013 年至今每千克为 30～40 元。今后种植大有可为。

其近 25 年市价波动详见表 1-1-10。

表 1-1-10　1990—2014 年混等苍术市场价格走势表

（元/千克）

月份 年份	1	2	3	4	5	6	7	8	9	10	11	12
1990	2.5	2.6	2.7	2.7	2.7	2.7	2.7	2.7	2.7	2.7	2.7	3
1991	3	3	3	2.4	2.6	2.5	2.8	2.7	2.5	3	3	3
1992	2.9	2.8	2.7	2.9	2.8	2.6	2.9	3	3	3	3	3
1993	2.8	2.8	2.8	2.8	2.7	2.7	2.8	2.8	2.6	2.6	2.5	2.5
1994	2.5	2.8	2.9	3	3	2	2.9	3			2.5	2.5
1995	2.8	2.8	3.5	3.5	3	3	4.2	3	3.5	3.5	3.5	3.5
1996	3.8	3.8	4	4.5	4.5	5	5	5	4.5	4.5	4.5	4.5
1997	4	4.5	3.8	4	4.5	3.8	5	3.8	4.5	4.5	4.5	4.5
1998	4	4	4	3.5	3.5	3.5	3.5	4	3.5	3.5	3.8	3.6
1999	3.5	3.5	4	4.5	4.5	3.5	3.5	4	3.5	3.5	3.5	3.5
2000	4.5	4.5	4.5	4.3	4	3.5	4	3.8	3.5	4	4.2	3.8
2001	3.5	3.5	3.5	3.8	3	2.5	2.3	2.5	3	3.5	4.2	4
2002	3.8	3.6	3.7	3	2.5	2.6	4.1	2.6	4	3.5	3.2	3.6
2003	3.6	3.6	5	140	120	8	8	8	7.2	7.2	7.2	6
2004	6	6	6	6.1	5.8	4.6	4.7	4.6	4.9	5.2	5.4	5.4
2005	5.8	6	6.3	6.3	6.7	7.5	6.7	7.9	11	11.8	12.5
2006	12	11	10.2	9.2	9	9.5	9.5	9.5	10.9	10.5	10.5	11.2
2007	9	9	9	9	10	10	10	10	10	10	10	10
2008	9.4	9.4	9.4	9.4	9.4	9.4	9.4	9.2	9.2	9.2	9.2	9.2
2009	10.5	10.5	11	11.5	12	12.5	12.5	13	14	17	26	27
2010	27	27	23	23	23	23	21.5	25	26	27	27	25
2011	25.5	25.5	26	27	27	27	27.5	25.5	25	24	23.5
2012	24.5	24.5	25	25	25	24	24	24	26	26	27
2013	27	28	26.5	27.5	27.5	29	32	35	37	36	37	42
2014	40											

（十）膜荚黄芪

1. 概述　膜荚黄芪〔*Astragalus membranaceus*（Fisch.）Bge.〕为豆科多年生草本植物。以根入药。其形态特征是：茎直立，高 40～80 厘米。奇数羽状复叶，小叶 6～13 对，叶片宽椭圆形，长 7～30 毫米，宽 3～12 毫米，上面近无毛，下面伏生白色柔毛。花冠黄色至淡黄色，有时稍带紫红色；荚果膜质，被黑色短伏毛。花期 6～7 月，果期 7～9 月。膜荚黄芪喜凉爽气候、耐旱、耐寒，怕热，怕涝。选择土层深厚、透水性强的中性或微碱性砂质壤土栽培，重盐碱地不宜种植。主产于山东、陕西、甘肃、辽宁、吉林、黑龙江、河北等地（图 1-1-10）。

2. 栽培技术 膜荚黄芪用种子繁殖，分春播和秋播。春播于 3～4 月进行，要求土壤湿润，条播、撒播、点播均可。每 667 米² 播 2～3 千克种子。秋播于 10～11 月进行。无论春播与秋播，覆土以 2 厘米为宜，不可过厚，否则影响出苗。苗期要保持土壤湿润。当苗高 15 厘米时间苗，按行距 10 厘米左右定苗。雨季时注意培土。播种前施足基肥，次年春于行间沟施圈肥，每 667 米² 施 500～1 000 千克，另加磷酸二铵 15～20 千克。

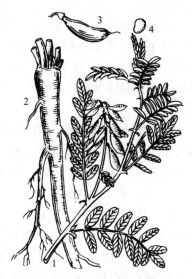

图 1-1-10 膜荚黄芪
1. 果枝 2. 根 3. 果实 4. 种子

膜荚黄芪的主要病害是白粉病和红根病。白粉病在苗期和成株期发生，主要为害叶片，也为害荚果。受害叶片和荚果表面如覆白粉，后期病斑上出现小黑点，造成早期落叶或整株枯萎。防治方法：发病初期用 50％甲基托布津可湿性粉剂800～1 000倍液喷雾，每 10 天一次，连续2～3 次。

红根病的特点是导致烂根，地上植株自下而上枯萎、死亡。防治方法：

①收获时清除病根，集中烧毁。

②与禾本科作物轮作 3～4 年。忌重茬。

③发现病株及时挖除，病穴及其周围撒上石灰粉，以防蔓延。

④雨季注意排水，降低田间湿度。

⑤整地时每 667 米^2 用敌百虫粉剂 0.1～0.2 千克进行土壤消毒。

3. 采收加工 播种后 1～2 年秋季采挖。采挖时切勿折断根部，以免影响质量。采收后，切下芦头，抖净泥土，晒至半干，堆积 1～2 天再晒，直至晒干为止，然后剪去侧根及须根，扎成小捆即可。栽培 1 年后采收膜荚黄芪，产量可达到每 667 米^{2}250 千克。

4. 市场分析与营销 膜荚黄芪为常用中草药，有"补气固表之圣药"之称，年用量超万吨。黄芪因 2002—2008 年连续低价造成种植萎缩，2010—2013 年连续 3 年统货价格每千克上升 20～30 元，进而带动种植面积在全国各地再次恢复，并从传统的甘肃、内蒙古、山西主产区，一直延伸到宁夏、青海等地。2013 年黄芪主产区普遍根条粗壮、主根长，没有麻口病等病害，品相好，单产比 2012 年增加 1 倍左右，鲜货平均 667 米^2 产 1 000 千克，按目前 40 元每千克的市价，每 667 米^2 地可以卖 7 000 元，除去 2 000 多元的种植成本，农民每 667 米^2 种植收入约 5 000 元，获利较丰厚。而且今年育苗均获成功，明年种植基础较好，扩种意愿强烈。

近年来黄芪库存量虽有下降，但总体仍有盈余。目前市场平稳，价格小幅下滑 1 元左右，小条价每千克 33～34 元，中条价每千克 36～37 元，大条价每千克 38～39 元，统片每千克 20 元左右，交易较为活跃。鲜货价格每千克 24～28 元，仅有少量加工户收购。由于黄芪生产恢复较快并有进一步增加趋势，预计黄芪短期内在需求拉动下价格下滑空间不大，但 2014 年春大量产新上市后行情将会进入持续低迷阶段。

表 1-1-11 为其混等货 25 年市场价格走势表，供参考。

表 1-1-11　1990—2014 年混等膜荚黄芪市场价格走势表

（元/千克）

月份 年份	1	2	3	4	5	6	7	8	9	10	11	12
1990	4.5	4.5	5	5	4.5	4.5	4.5	4.5	5	5	5	4.5
1991	4.5	5	5	5	5.5	6	6	5.5	6	6.5	7	7
1992	6	6	5.5	5.5	6	7	7.5	8	8	8	7.5	7.5
1993	7	7	7	6.5	6.5	6	6	6	6.5	6.5	6.5	6
1994	6	6	6	6.5	6.5	6.2	6.7	6.6	6.8	7	7.8	8
1995	8.5	8.5	8.5	8.3	8.2	8.4	8.5	8.8	8.8	8.8	8.6	8.8
1996	9	9	10	11	11.5	12	12	12	11	11	12	12
1997	11.5	12	13	13	12	11.5	11.5	11.5	11.5	11.5	11	11
1998	11	12	12	12.5	12.5	12.5	12.5	12.5	12.5	12.5	12.5	12.5
1999	12	12	12.5	12.5	12.5	12.5	12	12	12	13	13	13
2000	13	13	13	14	14	15	15	15	14	14	13.5	13.5
2001	12.5	12.5	12.5	12	12	10	10	10	8	8	8	8
2002	6.5	5.5	5.5	5.5	5	5	4	4	4	4	4	4
2003	4	6	7	30	8	5	5	5.6	5.6	5.6	6.8	6.8
2004	6.8	7.5	7.5	7.2	7.2	7.2	7.2	6.8	6.8	6.3	6.3	6.3
2005	5.8	5.2	5	4.7	5.5	5.5	5.5	5.5	5.5	6	7	7
2006	7	7	7	6.5	6.5	6.5	7	7	7	7	12	12.7
2007	7	7	7	7	7	7	7	7	8	8	8	8
2008	8.4	8.2	8.2	8.2	8.2	8.2	8.2	8	7.8	7.5	7.3	7
2009	7	7	6.5	6.8	7	7	7	7	6.8	7	8.5	9
2010	11	10.5	11	12	12.5	12	11.6	14.5	22	18	18.2	17.5
2011	16.5	17.5	22	28.5	29.5	29.5	30	29	26	20	17.5	18.5
2012	20	21	22	20	20	17	17	16	16	16	16	16
2013	17	22	22	23	23	23	23	20	22	22	22	22
2014	22											

（十一）蒙古黄芪

1. 概述　蒙古黄芪 ［*Astragalus membranaceus*（Fisch.）Bge. var. *mongholicus*（Bge.）Hsiao］，为豆科多年生草本植物。

以根入药。它与膜荚黄芪的主要区别是：小叶12～18对，叶片长5～10毫米，宽3～5毫米，上面无毛，下面被柔毛。花冠黄色至淡黄色，荚果无毛。蒙古黄芪喜凉爽气候，耐寒、耐旱，怕高温、水涝。适合在土层深厚的砂质土壤栽培。主分布于内蒙古、山西、甘肃等省、自治区，北方地区均有分布（图1-1-11）。

2. 栽培技术 蒙古黄芪多采用育苗移栽方式繁殖。育苗有两种方式。一种是木箱育苗，适合小面积栽培。在春季进行，根据移栽地的大小制作木箱。木箱内充填富含腐殖质的土壤。种子采用撒播方式，覆土2厘米左右。播后保持土壤湿润。另一种是大田做畦育苗。产区均采用这种方式。将选好的育苗地精作，施足基肥，每667米^{2}施圈肥3 000千克，或磷酸二铵20千克。做宽

图1-1-11　蒙古黄芪
1. 根　2. 花枝　3. 果枝

1.2米的畦，按行距8厘米条播。每667米^{2}播2～3千克种子，育苗地播5～8千克种子。保持土壤湿润，半个月可出苗。

当年秋季或次年春进行移栽。移栽地应深翻耕细，施基肥。做成宽1.5米左右的长畦，按行距15厘米、深25厘米开沟，将新挖的苗栽以株距10厘米斜摆入沟内，覆土，镇压。芦头在土下2厘米处为宜。挖苗与移栽时切勿伤芽苞，不然影响成活率。根苗长最好不短于25厘米。

出苗后要中耕除草 2～3 次。苗高 15 厘米左右追肥，每 667 米^2 施人畜粪水 1 500 千克或尿素 15 千克，施后浇水。6 月中下旬再施一次，每 667 米^2 施堆肥 1 000 千克，加磷酸二铵 10 千克。

蒙古黄芪的主要病害也是白粉病与红根病。防治方法同膜荚黄芪。

3. 采收加工　移栽后 1～2 年即可采收，时间不可过长，否则根头空心，质量下降。秋季 10 月或春天芽未萌动时均可采挖。采收后，去泥切芦，晒至半干，堆放一段时间后再晒至干，捆成把，得商品。蒙古黄芪栽培 2 年采收每 667 米^2 可产混等干货 240～280 千克。

4. 市场分析与营销　蒙古黄芪为一味大宗药材，有补气固表、拔毒排脓、利水消肿的功效，用途极为广泛。据调查，有 300 种中成药品种中含黄芪成分。蒙古黄芪根纤维柔韧，断面鲜黄白色，外观和内在品质均优于膜荚黄芪，销售价高于膜荚黄芪 1～2 倍，且大部分产品销往我国香港并出口东南亚市场，优质最高价达 35～40 元/千克。混等黄芪条 2000—2005 年价格低迷到 8～12 元/千克，2006—2007 年回升到 15 元/千克左右，2008—2009 年又下降到 8 元/千克左右，2010 年随着中药材整体走高涨到 28.5 元/千克，目前一般维持在 20～22 元/千克。甘肃、内蒙古地区大部分栽培此品种。

表 1-1-12 是混等蒙古黄芪条 25 年的市场变化情况。

表 1-1-12　1990—2014 年混等蒙古黄芪条市场价格走势表

（元/千克）

年份＼月份	1	2	3	4	5	6	7	8	9	10	11	12
1990	15	15	15	18	20	20	18	15	18	15	18	20
1991	20	22	22	24	22	22	22	22	24	24	24	25
1992	5	20	20	20	25	22	22	18	18	18	18	15

（续）

月份 年份	1	2	3	4	5	6	7	8	9	10	11	12
1993	15	15	15	15	15	15	15	15	15	15	15	15
1994	15	15	15	15	15	15	15	15	15	15	15	18
1995	20	18	18	18	20	20	18	18	20	18	18	20
1996	18	18	15	15	10	10	10	10	10	8	10	10
1997	10	11	12	10	10	12	12	12	12	12	12	15
1998	15	15	15	15	13	15	13	12	15	15	15	20
1999	15	10	10	10	10	10	10	10	10	12	12	15
2000	12	10	8	10	8	10	12	10	10	10	10	12
2001	7	8	10	10	8	8	8	8	10	8	8	8
2002	10	10	10	8	8	8	8	8	10	10	10	10
2003	10	10	25		10		10	10	9.4	9.4	9.4	8.2
2004	8.2	8.2	8.2	8.5	8.5	8.5	7.5	7.5	7.5	8.5	7.5	7.5
2005	9.2	10	10	10	10.5	10.5	13	13	13	11	12	12
2006	12	12	12	13	13.5	13.5	13.5	14.5	14.5	14.5	14.5	14.5
2007	14	14	14	15	15	15	14	14	14	14	14	14
2008	9.2	9	8.7	8	8.5	8.5	8.5	8.5	8.5	8.3	8.3	8
2009	8	8	8	8	9	8	8	8	9	8		10
2010	11	12	12.5	14.7	13	13	12.5	13.5	22.5	18.5	18.5	18.5
2011	18.5	20	21	24	24	28	28.5	29	26	23.5	19	22.5
2012	22.5	22.5	22.5	20	21	20	20	20	20	20	20	18
2013	18	20	20	20	20	20	20	20	22	22	22	22
2014	22											

（十二）掌叶大黄

1. 概述 掌叶大黄（*Rheum palmatum* L.），为蓼科多年生草本植物，以根及根茎入药，含致泻、收敛两种成分。具有泻热攻下、行淤化积、抗菌消炎的功效。主产于甘肃、青海、四川等省。为我国传统中药材，栽培历史悠久。栽培品种有药用大黄

(*Rheum officinale* Baill.)、唐古特大黄（*Rheum tanguticum* Maxim. ex Balf.）等。大黄喜冷凉气候，耐寒，忌高温，多生长于海拔 2 000 米左右的高寒地区，对土壤要求严，一般以土层深厚、富含腐殖质、排水良好的砂壤土为宜（图 1-1-12）。

2. 栽培技术

（1）选地整地　应选择排水良好的砂质壤土和富含腐殖质的土地种植。平整土地后做成宽 1.3 米、高 30 厘米的畦，作为育苗地。移栽地区必须深耕 40 厘米，施足基肥。

（2）繁殖方法　主要用种子繁殖，也可用子芽繁殖。大黄种子发芽率可维持 4 年。发芽率一般 40% 左右。种子繁殖分为育苗移栽和直播两种方法。

图 1-1-12　掌叶大黄

①育苗移栽法。分为春播和秋播。春播以春季化冻后播种为宜，秋播以 8～9 月份为宜。条播与撒播均可。条播在畦面开沟，沟距 25 厘米，播幅 10 厘米，深 3～4 厘米。撒播将种子均匀撒在畦面，每隔 2～3 厘米有 1 粒种子，播后盖上细土，以看不见种子为宜。畦面可盖稻草。每 667 米^2 播种量 5～7 千克。10 天左右，大黄种子发芽出土，将盖草揭去，除草、浇水、施肥。每 667 米^2 可育出壮苗 7 万～10 万株，能定植 2.3～3.3 公顷。第二年春天移栽，行距 70 厘米，株距 50 厘米，穴深 30 厘米，每穴栽 1 株苗，盖土浇水，施肥除草，并可在行间间作其他作物。

②直播法。可省一些人工，在初秋或早春进行。直播按行距 60～80 厘米、株距 50～70 厘米穴播，穴深 3 厘米左右，每穴播种 5～6 粒，覆土 2 厘米。每 667 米^2 用种量 1.5～2 千克。

子芽繁殖方法是在大黄收获时将母株根茎上萌生的健壮而较大的子芽摘下种植。

(3) 田间管理 大黄要种植 3～4 年才能收获，在 3～4 年中，每年要定期除草 3～4 次，除草的同时要追施化肥和人粪尿，化肥以磷酸二铵为好。除草的同时在植株根周围培土，以促进根茎的生长。在 3～4 年期，大黄部分抽薹，此时要及时摘除花薹，以利根茎发育。病虫害的防治也是大黄栽培过程中的重要措施。大黄的病害主要有根腐病、大黄轮纹病、疮痂病、炭疽病、霜霉病等。以上几种病害对大黄生长和产量影响较大，在发生病害前应用药剂防治，发生以后一般难以防治。传统的防治方法是 1 000 倍甲基托布津喷施叶面。目前发明的新型药剂比上述两种更加有效。虫害的为害相对小一些，主要有蚜虫、金龟子、夜蛾幼虫，可用常规杀虫药防治。

3. 采收加工 大黄一般在第三、第四年前后的秋季，地上部茎叶枯萎时采挖。经测定，大黄有效成分含量在种子成熟前逐渐增加，种子成熟后显著下降。所以不需留种的大黄在开花结果后收获。挖出鲜根后，不用水洗，剥去外皮，大的切成大片，小的切成两半，自然晒干或熏干，即为大黄药材。一般每 667 米^{2}产 500 千克左右，目前市场价格每千克 10 元左右。

4. 市场分析与营销 大黄别名将军，具有泻热攻下的功效，因其功效显著，其市场需求量很大，年需求量在 5 000 吨左右，并有一定的出口。大黄除做药用外，还有提取物以及作为保健饮料用。

20 世纪 90 年代初，大黄价位不高，在每千克 2～4 元之间。90 年代中期，其价格呈上升趋势，最高达到每千克 10 元左右，这导致了种植面积的大量增加，使供大于求，价格又逐年下降，21 世纪初，降到 3～4 元/千克。2006 年价格逐步回升稳定在 6～7 元/千克，特别是 2010 年后随着物价上涨，稳定在 12 元/千克左右，可适当发展种植。

近 25 年大黄价格详见表 1-1-13。

表 1-1-13　1990—2014 年大黄市场价格走势表

（元/千克）

月份 年份	1	2	3	4	5	6	7	8	9	10	11	12
1990	2.6	2.6	2.6	3	3	3	3	3.8	4	4	3	3
1991	3	3	3	3	2.1	3.2	3	3	3	3	3	3
1992	3	3	3.2	3.2	2.7	2.7	2.7	2.7	2.6	2.6	2.6	2.6
1993	2.6	2.6	2.6	2.9	3.5	3.5	3.5	3.5	3.5	3.2	3.2	3.2
1994	3.3	3.3	3.3	4.2	4.2	4.2	4.2	4.2	4.2	5.2	6.7	6.5
1995	6.7	7	7.8	7.8	7.8	9.2	9.7	11	11	11	11	11
1996	11	11	11	11	11	10.5	10.5	10.5	10	10	10	10
1997	10	10	11	11	10	9	9	8	8	8	8	8
1998	8	8	7.8	7.8	7.5	7.5	7.5	7.5	7.5	7.5	7.5	7.5
1999	7.5	7.5	7.2	7	6	5.5	5.5	5	4.8	4.8	4.8	4.8
2000	4.8	4.8	3.8	4	4	4	4	4	4	4	4	4
2001	4	4	4	4	3.8	3.8	3.8	3.8	3.8	3.8	3.2	3.2
2002	3.2	3.5	3.5	3	3	3	3	3	2.6	2.6	2.6	2.6
2003	2.6	3	4	5	4	2.5	2.2	3.5	3.5	4.4	4.4	
2004	4.8	4.8	4.8	5.2	5.2	5	4.9	4.9	5	5	5	5
2005	4.3	4.3	4.5	4.8	5	5	5.2	5.2	5.2	5.2	5.2	5.2
2006	6.1	6.1	6.6	6.9	7.2	6.8	6.4	6.3	5.9	5.9	6	6
2007	7	7	7	7	7	8	8	8	9	9	9	9
2008	8.7	8.7	8.7	8.7	8.7	8.7	8.7	8.7	8.5	8.5	8.5	8.5
2009	8	8	8	8	8	8	8	7	7	7	7	7
2010	8	8	8	8	9	9	9	9	9.5	9.5	9.5	9.5
2011	11	12	12	13	13	13.5	13.5	13	13	14	14	13
2012	13	12.5	12.5	12.5	12.5	12.5	12.5	12.5	12.5	12.5	12.5	12.5
2013	12.5	12.5	12	12	12	12	12	12	12	12	12	12
2014	11											

（十三）川芎

1. 概述　川芎（*Ligusticum chuanxiong* Hort.）为伞形科草本植物，以干燥的根茎入药，主产于四川、云南、贵州等省。有活血行气、祛风止痛、疏肝解郁之功效。川芎喜雨量充沛、气候温和的环境，要求土壤疏松、土层深厚、肥力好的砂壤土种植

（图 1-1-13）。

2. 栽培技术

（1）选地整地 四川产区选早稻田种植，收割早稻后，耕翻做畦，耙平。

（2）培育种栽 用川芎的地上茎节，俗称"苓子"，在海拔 900～1 500 米的山区专门培育"苓子"，供平地或丘陵地区种栽。于立春前将川芎的茎节按 20 厘米×20 厘米的行株距穴栽。3月上旬出苗，7 月中旬当茎节膨大、茎秆呈花红色时采收。割下根茎，称"山川芎"，可作药用，然后将茎秆捆成小捆存放在阴凉的山洞作繁殖材料。

图 1-1-13 川 芎
1. 花枝 2. 花 3. 幼果
4. 块茎及根

（3）栽种 于立秋前后进行，不得迟于 8 月底。在整好的地上开沟，行距 30 厘米，深 3～5 厘米，株距 20 厘米，将"苓子"斜放入沟内，芽头向上，栽时不宜过深或浅，外露一半在上表即可。栽完后在畦面上盖一层稻草，以免阳光直射，每 667 米^2 用"苓子"40 千克左右。

（4）田间管理 到 8 月下旬，栽种的"苓子"全部出苗，此时应及时中耕除草 1～3 次，并结合追肥，可用人粪尿和化肥磷酸二铵 10 千克混合使用，保证川芎生长旺盛。在生长旺盛期多发生根腐病，应及时排水，将病死株拔掉。茎叶上的病害有白粉病和枯叶病，白粉病用粉锈宁叶面喷雾即可，枯叶病可用甲基托布津防治。

3. 采收加工 四川产区多在第二年的小满前后收获。选择晴天将全株挖起，摘去茎叶，除掉泥土，运回加工厂加工。鲜根用火炕烤干，火力不宜太大，每天上下翻动 1～2 次，3 天后，当川芎根挥发出浓烈的香味时，取出放入箩筐内即可。3 千克鲜货折 1 千克干品，每 667 米^2 产量 200 千克左右。

4. 市场分析与营销 川芎为我国常用中草药，具有活血行气、祛风止痛的作用，同时也是妇科良药，年销量达 8 000 吨左右。

近年来药理试验表明，川芎中的提取物可治疗冠心病、心绞痛等症，对心血管疾病有很好的疗效，这更加大了对原料药的年需求量，同样也加剧需求关系的矛盾，价格普遍看好。从 20 世纪 90 年代的 5～6 元/千克到 1998 年升到 30～40 元/千克，之后又降到 6～7 元/千克，2006 年最高时升至 25 元/千克，以后一直在 10～15 元/千克徘徊，到 2010 年随着物价上涨涨到 20～33 元/千克，至今在 20 元/千克左右。短期内不会大幅下降，适宜今后栽培发展。

其近 25 年价格浮动情况详见表 1-1-14。

表 1-1-14 1990—2014 年混等川芎市场价格走势表

（元/千克）

月份 年份	1	2	3	4	5	6	7	8	9	10	11	12
1990	5	5	5	5	5	5	5.4	5	6	6	5.5	6
1991	5.6	5.6	5.6	6.5	6.5	6.5	7	5.6	5.8	5.8	6.5	6.5
1992	6.5	6.5	6.7	5	4.5	4.5	4.5	4.5	4.5	4	4	4
1993	4	4	3.5	4	4	3.8	4	3.8	3.5	3	3	3
1994	3	3	3.5	4.5	4.5	4	4	4	4	5	6	7.5
1995	6.4	6.4	6.6	6	5.9	6.8	8	8.5	8.5	8.5	8.5	7.8
1996	7.5	7.5	7.3	7.5	7.5	7.5	7.5	7.8	9	10	9.5	9.5
1997	10.5	10.5	11	12	12	15	15.5	16	16	16	16	24
1998	27	25	27	26	26	26	28	30	38	40	37	35

（续）

年份＼月份	1	2	3	4	5	6	7	8	9	10	11	12
1999	28	28	28	27	9	8.5	10	11	8	7	6.5	6.5
2000	6.5	6.5	6.5	7.5	8	6.8	6.5	6	6.5	7	6	5
2001	5.6	5.8	6.3	6.6	5.5	6	5.5	6	7.8	9	12	7.8
2002	6.8	7.3	9.2	7.6	5.5	7.8	9.2	6.5	5.5	5.5	6.2	7.3
2003	7	8	8	8	7	6.2	6.2	6.2	6.2	6.8	6.8	7.2
2004	7.2	7.2	7.2	6.7	6.2	6.2	6.6	6.6	6.2	6.2	6.2	5.9
2005	5.6	5.6	5.6	6.5	7.4	10.3	10.2	10.2	11.8	13.8	13.8	13.2
2006	13.8	12.7	13.2	13.3	14.5	18.5	22.3	25.5	23.5	20	17.5	15.2
2007	13	14	15	14	14	14	14	14	14	14	14	13
2008	13	13.8	14	13.5	12	12.3	11.3	10.3	9.8	9.5	9.2	9.2
2009	9.3	9.5	9.8	11.8	15	13.2	11.5	13.5	16	17	16.5	22
2010	21	20	22	24	30	28	26	30	33	32	31	28
2011	28	28	29.2	31.5	28	27	26	22.5	19	16	14.5	13.6
2012	13.6	14	13	12	11.5	11.5	12	12	12	13	13	13
2013	13	13.5	14.8	15	18	16.5	15	17	17.5	18.5	19	18.5
2014	17.8											

（十四）半夏

1. 概述　半夏 ［*Pinellia ternata*（Thunb.）Breit.］别名三步跳、三步倒。为天南星科半夏属植物。以块茎入药，有燥湿化痰、降逆止呕等功能，主产于我国长江流域，东北、华北地区也产，但质量不如南方的好。半夏喜湿润、怕干旱，耐阴、耐寒，块茎能自然越冬。生长过程中遇到恶劣的气候条件就发生倒苗现象（图 1-1-14）。

2. 栽培技术

（1）繁殖方法　半夏以块茎繁殖和珠芽繁殖为主，亦可用种子繁殖。

①块茎繁殖。半夏栽培 2 年后，可于每年的 6、8、10 月倒苗后挖取地下块茎。选横径粗 0.5 厘米左右的生长健壮、无病虫

害的小块茎作种。种茎拌以半干半湿的细砂土，贮藏于通风阴凉处，于当年冬季或第二年春季取出栽种。以第二年春栽植为好。行距 15 厘米，开沟宽 10 厘米、深 5 厘米左右，每沟内交错排列 2 行，芽向上摆入沟内，栽后上面施一层混合肥土，然后盖土 5 厘米左右。每 667 米^2 需种栽 100 千克左右。

②珠芽繁殖。半夏每个茎叶上长 1 个珠芽，数量充足，且发芽可靠，成熟期早，是主要的繁殖材料。夏秋间，当老叶即将枯萎时，珠芽即成熟，随即采下，按行株距 10 厘米× 8 厘米挖穴点播，每穴 2～3 粒。亦可在原地盖土繁殖，即倒苗一批，珠芽掉在原地土面，用四齿耙耧土面盖土一次，同时施入适量的混合肥，既可促进珠芽萌发生长，又能为母块茎增施肥料。

图 1-1-14　半　夏

1. 植株　2. 幼株　3. 佛焰苞
剖开后，示雄花（上）、雌花（下）

③种子繁殖。生长 2 年以上的半夏，从初夏至秋冬，能陆续开花结果。当佛焰苞萎黄下垂时，采收种子，进行湿砂贮藏，第二年 3～4 月播种于苗床上，15 天左右即出苗，但出苗率不高，种子发芽势弱，生长缓慢，生产上不常采用。

(2) 选地整地　半夏栽培地宜选择湿润肥沃、保水保肥力较强、质地疏松的砂质壤土种植，也可以选择半阴半阳的缓坡地，也可以与玉米、油菜、麦类、果林间套作。选好地后，冬季深翻，施足基肥，耙平做畦。

（3）田间管理 半夏幼苗生长缓慢，而杂草生长迅速，因此要及时除草 3～4 次，中耕时要浅锄，不能伤根。水肥管理也十分重要，半夏地要经常保持湿润、阴凉，并要适时追肥，人粪尿和磷酸二铵均可。常发生的病虫害有腐烂病、叶斑病、病毒病等，用常规方法防治。

3. 采收加工 块茎繁殖的于当年或第二年采收，种子繁殖的要第三至第四年才能收获。一般于夏、秋茎叶枯萎倒苗后采挖。挖出后用筐装好，趁鲜洗净泥沙，放入麻袋中撞去外皮，然后再倒出来，用清水洗净外皮，捞出来晒干即为生半夏。一般每 667 米² 产鲜块茎 500～750 千克，折干率 30% 左右。

4. 市场分析与营销 半夏具有燥湿化痰、降逆止呕的功效。因其疗效显著，多数中成药处方都用半夏做原料，年销量在万吨左右，出口和国内销售各占一半，优质半夏多出口，价格也高出国内销售价很多。半夏由于用根茎繁殖（药价高），生产成本较高，管理要求仔细，主要是老产区种植，一直供不应求，价格逐年上升。20 世纪 90 年代初期，价位在每千克 10～20 元波动。1996 年后，价位上涨至每千克 40～50 元。2000—2003 年，则一直在每千克 30 元左右浮动（2003 年"非典"期间每千克 60 元）。2004—2009 年升至每千克 40 元以上，2010 年后升到每千克 150 元，至今维持在每千克 100 元左右。因其属于毒性药材，按毒性药材管理，其销售情况受到国家控制。

近 25 年旱半夏市场价格详见表 1-1-15。

表 1-1-15　1990—2014 年混等旱半夏市场价格走势表

（元/千克）

年份＼月份	1	2	3	4	5	6	7	8	9	10	11	12
1990	15	15	15	15	15	15	15	15	15	15	15	15
1991	15	15	15	16	15	16	16	15	15	14	16	16

（续）

月份 年份	1	2	3	4	5	6	7	8	9	10	11	12
1992	16	16	16	15	15	19	21	18	19	19	19	18
1993	20	20	21	21	21	21	21	21	21	20	20	18
1994	18	19	19	20	20	20	20	20	20	20	23	23
1995	23	23	26	26	36	26	27	27	32	32	32	36
1996	33	33	33	33	38	38	38	41	35	35	42	42
1997	44	44	44	44	45	45	43	42	38	36	36	36
1998	34	34	34	34	34	34	32	32	32	32	27	27
1999	27	27	27	30	31	28	28	28	28	28	28	28
2000	28	28	30	31	31	31	31	31	31	31	31	30
2001	30	30	30	30	30	30	28	28	28	28	30	30
2002	32	32	32	32	32	32	32	32	32	32	32	32
2003	32	40	60	60	40	35	35	36.2	36.2	37.5	37.5	37.5
2004	38.5	38.5	38.5	41	41	42.2	42.2	43.5	43.5	45	45	45
2005	47	47	51	54	54	55.5	57	59	59	53.5	53	53
2006	43	45	49	79	49	49	49	49	50	52	53.5	53.5
2007	40	41	45	44	45	45	45	45	45	45	45	45
2008	42	42	45	45	46	43	43	44	46	45	44	43
2009	44	42	41	41	41	41	41	43	43	50	55	57
2010	72	80	85	88	90	95	90	90	140	140	145	150
2011	150	150	150	155	135	135	135	115	100	82.5	73.5	80
2012	80	88	95	90	90	90	95	90	90	105	105	105
2013	105	105	105	105	108	108	100	100	90	90	80	95
2014	95											

（十五）天南星

1. 概述　天南星［*Arisaema consanguineum* Schott］又名
虎掌南星、掌叶半夏等，为天南星科天南星属多年生草本植物。
以球状块茎入药，具有祛风、化痰、散结、消肿的作用。天南星
喜水喜肥，不耐严寒，但是幼苗耐寒。主产于浙江、安徽、河
北、甘肃、陕西、湖南、云南、广西、四川、贵州等地区（图
1-1-15）。

2. 栽培技术 天南星繁殖分块茎和种子两种形式，以块茎繁殖为主。

块茎繁殖，在秋季收获时，将大的块茎入药，选择无病虫害、健壮完整的小块茎为种茎。将种茎贮存在深1.3～1.5米的地窖内，窖温保持在5℃左右。次年4月上旬，将土地精耕细作，施足基肥，做畦。在畦面上按行距20～24厘米开浅沟，以株距15～20厘米栽植。栽时将芽头向上，覆土4厘米左右。若土地干燥，应浇一次水。

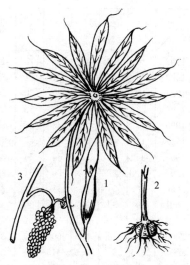

图 1-1-15 天南星
1. 肉穗花序 2. 块茎 3. 果穗

每667米² 需用小块茎25～30千克。

天南星喜阴，应与高秆植物间作，或者在林间种植，也可搭设荫棚。栽后要保持土壤湿润，及时松土。雨季要注意排水。7月下旬，当苗高15～20厘米时追肥，每667米² 施人畜粪水1 000千克，8月下旬再施一次，每667米² 施尿素15千克或饼肥50千克。为了促进块茎生长，应剪除花序，留种植株除外。

种子繁殖多采用秋播，也可第二年春播。8月上旬采摘红色浆果作种。在整好的畦上按行距20厘米开沟撒播，覆土，浇水。当苗高10厘米时，按株距5厘米定苗。

3. 采收加工 天南星在秋季采收。选择晴天采挖，将块茎泥土去掉，除去残茎及须根。然后清洗，刷去外皮或刮去外皮，晒干即可。天南星全株有毒，加工块茎时要戴橡胶手套和口罩，避免接触皮肤，以免中毒。天南星每667米² 产干货250～350千克。

4. 市场分析与营销 天南星野生资源少，用量较大。主治面部神经麻痹，半身不遂，小儿惊风、破伤风、癫痫等症，成为紧俏药材之一。20世纪90年代初期每千克售价曾达到16元，1993—1994年市场价格下滑至每千克3～4元，但很快回升，1995—1999年价格一直稳定在每千克10～14元，2003—2007年升至每千克20～34.5元，价格持续上升，2010—2011年升至每千克50～55元，之后下降到每千克25元左右至今。天南星属于常用药材，适合长期发展种植。

近25年价格变化详见表1-1-16。

表 1-1-16　1990—2014 年混等天南星市场价格走势表

（元/千克）

年份＼月份	1	2	3	4	5	6	7	8	9	10	11	12
1990	6	6	7	7	7.5	7	7.5	7.5	8	9	9	9.5
1991	10	12	12	13	14	13	12.5	12.5	12.5	12.5	12.5	12
1992	12	13	14	15	15	16	15	14	14	12	12	11
1993	8	7	6.5	6.5	6	6	6	5	5	4	4	5
1994	4	3	3	3.5	3.5	3.5	3.5	4	4	6	6	8
1995	8	9	9	10	9	8	9	8	8	8	8	9
1996	10	12	12	13	12	12	12	12	12	13	12	12
1997	12.5	13.5	14	14	13	13	14	14	14	14	14	13
1998	13	13.5	12.5	12	12	10	10	9	9	9.5	10	10.5
1999	10	10	11	11	10	10	10	10	10	9	7	7.5
2000	7	6	6	6	7	8	8	7.5	7.5	8	8	8
2001	9	9	9	8	7.5	7.5	8	8	8	8	8	8
2002	8.5	8.5	9	10	11	11	10	9	9	8.5	8	8
2003	8	10	16	18	16	10.6	11.8	11.8	12.4	14.7	14.7
2004	15	15	18.2	18.2	19.5	21	21	25	25	25	25.5	25.5
2005	26	26	28.5	30	34.5	34.5	34.5	22	22	21	25.5	25.5
2006	23	23	23	24	26	28	30.5	25	25	22	23	23

（续）

月份 年份	1	2	3	4	5	6	7	8	9	10	11	12
2007	27	27	27	26	26	26	25	25	25	25	25	24
2008	10	10	10	10	10	10	10	10	10	10	10	10
2009	15	15	19	19	20	20	20	20	20	25	20	20
2010	25	30	40	55	55	55	55	55	55	55	55	55
2011	55	55	55	52	52	52	52	52	50	50	50	45
2012	40	35	30	25	20	22	22	20	19	19	19	25
2013	25	25	25	25	25	25	25	25	25	25	25	25
2014	25											

（十六）桔梗

1. 概 述　桔梗 ［*Platycodon grandiflorum*（Jacq.）A. DC.］别名包袱花、铃铛花、道拉基等，为桔梗科桔梗属多年生草本植物。以根入药，具有宣肺、散寒、祛痰、排脓的功能。桔梗喜温和气候，耐寒喜阳光，以壤土、砂质壤土、黏壤土及腐殖质壤土为宜，忌积水，怕风害。我国南北各地均有栽培，尤以安徽桐城的"桐桔梗"质量为佳（图 1-1-16）。

2. 栽培技术　以种子繁殖为主，分直播与育苗。直播根条直，无分枝，质量好。直播以春播为主，也可冬播。冬播于 11 月初进行，在畦上按 20～25 厘米行距开 1 厘米深浅沟，撒种盖土，稍作镇压。每 667 米² 用种量为 1～1.5 千克。上冻前浇一次防冻水，次年春出苗。春播种子要处理，将种子置于 50℃ 温水中，搅动至凉后，浸泡 8 小时，再用湿布包上，放在 25～30℃ 的地方，用湿麻袋盖好，进行催芽。每天晚上用温水冲滤一次，约 4～5 天后，种子萌动即可播种。约 10～15 天出苗。每 667 米² 播种量为 1～1.5 千克。

育苗宜选避风向阳地块，施足基肥，耕耙整平，做宽1.3米的床，按行距10厘米开1厘米深沟条播或撒播，覆土1～1.5厘米。播后要保持土壤湿润，半个月左右出苗。苗高3厘米时间苗。苗高5～7厘米时，以株距5厘米定苗。后期管理中要注意排水，适时松土除草。秋后或次年春，定植于大田，按行距25～30厘米、株距7厘米左右栽植即可。

图1-1-16　桔　梗
1. 植株　2. 果实

直播地苗高5厘米时，结合松土除草，同时去除过密的苗。苗高7厘米时，按株距7～10厘米定苗。苗高20厘米时，每667米^{2}追施磷酸二铵20千克，尿素15千克，行间沟施并覆土浇水。6～7月开花时，再追施人畜粪水一次。雨季进行培土、排水，防止倒伏与烂根。

3. 采收加工　一般播后2年收获，河北、山东等省也可一年收获。在10月中下旬，当地上茎叶枯萎时收获，去掉残茎叶、泥土，用碗片或竹刀刮去外皮，晒干即成商品。

4. 市场分析与营销　桔梗是常用大宗药材，属于药食两用大宗品种，全国年需求量在6 000吨至1万吨。同时，还以蔬菜形式大量出口韩国、日本。1992年和1997年出现两次高价，后又回落5元/千克左右，2003—2004年升至13～16元/千克（2003年"非典"价格80元/千克），2010—2011年暴涨至70～90元/千克，2012年开始稳步下滑到20～30元/千克。目前去皮干桔梗20～25元/千克。桔梗种植管理不难，市场需求大，适合长期发展种植。

表 1-1-17 为混等干货桔梗 25 年市场价格走势表，供参考。

表 1-1-17　1990—2014 年混等桔梗市场价格走势表

（元/千克）

月份 年份	1	2	3	4	5	6	7	8	9	10	11	12
1990	7	8	8	9	10	11	13	12	10	8	8	8
1991	8	8.5	10	12	12	13	13	13	14	14	12	11
1992	11	12	12	12	12	10	10	8	7	5	5	3.5
1993	4	4	4	3	3	2.5	25	3	3	3	3	3
1994	2.8	3	3	3	3	3	3	3	3.5	5	7	8
1995	8	8	8.5	8	6	7	7	8.5	9	9.5	10
1996	8.5	10	10	11	11	12.5	13	14	13	12	15	17
1997	17	17	19	19	16	15	17	17	15	13	13	12
1998	12	10	10	10	8	7.5	6	7.5	7.5	6	6
1999	5	5	4.5	4.5	5	5	4	4	4	4	4	4.5
2000	4.5	5	5.5	5.5	4	4	3.5	3.5	4.5	5	6.5	6.5
2001	6	6.5	7	7	6.5	6.5	7	7	7	8	8.8	8.5
2002	8	8.5	8.5	8.5	8	8	8.5	9	9	8.5	8.5	8.5
2003	8.5	12	30	80	14	10	10.8	11.5	11.	13.2	13.2	13.2
2004	14.5	15	15	16.5	13.8	10.8	10.8	9.6	9.6	8.2	8.2	8.8
2005	8.6	7.9	7.9	7.9	7.4	7.4	7.4	6.8	6.8	7.4	11	10
2006	9.2	8.7	8.7	8.7	8.6	8.3	8	8.1	9.9	10.6	10.2	10.2
2007	9	9	10	10	10	10	11	11	11	10	10	10
2008	11.8	12.3	12.3	12.3	12.3	12.3	12	12	13	13	13
2009	13	13	13	13	13	16	16	16	20	25	34	45
2010	42	40	42	60	67.5	65	62.5	75	90	74	83	67
2011	70	67.5	77	76.5	72.5	72.5	70	63	58	38	45	40
2012	32	32	33	35	38	39	35	36	41	46	44	42
2013	34	33	33	33	33	30	28	27	27	25	22	22
2014	22											

（十七）乌头

1. 概述　乌头（*Aconitum carmichaeli* Debx.）为毛茛科植物，主根和侧根入药，有回阳逐冷去风湿的作用，喜阳光充足、温暖湿润的气候，土壤以肥沃、疏松、土层深厚的砂壤土为好，最好选水稻田种植。适宜四川、陕西、云南、贵州、湖南、河北、江西、甘肃等省种植（图1-1-17）。

2. 栽培技术　乌头的繁殖材料，大多靠山区培育供应，很少靠坝地（称为坝药）培育。

（1）培育形式　目前繁殖材料培植有三种形式：

①山区乌头的培植。11月上旬挖出乌头，选块根较大的到坝地栽培，小的仍留种原地或于其他地上栽培，行株距70厘米×40厘米，每穴种3～8枚不等。

②坝区乌头的培植。选地势高、排灌方便的砂土地，做宽80厘米的畦，每畦种2～3行，每667米^{2}栽1.5万～2万枚。一般坝药只连续种两年，再向山地换种，以免退化。

③平原地区商品地的乌头。大的加工作乌头片，三等以下的作繁殖材料。先用竹耙将畦面耙平，用木制的开穴器打

图1-1-17　乌　头
1. 花枝　2. 根和侧根
3. 花剖开，示雌雄蕊和后面两花瓣　4. 雄蕊　5. 蓇葖果

穴，行距 20 厘米，株距 16 厘米，每穴放 1 个乌头种栽，芽头向上，栽完盖土 6～10 厘米，并将畦做成龟背形。

（2）田间管理 主要抓好修根、打尖、掰芽、施肥、排灌各环节。第一次修根 4 月上旬，第二次 5 月中旬。修根方法：用心脏形小铁铲将乌头根部周围的泥土轻轻挖开，现出母根子乌头，一般只留靠近沟边上较大的，而且留 1 个，其余的均除去，同时将根部上端茎秆基部的小芽一并除去，第二次修根方法同前。4 月底，当苗高 50 厘米时，开始打尖，打尖后 3～5 天左右，将植株叶腋间长出的腋芽掰去。乌头宜早期追肥并多施基肥。一般追肥 3 次，第一次 3 月初，苗高 5～6 厘米时，每 667 米^2 用腐熟饼肥 50 千克混合稀粪液 2 500 千克，第二次追肥在第一次修根后，每 667 米^2 用腐熟饼肥 100 千克混合稀粪水 2 500 千克，第三次追肥在第二次修根后，较前两次施肥多，每次施肥前均先行打尖。乌头怕高温和水渍，天旱时要勤浇浅灌，不能过深。雨涝时要注意及时排水。

3. 采收加工 乌头栽后第二年 7 月间收获。留种地推迟到冬季随挖随栽。每 667 米^2 可产 500 千克左右，母根晒干称川乌。

乌头含乌头碱，有剧毒，加工主要过程：将挖出的生乌头，先行去泥，用胆巴卤汁的水溶液浸泡，再经蒸煮、漂浸及烤熏等过程即可加工成商品。

4. 市场分析与营销 乌头含乌头碱，经加工后，毒性较小，并且有强心作用，能镇痛，经过许多药理实验研究，乌头经炮制后的提取物可用来做强心剂的成分之一。这样对原料药乌头的需求量日趋增大，自然价格也不菲，随之大涨。1996 年以后上升到 10～20 元/千克之间，2011 年至今维持在 18 元/千克左右，再没下降过。种植乌头可真是好的致富方法。

乌头 25 年的价格波动详见表 1-1-18。

表 1-1-18　1990—2014 年乌头（片）市场价格走势表

（元/千克）

月份 年份	1	2	3	4	5	6	7	8	9	10	11	12
1990	11.5	12	11.5	12	12	11.5	11.5	11.5	11.5	14	14	14.5
1991	13	12	14	15	15	15	10	10	11	12	10	11
1992	10	10	10	8	9	9	9	7	7.8	7	7.5	7
1993	6.5	6	6	5.5	5.5	5	5	5	5	6.5	4.7	4.5
1994	4.7	4.7	4.7	4.7	5	5	5	5.5	5.5	5.5	5.5	6
1995	5	5	6	7	7	7	7.5	7.5	8	8	9	11
1996	11.7	11.5	12	12	12	13	13	13	14	14	14	14
1997	12.5	13.5	14	14	15	15	15	15	15	16	17	15
1998	14	14	14	14.5	15	16	16	16	17	17	18	18.5
1999	17	17	18	18	16	16	16	16	15	15	15	15
2000	18	18	18	19	19	19	19	18	17	16.5	16	16.5
2001	15	16	16.5	17	19	18	18	18	15	16	16	17
2002	16	15	16.5	17	19	18	18	18	18	18	16.5	18
2003	18	20	25	30	25	20	18.5	18.5	17	17	17	15.9
2004	15.9	15.5	15.5	15.5	13.8	13.8	11	11	11	9.6	9.6	9.2
2005	9.2	10	10	10	10	9.2	9.2	9.3	8.7	9	10.2	10.4
2006	9.5	10	10	10	11.2	11.5	10.5	10.5	11.5	17	16.5	16.5
2007	16	16	16	17	17	17	17	18	21	21	21	27
2008	18.5	18.5	18.5	18.5	18.5	18.5	18.5	18.5	18.5	18.5	18.5	18.5
2009	10.5	10.5	10.5	10.5	10.5	10.5	10.5	10.5	10.5	10.5	10.5	10.5
2010	14.2	14.2	14.2	14.2	14.2	14.2	14.2	14.2	14.2	14.2	14.2	14.2
2011	17	17	17	17	17	17	17	17	17	17	17	17
2012	17.5	17.5	17.5	17.5	17.5	17.5	17.5	17.5	17.5	17.5	17.5	17.5
2013	17.8	17.8	17.8	17.8	17.8	17.8	17.8	17.8	17.8	17.8	17.8	17.8
2014	18											

（十八）怀牛膝

1. 概述　怀牛膝（*Achyranthes bidentata* Bl.）又名牛夕，为苋科多年生草本植物。以根供药用，生用有消痈肿、散淤血之功效；熟用有滋补肝肾、强筋健骨的作用。怀牛膝喜温和气候，不耐严寒。适宜选择土地肥沃、阳光充足、排水良好地块栽培。主产河南，河北、山东等省也有分布（图 1-1-18）。

图 1-1-18 怀牛膝
1. 花枝　2. 花　3. 根

2. 栽培技术　牛膝用种子繁殖，在 6～7 月进行。种子应处理，把种子放在 25℃温水中浸泡 12 小时，捞出晾至种皮稍干即可播种。土地要经过深翻，并施足基肥，每 667 米² 施腐熟厩肥 3 000 千克，然后做成宽 1.2 米的畦。播种时按行距 20～25 厘米，深 1.5～2.5 厘米开沟，种子与细砂混合后撒播，覆土、轻压，每 667 米² 用种量为 0.5～0.75 千克。如果温湿度适当，5 天左右出苗。

牛膝苗高 5 厘米时，结合除草间苗。当苗高 10 厘米左右，按株距 8 厘米定苗。苗高 15 厘米时，每 667 米² 追施人畜粪水一次。为促进根部生长，应除去抽薹部分，但留种植株除外。牛膝生长初期需水量不大，但生长中后期，应保持土壤湿润。栽培一年可收获每 667 米² 产量 150 千克混等干货。

牛膝的病害为叶斑病，危害叶部，6～7 月雨季发病。病叶出现黄色或黄褐色病斑，严重时叶片变为灰褐色，植株枯死。防治方法：

①雨季注意排水，降低田间湿度，保持通风透光，增强植株抗病力。

②发病前后，喷甲基托布津1 000倍液，每 7 天一次，连喷3～4 次。

3. 采收加工　怀牛膝于冬季茎叶枯萎时采挖。采挖时应深挖，切勿伤根，否则影响产品质量。采收后，抖去泥沙，除去须根、侧根，扎把，晾晒至八成干，收起堆积1～2 天，再晒至全干，切去芦头，即成"毛牛膝"。

4. 市场分析与营销　怀牛膝为常用大宗药材，有补肝肾、强筋骨、通血脉、降血压的功能，是四大怀药之一。年需求量在2 500～3 500吨左右。1988 年曾有每千克 12 元的价格，导致种植面积迅速扩大，产大于需。1990 年每千克只有 3 元左右。1991 年末曾上涨到每千克 10 元左右，但很快又下滑，最低时，每千克不足 2 元。1996—1997 年，上升到每千克 10 元左右。1998 年以后售价又下滑，稳定在每千克 5 元左右。2004—2005 年，价格回升至每千克 15 元左右，至 2006 年下滑至每千克 6 元左右。2010 年后升到每千克 12～20 元，至今维持在每千克 12 元左右。怀牛膝需要量大，但种植容易。可以根据行情，适当发展种植。

近 25 年价格变化详见表 1-1-19。

表 1-1-19　1990—2014 年混等怀牛膝市场价格走势表

（元/千克）

月份 年份	1	2	3	4	5	6	7	8	9	10	11	12
1990	3	3	3.5	3.5	3.5	4	4	4	4.2	4.4	4	3.8
1991	3.8	4	4.5	5.5	6.5	7.5	9	9	10	11	9	7
1992	6	5	5.5	5.8	5.8	5.2	4.8	4.2	3.5	3	2.5	2.5
1993	2	1.6	1.8	1.8	1.6	1.8	1.6	2	1.8	2	2.5	3
1994	3.5	4	3.8	3.5	3.8	4	3.8	3.8	4	4	4.8	5.8
1995	6.2	7	7.5	7.5	7.5	7.5	7.5	7.5	7.5	4	7	7
1996	7.5	7.5	8.5	8	8	9	9	9	9	9.5	9	9
1997	9	8.8	9	10	12	14	12	11	12	12	11	8

(续)

月份\年份	1	2	3	4	5	6	7	8	9	10	11	12
1998	5	4	3	2.8	2.6	3	3	3.2	3.5	3.5	3	3
1999	2.8	2.8	3	3	3.8	4.5	4.5	4.5	5	5	4	4
2000	2.8	2.6	2.8	2.8	3	3	3	2.8	3	3.2	3.5	3.5
2001	3.6	4.0	4.0	4.5	4.5	5.5	6.5	6.5	6.5	6.5	7	6.5
2002	6.0	5.5	5.5	5.5	5.0	5.0	5.0	4.5	4.5	4.2	4.2	4.2
2003	4	4	8	8	6	5	6.3	6.3	7.5	9	9	9
2004	10.8	11.5	11.5	12.1	12.1	11.5	16	15.2	14.5	14.5	12.5	14
2005	14.5	15.7	15.2	17.5	15.7	15.2	15	16	11	11.5	12.5	11.5
2006	9.5	9.2	8.5	7.5	7.5	6.8	6.5	6.5	6.5	6.5	6.5	6.5
2007	6	6	6	6	6	6	6	6	6	6	6	6
2008	9	9	9	8	7.5	9	9	9	9	10	9	9
2009	9	9	9	9	9.5	9.5	9.5	9.5	9.5	9.5	9.5	9.5
2010	9.5	9.5	9.5	9.5	12	12	12.5	12.5	12.5	12.5	13	14.5
2011	16	16	20	24	19	18	17	15	14	14	14	15
2012	15	14	13	10	9	11	11	12	12	12	12	12
2013	12	12	12.5	12.5	12.5	12.5	12.5	12.5	12.5	12.5	12.5	12.5
2014	13.5											

（十九）人参

1. 概述 人参（*Panax ginseng* C. A. Mey）又名棒槌，为五加科人参属多年生草本植物。以根供药用，有大补元气之功效。人参喜冷凉、湿润气候，耐严寒，怕高温，怕干旱，又怕积水，忌阳光直射。选地应严格，适宜在排水良好、土地肥沃、渗水性好的中性或微酸性砂质壤土。主产于辽宁、吉林、黑龙江。现在，河北、山西、湖北等地区也有栽培（图 1-1-19）。

2. 栽培技术

（1）选地整地 选择多年荒地、新林地，或者轮作 20 年以上的土地。要求背风、排水好、土地肥沃，缓坡或平地，呈微酸性的棕色森林土或黄砂土、黑砂土。新开垦的土地，应休闲 1

年。将土地施足基肥，翻耕
3～4 次，除净杂物，做高
30 厘米、宽 1.2 米，作业
道宽 0.5～1 米的高畦。

（2）**播种**　人参播种分
春播、夏播、秋播。春播与
秋播的种子要经过催芽处
理，裂口后方可播种。夏播
在较暖的地区进行，如辽
宁、河北等地。采收种子
后，立即播种。播种量为每
667 米^2 3 千克左右。

人参生长年限较长，以
生长 6 年采收为宜，亩产干
货 600 千克左右。生产中要
进行移栽，一般育苗 2～3
年进行移栽，多在 9 月中下

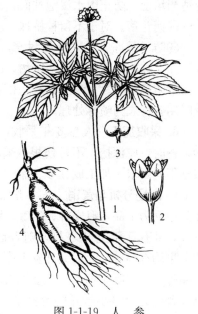

图 1-1-19　人　参
1. 花果枝　2. 花　3. 果　4. 根

旬进行。移栽时要精选参苗，去掉病残参苗，并根据需要对参苗
作适当的修剪处理，多采用斜栽方式。移栽时切勿伤小芽苞。移
栽后，畦面覆盖杂草、秸秆等，防止冻害。

（3）**田间管理**

①搭荫棚。人参怕阳光直射，又怕雨淋，故需要搭设遮阴
棚。参棚形式较多，有全荫棚、双透棚、单透棚、弓形棚、拱形
棚等。荫棚不可过高，但要保证早晚的阳光能照射即可。

②施肥。以农家肥为主，可用圈肥、堆肥等，也可叶面喷施
磷肥。

③松土除草。人参栽培中，松土除草是一个重要环节。要求
勤松土，勤除草，同时也应注意，不可破伤参根和芽苞。

④防旱排涝。人参喜湿润，干旱时应勤浇水。雨季来临时，

要适当培土，防止雨水浸泡畦面。

⑤摘花蕾。对于不留种植株，应及时除去全部花蕾。

⑥防干旱冻害。人参虽耐寒，但怕早春气温反复变化，所以，在上冻前要在畦面铺防寒物，第二年，化冻后除去防寒物。

⑦防病虫害。人参立枯病、根腐病、矮病比较容易发生，应及时用各种农药喷雾处理。

3. 采收加工 人参 6 年采收，在秋季参叶枯黄时进行。人参采挖时，应深挖，不可伤根。采收后，抖掉泥土，去掉茎叶，根据不同要求，加工成红参、保鲜参、生晒参、糖参等商品。

4. 市场分析与营销 人参是常用名贵药材，在《神农本草经》中列为上品，有安神、定魂、明目开心、益智等功效。需求量大，并有逐年上升之势。随着研究的深入，发现其茎、叶、花、果均有药效。人们又开发出许多新产品，如滋补酒类、保健食品等。在国际市场上，人参也大有发展潜力。人参的价格也很高，普通红参（小抄）的价格呈上涨之势。1990—1994 年每千克在 25 元左右，1996 年曾经达到每千克 120 元，以后有所回落，一直在每千克 80 元左右，2010 年后大幅上涨至每千克 200~320 元之间，目前每千克 350 元。随着国民生活水平提高，滋补保健成为多数人的健康新追求，再加上物价上涨，人参价格不会大幅下降。人参是区域性很强的作物，东北地区适合长期发展。

近 25 年价格变化详见表 1-1-20。

表 1-1-20   1990—2014 年普通红参（小抄）市场价格走势表

（元/千克）

年份＼月份	1	2	3	4	5	6	7	8	9	10	11	12
1990	26	26	28	30	32	32	32	30	30	30	28	26
1991	28	28	24	22	24	24	30	28	28	30	30	30
1992	28	28	28	30	30	28	28	28	30	25	28	26

（续）

月份 年份	1	2	3	4	5	6	7	8	9	10	11	12
1993	28	28	26	26	25	23	24	24	25	25	26	26
1994	25	26	26	25	25	26	28	26	26	26	30	30
1995	30	33	40	50	60	65	65	65	65	70	70	80
1996	95	100	110	105	115	120	120	120	117	117	122	127
1997	128	110	100	100	98	98	98	95	95	90	90	80
1998	80	85	80	85	80	75	78	70	70	78	70	65
1999	65	65	65	65	70	70	65	65	70	70	80	85
2000	85	85	80	75	78	780	78	75	75	75	75	75
2001	75	75	75	80	80	80	80	80	80	85	85	85
2002	85	85	85	85	85	90	90	85	85	80	80	80
2003	80	90	100	100	90	90	85	85	81	81	78.5	78.5
2004	78.5	75	75	74	72	69.5	70	68	66.2	62	61	61
2005	59.5	58	58	59	53.5	53.5	54.5	53.5	51.5	53.5	53.5	53.5
2006	58	62.5	62.5	62.5	64.5	64.5	64.5	65.5	62.5	62.5	63	63
2007	75	75	75	75	75	60	60	73	73	73	78	78
2008	72	70	67	62	54	49	46	48	45	45	45	45
2009	45	40	40	39	39	40	40	40	42	45	45	55
2010	60	63	63	82	97	95	95	90	135	138	135	135
2011	135	135	145	170	220	220	220	220	170	170	170	170
2012	170	155	155	165	170	170	170	170	160	170	170	170
2013	170	190	190	190	210	250	260	260	260	320	320	320
2014	350											

（二十）黄连

1. 概述　黄连（*Coptis chinensis* Franch）别名川连、味连等，为毛茛科多年生常绿草本植物，以根茎入药，性寒味苦，有泻火、燥湿、解毒之功效。主治消化不良，止泻止痛，有抗炎的作用。

黄连主产于我国湖北、四川、云南、陕西、湖南等省，由于其产区及种类的不同，黄连商品有味连、雅连、云连之分。味连栽培面积最大，主要分布在四川东部、湖北西部及陕西南部一带，雅连主要产于四川的洪雅县、雅安市一带，云连主要分布在云南西北部（图1-1-20）。

黄连一般生长在海拔1 200～1 800米的高寒地区，喜阴湿凉爽的气候。冬季在－8℃以上能正常越冬。黄连对水分要求较高，不耐干旱，因其根茎浅、叶面积大，所以需水量较多，但不能积水。因此，雨季要及时排水。黄连为喜阴植物，忌强烈的直射光照射，喜弱光，苗期最怕强光。因此，栽培黄连必须搭棚，透光度50％左右。

图1-1-20　黄　连
1. 全株　2. 种子

2. 栽培技术

（1）选地整地　选土壤肥沃、腐殖土深厚、排水良好的砂质壤土，坡度为20度以内。将地上杂草挖掉，深翻耙平，做1.3米宽的高畦。

（2）繁殖方法　黄连用种子繁殖和扦插繁殖，生产上多用种子繁殖。5月上旬种子成熟后立即采收。采收的种子胚尚未分化，必须经过种子处理后方可播种。种子用砂藏法处理，到11月经砂藏的种子开始裂口，即可播种。

（3）搭荫棚　黄连幼苗怕日晒，必须搭棚遮阴，荫棚高70～80厘米，棚上覆盖松树枝即可。

（4）播种育苗　10～11月份，经砂藏的种子裂口后即可播种，每667米^{2}播种量1.5～2.5千克左右，盖1厘米厚的干细土和腐熟的牛马粪一层即可。

（5）苗田管理　黄连幼苗生长缓慢，要及时除掉杂草，并追施尿素10千克，到5月下旬黄连幼苗可出3片真叶。播后第三年可出圃移栽，一般3千克种子可育10万～20万株黄连苗。

（6）移栽　应选择4片以上真叶、株高在6厘米以上的健壮幼苗。移栽时间多在春、秋两季。春栽在 7 月以前，成活率高，生长健壮。秋栽成活率不及春栽。移栽时行株距为 10 厘米×10 厘米，每 667 米² 约栽苗 6 万株左右，栽深 3～5 厘米，地面留 3～4 片大叶片即可。移栽以后按常规进行田间管理，一定要及时防除田间杂草，及时追肥，同时要培土，以利于增产。

（7）病虫害防治　黄连的病害较少，在雨季易发生白粉病，可用常规方法防治。在山区栽黄连，野生动物、老鼠对黄连地的为害较大，应派人看守。

3. 采收加工　黄连移栽后第五年才能收获，是生长年限较长的药用植物。黄连最适宜的收获期为 10 月上旬和 11 月下旬上冻前。用四齿耙按行株距将黄连挖出，剪去须根和叶子，每 667 米² 可产 500 千克左右鲜根。鲜根出土后，于产区用炕烘干，烘干时不宜火力过大，边烘边翻，直到干燥为止，一般每 667 米² 产干黄连根茎成品 100 千克左右。

4. 市场分析与营销　黄连性苦、泻火、燥湿，是一种常用的大宗中草药。黄连素有"中药抗生素"之美称，是我国 40 种大宗药材之一，也是 30 种名贵中药材之一。市场年销售量约在 6 000 吨左右。黄连在 20 世纪 90 年代初、中期，其价格一直在低价位中徘徊，从 1998 年开始，由于黄连被更加广泛的使用（如双黄连制剂，由金银花、黄芩和连翘 3 味中药制成的粉针、水针及口服液等，具有广谱抗菌、抗病毒等作用，在临床上广泛使用，但近年文献报道其不良反应也较多见。）使其价格猛升，2000 年的价格升到每千克 200 元以上，但近年又出现跌市。估计是由于农民看中了黄连的高价位，只单纯追求获得利润，而将没有达到生长年限的黄连采挖出售，使其质量下降，也有人为操作，以及不良反映报道所致市场疲软，造成了价格的下降。此后，在 2003—2004 年价格有所回升至每千克 100 元左右，至 2006—2009 年又回落至每千克 45 元左右。2010—2011 年又回升至每千克 100 元左右，2012 年至今又回落到每千克 80～90 元之间。

黄连也是区域性很强的作物,主要产于重庆和湖北交界处的七跃山区,这里被称为"中国黄连之乡",年产黄连占全国黄连总产量的80％以上。黄连由于其生长期长,短期互补性差,且易于储存,成为广大中药材商看好的品种。种植前要正确判断好市场。

近25年价格变化详见表1-1-21。

表1-1-21　1990—2014年混等黄连（川）市场价格走势表

(元/千克)

月份 年份	1	2	3	4	5	6	7	8	9	10	11	12
1990	25	26	27	27	27	27	27	27	27	25	22	22
1991	22	22	24	24	25	25	24	24	24	24	24	24
1992	21	21	22	22	22	23	23	22	21	19	19	19
1993	19	19	19	19	19	19	19	19	19	19	19	19
1994	16	16	16	16	16	16	16	16	16	16	16	16
1995	21	21	23	22	24	25	25	25	25	25	25	25
1996	25	25	25	25	25	25.5	25.5	25.5	25.5	25.5	25.5	25.5
1997	25	25	26	26	27	27	27	26	26	26	26	26
1998	26	27	42	41	43	43	42	42	52	52	52	52
1999	62	62	77	77	77	79	78	84	84	84	84	82
2000	84	84	115	145	145	140	205	205	200	200	200	200
2001	190	190	190	190	180	180	165	110	110	110	110	110
2002	100	100	85	85	85	85	80	80	80	80	80	80
2003	80	100	150	150	100	80	92	92	108	115	115	124.5
2004	135	142	142	146.5	132.5	125	112.5	96.5	87	70.5	70.5	77
2005	—	62.5	54.5	51	44.5	38.5	41.5	40.5	38.5	38.5	38.5	51.5
2006	46	43.5	46	46	45	45	44	41	45	45.5	45.5	45.5
2007	40	42	46	45	53	53	45	45	45	45	45	48
2008	49	47	48	49	47	46	46	45	43	42	37	33
2009	32	32	35	42	41	41	38	38	40	52	53	75
2010	70	68	74	75	85	80	72	80	90	110	95	90
2011	95	94	105	110	110	105	105	95	85	80	80	75
2012	74	75	80	75	73	73	73	70	70	70	70	70
2013	72	72	74	80	80	79	75	77	77	76	80	93
2014	90											

（二十一）天麻

1. 概述　天麻（*Gastrodia elata* Bl. ）别名赤箭。为兰科天麻属多年生草本植物。以地下块茎入药。天麻性微寒、味甘，能益气、养肝、止晕、祛风湿、强筋骨。主治风湿腰痛、四肢麻木、眩晕头痛等症。长期服用能轻身健体、延年益寿。已有 2000 年的药用历史。

天麻主产于我国云南、四川、贵州、陕西等省。过去多挖野生的入药，近年来，野生变家种技术研究成功，不仅可无性繁殖，也可用种子有性繁殖。全国各地均有栽培，目前陕西省的产量为全国之最（图 1-1-21）。

2. 栽培技术

（1）培育蜜环菌材与菌床　兰科天麻属植物，无根、无绿色叶片，不能吸收土壤中的养分和进行光合作用，它必须与蜜环菌（紫萁小菇菌）共生才能生长发育正常，是一种较为特殊的药用植物。根据其这种生长特性，必须先培育出蜜环菌材和菌床。培养菌材之前必须先培养菌枝。在山上采集带有野生蜜环菌的树根作菌种，用此树枝作菌枝来培养，将野生的蜜环菌树根作种栽，摆在两层树枝之间，顶土覆盖 5～6 厘米厚，再盖一层树叶以保湿，大约 1 个月后，蜜环菌就在树枝上长满了，称为菌枝。

菌枝培养好后，就可培育菌材

图 1-1-21　天　麻
1. 块茎　2. 花枝　3. 花

了。用板栗木、枥木或桦木作为菌材。锯成 60 厘米长，直径

5～10厘米的树干，在树皮上砍成鱼鳞口，备用。挖坑深50～60厘米，摆100～200根菌棒为宜，坑底铺一层树叶，平摆树棒一层，两根树棒之间加菌枝一根，用潮湿的土将空隙填好。如此一层一层摆好，覆顶土10厘米左右。即可培养出优质菌材。

培养菌床一般在6～8月份进行，当年即可用来栽培天麻。挖穴深30厘米、60厘米见方的坑，坑底先铺一薄层树叶，摆新鲜木材3～5根，棒间距离2～3厘米，放菌枝2～3段，盖一层木，再放一层，每穴10根菌材为宜，上面盖土10厘米即可。

(2) 选择天麻种栽 无性繁殖用的种麻为种栽。主要为白麻和米麻。选择种栽时应注意下列标准：

①白麻个体如手指大小，10～20克鲜重。

②种麻白色，鲜嫩。

③无病害。

④无撞伤。

⑤表面无蜜环菌侵染。

(3) 栽培方法 目前产区有两种方法。一种是菌棒伴栽法，另一种是菌床栽培法。还有其他的栽培方法，如箱栽法等。

①菌棒伴栽法。选9根培养好蜜环菌的菌棒，开一个30厘米深的坑，下层放一层树叶，再放入5根菌棒，每根之间空2～3厘米，将天麻种栽摆在菌棒之间，摆2～3个，盖一层细土，再盖一层树叶，将另外4根放在上层，摆放好天麻种栽，盖上细土和树叶，最后盖顶土10厘米左右，为一穴。

②菌床栽培法。是将预先培养好的菌床，用锄将其挖开，菌床5根为一穴，上层2根，下层3根，拿出上层菌棒，下层菌棒不动，然后在两棒间用小铁铲挖一个小洞，放入种栽，盖土至与棒平，然后放入上层2根菌棒，在菌棒间放几个米麻，盖上土即可。

天麻有性繁殖，6～7月份播种，一般在播种后一年半，次年11月份收获。如果发芽原球茎能早期接上蜜环菌，播种当年

11月便可长成白麻或米麻，可作为种栽移栽。无性繁殖冬天11月栽种的，次年11月收获，春天3～4月栽种的，当年11月或次年3月可收获。

（4）天麻有性繁殖技术

①培育种子。选择平坦的树阴下，砂壤土栽植箭麻。栽植期分春、秋两次。南方冬季栽箭麻，北方在3月份解冻后栽植箭麻。应选150克以上、无病虫为害、顶芽完好的箭麻作培育种子的种麻。栽时应顶芽向上，两箭麻间距5厘米左右，覆土3～6厘米。箭麻贮存的营养已可满足抽薹开花结果的需要。春季出苗后应在花薹旁插一竹竿，将箭麻秆捆在竹竿上，防止倒伏。经常浇水防旱，开花后进行人工授粉。授粉20天左右，果实纵缝线突起，在未开裂前，用手轻捏果实，如已变软，即为适宜采收期，可将其上下5～6个果子采下，装入纸袋中备用。

②播种技术。6～7月份种子成熟后应随采随播，不宜久存，因天麻种子的寿命较短，播不完剩下的种子应放冰箱中保存。每穴播10～15个果实的种子。播种方法有多种，产区常用的方法是树叶菌床法和伴菌播种法。不管哪一种方法，原则是播下的种子必须与密环菌共生，穴内保持湿润，有利于密环菌的生长及种子发芽。

（5）田间管理 天麻生长在地下，在阴湿的环境下生长，主要的田间工作有防旱、防涝、防冻和防治病虫害。6～8月份天旱时应及时浇水，雨季一定要排水，引出播种穴内的积水，冬季穴上要盖一层树叶或稻草防冻。病虫害主要有地下害虫为害，如蝼蛄、蛴螬，另外还有介壳虫等。另一个是有害杂菌侵染天麻块茎，造成烂根。因此，在播种或栽培过程中要防止杂菌的侵染。

3. 天麻的收获与加工 收获时将穴内菌棒挖出，取出箭麻、白麻和米麻，然后将穴的四壁挖动，可见长有天麻。收获时要轻取轻放，不要损伤天麻，尤其不要损伤移栽用的白麻和米麻。

收获的天麻要及时加工，防止腐烂。按天麻的大小，分为不同等级，每支 150 克以上的为一等，100～150 克的为二等，100克以下的为三等，分别用水冲洗干净，用玻璃片刮去外皮，放水中煮沸后烘干，即为明天麻。不蒸煮的天麻外皮发皱，不透明，外表不好看。产区一般采用水煮方法加工。方法是水开后，将天麻按不同等级投入水中，一般 5 千克天麻加 100 克明矾，150 克以上的大天麻，煮 10～15 分钟，100～150 克的天麻煮 7～10 分钟，以能过心为准，从暗处往亮处看，没有黑心，或折断一个天麻检查，白心只占天麻的 1/5 即可出锅。煮好后的天麻放入熏房，用硫磺熏 20～30 分钟。熏过的天麻，色泽白净，质量好。然后用烘炕将天麻烘干即为成品天麻。

4. 市场分析与营销 现天麻一年的用量在 3 500～4 000 吨。天麻性微寒，具益气、养肝、祛风湿等疗效。广泛药用于高血压、肢体麻木等症状，此外，天麻在保健药品、中药提取、中药出口方面也有运用，需求在逐年增长。随着人们的保健意识增强，天麻作为冬季补品之一，煲汤食用量增加，鲜天麻作为菜品食用受欢迎，年用量在 100～200 吨。整体来看，食用天麻需求量呈逐年上升趋势。

20 世纪 90 年代初期，天麻价格保持上升的势头。短短二三年间，其价格就翻了一番；中期，价格开始起伏，但仍在 70 元/千克以上，1998 年以后涨到 100 元/千克以上，2000 年天麻价格迅猛上升，涨至 200 元/千克，但 2004—2009 年价格又回落至 50～90 元/千克，估计是由于农民见利益大而大量栽培天麻，使市场上供大于求而造成的。2010 年以后随着药材整体价格上升又回升至 110～170 元/千克，目前稳定在 120 元/千克左右。

天麻为多年生草本植物，在 20 世纪 70 年代以前主要以野生资源供应为主，目前市场大部分来源于家种供应。家种天麻主产于安徽大别山地区的金寨县、岳西县、霍山县；湖北的夷陵区、罗田县；陕西汉中的勉县、宁强县、城固县；四川、云南、贵州等地，其中又以湖北和陕西的种植面积较大，成为影响该品种的主要产地之一。汉中地区，由于近年天麻价格不太理想，且加工成本高，农户收益有限，很多农户都改种黄芩、猪苓、桔梗等品种，致使天麻的产量逐年减少，2014年陕西产区天麻减产大概在30%左右。自2013年以来，国家加大了对含硫药材的管控，产地加工含硫货较少，大多数都是无硫货，加工无硫货程序复杂，费用高，推动了产地天麻价格上涨。现无硫一级货价格140元/千克，无硫二级货价格130元/千克，但是目前各大药材市场天麻价格还未出现明显涨幅，所以近期到产地购进货源的商家较少，大多药商持观望态度，产地剩余的货源较多。

从价格走势上看，2010年天麻涨到最高（家混等，下同）190元/千克左右至今，现整体行情呈下降后平稳运行态势，当前行情对农户而言，虽不至于亏本，但此价位同样也不能吸引农户扩种，所以天麻种植不仅不会大幅扩大，还将面临小幅缩减。短期来看，一方面是各个产区天麻种植面积的相对减少，而天麻年需求量却在增加；另一方面，随着政府对含硫药物的管控，加工无硫货肯定是天麻未来的发展方向，加工无硫货成本较高，这样天麻涨价的概率是很大的，但由于现天麻种植技术成熟，且目前药商因价高购货较为谨慎，货源实际消化并不理想，天麻库存仍较大，预计短期天麻行情将进入一个平稳运行时期。

近25年一、二等天麻价格详见表1-1-22。

表1-1-22 1990—2014年天麻（一、二等）市场价格走势表

（元/千克）

月份 年份	1	2	3	4	5	6	7	8	9	10	11	12
1990	70	68	68	70	68	58	68	68	70	70	58	58
1991	58	65	75	90	110	130	135	120	120	120	120	110
1992	105	135	145	155	165	175	175	150	150	150	145	140
1993	140	135	135	135	135	135	135	135	135	145	145	110

（续）

年份＼月份	1	2	3	4	5	6	7	8	9	10	11	12
1994	100	100	95	100	100	100	105	105	105	115	130	95
1995	115	110	105	105	105	105	105	105	105	105	105	100
1996	90	90	90	90	90	85	85	80	80	80	80	80
1997	80	80	75	75	75	75	75	85	85	90	85	85
1998	85	85	90	90	100	100	100	100	100	100	105	115
1999	125	125	150	175	180	180	160	160	155	155	155	150
2000	150	155	155	165	165	165	240	230	220	200	200	200
2001	185	185	190	200	195	202	198	190	190	186	183	135
2002	130	130	130	110	99	110	110	90	90	90	80	80
2003	80	90	100	150	120	100	97	92	85	85	85	70
2004	64	58	53.5	50	48	46	46	46	46	45	45	45
2005	48	49.5	47	45	45	45	45	47	49	52	60	67
2006	65	63	63	54	45	45	61	61	62.5	70	72.5	74
2007	90	90	85	85	80	80	80	80	85	85	85	85
2008	80	82	83	85	83	81	80	80	77	65	63	60
2009	55	55	55	53	63	65	65	65	75	75	75	78
2010	110	110	110	110	120	120	140	130	130	160	172	190
2011	170	170	160	160	135	135	145	135	120	100	92.5	122
2012	115	115	140	120	115	110	120	125	130	130	130	120
2013	120	120	120	120	120	120	110	110	110	110	110	120
2014	120											

（二十二）党参

1. 概述　党参〔*Codonopsis pilosula*（Franch.）Nannf.〕又名西党，为桔梗科党参属多年生蔓性草本植物。原产山西上党，其根如参，故名党参。以根供药用，有补血养血、和脾胃、生津清肺的功能。党参喜凉爽湿润气候。在土层深厚、质地疏松、肥沃的壤土上生长较好，积水、涝洼、盐碱地和黑黏性土质不宜栽植，忌重茬。党参药材品种较多，主产于甘肃、山西、四川等省的称西党；主产于东北各省的称东党；主产于山西、河南等省的称潞党（图1-1-22）。

图1-1-22 党 参

2. 栽培技术 党参多用种子育苗移栽。在清明至谷雨时播种，播前施足基肥，翻耕后整地做畦，并灌水。水渗后将种子拌细沙，均匀地撒在畦面上，盖细肥土，以不见种子为度，播深1厘米左右。每667米²播种量为1千克左右。

党参怕炎热、闷热气候。为遮阴可播种菜类，也可在大麦、小麦、大蒜等作物行间育苗。党参出苗后，要求小水勤浇。混种蔬菜可逐渐拔掉，苗高10～15厘米时能抵御阳光暴晒，无需遮阴。生长旺季时，应注意通风透光，可去掉过密的苗。若苗太弱，可追施人粪尿或油质肥料。切忌施碳酸铵，以免烧苗。若冬前不移栽，在上冻前浇一次冻水，盖圈肥，以利越冬。

党参移栽，多在当年上冻前或次年解冻后进行。移栽前施足基肥，深翻，整平做畦。为了防止茎基部积水，可在畦内打小埂，埂距25～30厘米。然后在小埂上按株距7～10厘米挖穴栽植。栽时应将尾部剪掉一些，栽后埋严浇水即可。

移栽成活后，应经常松土除草。当苗高10～15厘米时，可顺垄插架，使茎蔓缠绕在支架上，以利通风透光。

党参的主要病害为锈病和根腐病。防治锈病，可用粉锈宁800倍液喷雾。防治根腐病，应注意田间排水，若发现烂根，立即拔除烧毁，并在穴内撒石灰粉消毒，以防蔓延。

党参的主要虫害有地老虎和蛴螬，可在整地时撒入辛硫磷防治，也可人工捕捉或灌水。

3. 采收加工 党参直播的需 3 年收获，育苗的移栽后第二年收获。每 667 米^{2}产量可以达到混等干货 250 千克左右。于秋季茎叶枯黄后，晴天采挖。将收获的党参洗净分级，分别加工。先晒至参体发软，将各级党参分别捆成把，一手握住根头，一手向下顺，揉搓数次。次日再晒，晚上收起，捆成牛角把子，每把重 1～2 千克为宜，反复压搓后再晒，待晒干后得商品。也可用 60℃文火烘干。

4. 市场分析与营销 党参为常用中药，市场需求量很大，主治脾肺气虚症；热病伤津，气短口渴；血虚萎黄及气血两亏症。年用量在万吨以上。

素花党参分布于甘肃、陕西、四川 3 省交界地区，商品上称西党；川党参分布于湖北西部、湖南西北部、四川西北部、贵州北部。党参原产于山西、内蒙古，甘肃于 20 世纪 60 年代从山西引种成功，种植发展很快，到 90 年代末，陇西"白条党"产量占全国总产量的 85%。80 年代中期由于复杂原因，党参统货价格每千克 0.2 元，给药农造成惨重损失，药农弃而不种，到 1992 年供不应求，暴涨到 20 元每千克，高价又刺激 1993 年春大量种植，导致秋季收获时烂市，每千克收购价 1.5～2 元。1994 年秋统货回升到每千克 7 元，1997—1998 年产区干旱减产，陇西商人把外地货源倒购回来通过控制货源提升了价格，每千克为 15～20 元。到 2002 年春价格又跌倒统货每千克 6～7 元，药农种植积极性又受到打击。以后行情慢慢回升，直到 2006 年春每千克 7～12 元稳定下来，种植面积也逐步稳定。由于 2006 年部分产区干旱，2007 年甘肃 50 年一遇大旱减产，价格暴涨到每千克 17 元，到 2008 年基本维持在每千克 13 元以上。2010 年后随整体药材价格上涨大幅上升，2011—2013 年每千克 100～120 元，2013 年下半年开始下降，目前每千克为 50 元左右。

近 25 年价格变化详见表 1-1-23。

表 1-1-23　1990—2014 年混等党参（甘）市场价格走势表

（元/千克）

月份 年份	1	2	3	4	5	6	7	8	9	10	11	12
1990	5	5	5	5	5	6	5.5	55	5.5	6	6	6
1991	7	7.5	8	9.5	9.5	9.5	10	10	10	11	13	13
1992	13	12	14	15	15	17.5	19.5	20	23	19	19	17
1993	16	16	14	13.5	13.5	13.5	11	11	10	9	9	6
1994	3.5	3.5	3	3	3	2.5	2.5	2.5	2.5	3.5	6.5	7
1995	6.5	6.5	6.5	6	6	5.7	5.5	6.5	8.5	9	9	8
1996	7.5	7.5	7.5	7.5	7.5	7.5	7.5	7	7	7	8	8
1997	8	8	8.5	7	8	7	8.5	11.5	14.5	17	17	17
1998	16	16	16	20	20	18	18	18	16.5	16.5	16.5	16.5
1999	14.5	14.5	15	18	18	18	18	20	20	23	18	16
2000	15	15	15	15	13	13	13	13	14	13	12	12
2001	10	9	9	9	8	7.5	7.8	7.5	7.5	6	6	6
2002	6	7	7	6	5.5	6	8	9	10	10	10	11
2003	11	15	50	50	15	8	8	9	9	10.5	10.5	
2004	11	11	11	11.8	11.8	11.4	11.4	11.3	11.3	11.3	11.2	10.8
2005	9.7	7.5	7.5	7.5	7.5	7.5	7.5	7.5	7.5	6.8	6.9	8
2006	8.1	8.1	8.1	8.1	8.3	8.3	8.3	9.7	10.7	10.2	10	9.6
2007	15	16	16	16	17	16	16	15	14	14	14	
2008	13.5	13.6	13.3	13.3	13.1	13	13.3	13.2	13.2	13	11.7	11
2009	9	9	9	9	9.5	9.5	9.5	9.5	9	11	13	13
2010	14	14.5	14.5	17	16.5	16.5	16	17	25	29	41.5	33.5
2011	38	38	42	44	60	110	90	82.5	80	60	65	85
2012	77.5	93	86	80	77	75	75	82	94	93	85	80
2013	90	90	92	120	110	105	100	100	90	75	75	75
2014	50											

（二十三）防风

1. 概述　防风〔*Saposhnikovia divaricata*（Turcz.）Schischk.〕别名关防风、东防风、旁风，为伞形科多年生草本植物，以根和全草入药，有解表发汗、祛风、除湿作用。野生于山坡、

林边、草原、砂质壤土和多石
砾的向阳山坡。耐寒、耐旱，
忌过湿和雨涝，适宜在夏季凉
爽、地势高燥的地方种植，主
产黑龙江、吉林、辽宁、河北
及内蒙古等地（图1-1-23）。

2. 栽培技术 用种子繁
殖，播种期分春播和秋播。春
播4月上中旬，秋播于地冻前
播种，次春出苗，秋播出苗早
而整齐，春播需将种子放在
35℃的温水中浸泡24小时，
使其充分吸水以利发芽；秋播

图1-1-23 防 风

可用干种子，在整好的畦内按行距25厘米开沟条播，沟深2～3
厘米，将种子均匀地播入沟内，每667米² 播种量2～3千克，盖
土压实，如遇干旱，应及时灌水，出苗期保持田间湿润以利
出苗。

当苗高5～7厘米时，按株距3～5厘米间苗，待苗高10～
13厘米时，按7～10厘米株距定苗，6月除草3～4次，7月以
后封垄即不能进入地内除草。雨季前应培土，地冻前应再次培土
保护根部，同时兼行除草。如播种时基肥多，第一年可不追肥，
第二年早春返青时每667米²施入人粪尿1 000千克加磷酸二铵
15～25千克，沟施行间，或用堆肥每667米² 500千克加磷肥，
也可单用尿素每667米² 10～15千克。

3. 采收加工 防风种植后于第二年开花前或冬季收获，一
般根长达33厘米、粗度1厘米时采挖，如地瘦管理差要3～4年
收获。混等干货产量可以达到每667米² 150千克左右。采收早，
产量低，采收过迟，根部木质化。收后去掉残茎、细梢、须毛和
土，晒至九成干，按根的粗细长短分捆成250克重的小把，再晒

到全干即可入药。

4. 市场分析与营销 防风是我国常用中药材,销量大、产地广、产量亦大。随着医药卫生事业的发展,用药量不断增加,全国年需求量超过5 000吨。防风以野生关防风质量较好,其他品种不如关防风的价格高,但野生资源有限,造成货源紧缺,这是防风近几年价格上涨原因之一,随着野生关防风的资源枯竭,家种防风已逐渐成为市场主流。现在家种防风比较集中的产区主要有河北安国及周边县市、内蒙古赤峰、东北地区、甘肃陇西和山西,山东、河南等地也有一定面积种植。

2003年"非典"期间暴涨到80元/千克。此后回落维持在10~15元/千克。2004年以后,防风价格在上升,面积在扩大,但销量却也明显在上涨。直到2007年涨到35~38元/千克,2008—2009年受金融危机影响,在10元/千克左右,农民种植积极性缩减。2010年后升至20元/千克以上最高到30元/千克,高价刺激生产发展。2011年初春秧苗价格一度升至20元/千克,甚至更高,2011年产新后,价格回落到22~25元/千克;2012年春季种植时节,很多外地种植户直接深入农村、产地收购,秧苗价格在3~5元/千克间波动。后受市场整顿影响,2013年后期至今回落至16元/千克左右。防风可以适当种植。

冀防风25年价格详见表1-1-24。

表1-1-24 1990—2014年防风(冀)市场价格走势表

(元/千克)

月份 年份	1	2	3	4	5	6	7	8	9	10	11	12
1990	4.5	5	4.5	3	6	4.5	5	5	6	5	5	5
1991	6	6	6	6	7	7	7	6.5	6.5	7	6.5	6
1992	6	6	6	6.5	6.5	3	3.5	3.5	3.5	7	3.5	6
1993	7	7	6	6.5	6.5	6	4.5	4.5	4.5	4	9	6
1994	4	4	4	4	4	4	6	6	8	6	9	6

(续)

月份 年份	1	2	3	4	5	6	7	8	9	10	11	12
1995	9.5	9.5	9.5	9.5	10	10	10	11	11	12	12	12
1996	12	12	12	12	12	12	11.5	11.5	11.5	12	12	12
1997	13	13	13	13	12	12.5	12.5	10	10	11	8	8
1998	8	8	9	9	7	4.5	4.5	6	6	6	5	5
1999	5	5	5	4	4.5	4.5	4.5	3	3	4	4	4
2000	4.5	4.5	4.5	4.5	5	5	6	6	6	7	8	6
2001	5	6	7	7	8	8.5	6.5	6	6	5.5	4	8
2002	6.5	9	9	9	6	6.5	7	8.5	8.5	7	6	6.5
2003	6.5	10	80	80	10	8	9	9.6	9.6	10.5	11.2	12.8
2004	13.5	14	15.2	15.2	15.2	14.5	12	12.5	12.5	12.5	12.5	8.8
2005	8.2	6.4	17.2	17.2	7.8	7.8	7.8	7.4	7.4	7.8	11.5	12.5
2006	11.5	12.2	12.2	12.2	11.5	11	10.7	12.2	12.2	10.5	10.5	10.6
2007	33	34	34	35	35	35	36	37	37	37	38	38
2008	11	9.5	10	11	10.7	10.8	10.9	10.9	10.8	9.7	9.5	7
2009	6	6.3	5.5	6.3	8.5	6.5	6.5	6.5	8.5	10	17	20
2010	20	20	20	24	24	20	20	20	21	21	21	21
2011	24	22	31	36	34	31	34	33	26	24	25	27
2012	27	30	30	38	27	23.5	23.5	24	25	28	24	24
2013	26	23	20	18	18	16	16	16	15	16	16	16
2014	16											

（二十四）白芷

1. 概述　白芷［*Angelica dahurica*（Fisch. ex Hoffm.）Benth. et Hook. f. ex Franch. et Sar］别名香白芷、芳白芷、泽芳等，为伞形科多年生草本，以根入药，有祛风散湿、排脓生肌、止痛等作用。白芷喜温暖湿润气候，适应性强，耐寒，喜水，不耐旱，喜连作。栽培应选土层深厚、湿润的腐殖土或砂质壤土，低洼地不能种植。主产于东北、华北、浙江、四川等地（图 1-1-24）。

2. 栽培技术　白芷用种子繁殖。于 8 月下旬至 9 月初播种。

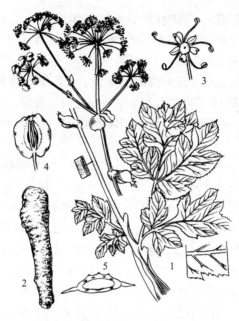

图 1-1-24　白　芷
1. 花果枝　2. 根　3. 花　4. 分果　5. 分果横切面

播前深耕土壤，每 667 米^2 施厩肥或堆肥 2 500～5 000 千克，翻后耙细整平，做宽 1～2 米的高畦或平畦。穴播按行距×株距为 30 厘米×15～20 厘米开穴，深 2～3 厘米；条播，按行距 25 厘米开浅沟，将种子均匀播下后盖薄层细土，压实。翌年早春后间苗、定苗，每隔 12～15 厘米留 1 株或每穴留 1～3 株。结合间苗进行中耕除草。追肥 3～4 次，常在间苗、定苗后和封垄前进行，可用人粪尿、腐熟的饼肥或尿素等。第一次施肥宜薄宜少，以后可逐次加浓加多。播后要经常保持畦湿润，天气干旱和施肥后，也应及时浇水。雨季做好排水工作。

　　白芷的病害有叶斑病，发病初期可摘除叶片，喷洒 1∶1 000 甲基托布津药液；虫害有凤蝶幼虫，用 90% 敌百虫

1 500倍液喷洒。

3. 采收加工　白芷秋播后于第二年 7 月下旬至 8 月上旬，当叶片枯黄时收获，挖取全根，抖去泥土，除去茎叶，运回加工。混等干货每 667 米² 可产 300～400 千克。

挖起的根先晒一天，按大小分别上炕，加硫磺熏，每 1 000 千克用硫磺熏 10 千克左右，小根熏一昼夜，大根 3 天即可熏透，熏后及时摊开晒干即成。目前，禁止用硫磺熏制药材，因此自然晒干即可。

4. 市场分析与营销　白芷可治感冒、湿热等病症，属于大宗常用中药材，产于四川、安徽、河北、河南、山东、浙江等地。白芷作为药食两用的药材，年需求量约16 000吨左右。

纵观白芷（祁）这些年的价格走势，最高价位曾涨至每千克十几元，最低市价仅每千克 2 元左右。供求关系是市价攀升的动力，白芷市价经历了 1992 年的高涨，及 1993 年、1994 年的低谷，再到 1996 年的高涨，按照价格规律周期的运行，经过了 2000—2003 年的低谷后，2002—2005 年的上半年白芷行情一直徘徊在 3～4 元/千克，由于价格相对较低，药农纷纷缩小种植面积，致使产量有所减少，价格从 2005 下半年开始上升到 8 元/千克，2006 年又进入价格高峰期，直至 2007 年的 16 元/千克，药农纷纷大面积扩种，结果 2008 年产量大增，价格一路下滑，直到 2009 年的产新前的 3～4 元/千克，药农再次调整种植面积，产量减少，加之药材整体行情的走高，在 2010 年价格最高达到 18 元/千克，此波行情一直维持到 2011 年产新，2012 年下半年少有回落至目前的 10 元/千克上下。

由于近几年安徽亳州种植规模不断扩大，逐渐取代四川成为主产区，种植规模和产量约占整体 40%～50%。种植白芷要多关注主产区种植面积，目前供求矛盾基本平衡，白芷行情近期将平稳运行。

近 25 年价格变化详见表 1-1-25。

表 1-1-25 1990—2014 年白芷（祁）市场价格走势表

（元/千克）

月份 年份	1	2	3	4	5	6	7	8	9	10	11	12
1990	2	1.5	3	1.5	2	2	1.5	1.5	1.5	1.5	1.5	3
1991	3	3.5	4	3.6	5.5	5	4	4	4	4	4.5	4.5
1992	4	5	8	9	7.5	8	11	10	5	5	4	3
1993	3	3	3	3	2.5	3	2	2	2	1.6	1.8	1.5
1994	1.8	1.8	1.8	1.8	1.8	1.5	1.5	1.5	1.5	2	2.8	2.5
1995	2	2.8	3.5	3.5	3.5	3.2	3.2	3.2	3.5	3.5	3.5	4
1996	3	4	4	4	4	3.5	3.5	3.5	3.5	5.5	5.5	5.5
1997	5	6.5	7	5.5	4.5	3.5	3.5	5.5	5.5	5.5	5.5	5.5
1998	3.5	4.5	5	4.5	4	5.5	5.5	3.5	3.5	3.5	3.5	4
1999	3.5	4	4	4.5	4.5	4.5	4.5	3.5	3.5	3.5	2.5	1.5
2000	2.5	2.5	2.5	2	2	2	2	1.5	2.5	3.5	3.5	3.5
2001	3.5	2.5	2	3	4	3	2.2	2	3	4	2.2	2.5
2002	2.8	2.4	3	2.2	2.4	3	2.5	3	2	2	2.2	3
2003	3	3	4	4	3	3	3.2	3.2	3.7	3.7	3.7	4.1
2004	4.1	4.1	4.1	3.7	3.7	3.7	3.4	3.4	3.1	3.1	3.1	3.1
2005	4.5	6.7	4.2	3.8	4	4	4	4.2	4.8	6.4	7.5	7.5
2006	7.5	7	7.5	7.7	7.5	7.5	7.2	7.2	8	7.5	7.5	7.2
2007	8	9	9	10	12	10	9	8	8	7	7	7
2008	6	6	5.5	5.5	5	4.5	4.5	4	3.5	3.2	3	3
2009	3	3.2	3.2	3.5	3.5	3.5	3.2	3.2	4.5	5.5	5.7	6.5
2010	7	7	7	7	8.5	8.5	9	14.5	14.5	13	13	14
2011	13	14	15	13	12	12	12	13.5	11	11	11	10.5
2012	10.5	10.5	11.5	10	10	9	9	8.5	8.5	8.5	8.5	8
2013	8	8	8.5	8.5	9.5	9.5	9.5	10	10	10	10	10
2014	10											

（二十五）丹参

1. 概述 丹参（*Salvia miltiorrhiza* Bge.）又名紫丹参、血参、大红袍，为唇形科多年生草本植物。以根供药用，有活血调经、镇静安神等功效。喜温暖、湿润，茎叶不耐寒，地下根却能露地越冬，怕高温、干旱、水涝。选择土层深厚、排水良好的中等肥力的砂质壤土栽培。主产于四川、河北、安徽、江苏、山东等省，全国其他地区均有栽培（图1-1-25）。

2. 栽培技术 繁殖方法分种子、分根、扦插三种形式。

种子繁殖采用育苗移栽方式。育苗在上冻前或清明至谷雨期间进行，条播或撒播均可，覆土1～1.5厘米。保持土壤湿润，大约15天左右出苗。出苗后加强管理，结合松土并除草，勤浇水。苗生长1年后移栽。移栽后要经常中耕除草，苗高10厘米时，结合中耕培土进行追施尿素10千克。雨季注意排水，防止涝害。对于不留种植株，应除去花枝。

图1-1-25 丹 参

分根繁殖在秋末地上茎叶枯萎或春初发芽前进行，将根刨出，选粗壮根截成6～10厘米的小段，晾半天，待伤口愈合后，栽入畦内，行距为33厘米，株距为8厘米。

扦插繁殖，北方在7～8月，南方在4～5月，选择健壮的茎枝，切成15厘米左右的插穗，斜插入苗床上，插入深度以8厘米左右为宜。插后应适时浇水，适当遮阴。

丹参受蛴螬、地老虎危害严重。可采用毒饵诱杀。

3. 采收加工 育苗移栽后次年秋季采收；无性繁殖的当年秋季或次年春季萌发前均可采挖。每667米² 混等干货可以达到200千克左右。丹参根入土深，应深挖。挖取的参根先去掉泥土，然后晒至五成干，捆成小把堆放2～3天，然后摊晾至全干，去须修芦，除尾后得成品。

4. 市场分析与营销　丹参属于常用大宗品种，年用量约16 000吨。种植丹参主产于山东日照、莒县，河南洛阳、三门峡、南阳、焦作，陕西商洛，河北行唐，江苏射阳，安徽亳州，四川中江等地。其中，以山东、河南、陕西产区产量最大，加起来占全国80％以上的产量；以山东、陕西种植较多。山东丹参质量较好。丹参有活血调经、祛瘀止痛、清心除烦、养血安神等功能，是丹参丸、复方丹参片、丹参滴丸、丹参针剂、胶囊剂的主要原材料。据报道，丹参地上部分也有药效，近年市场也有丹参保健茶新产品出现。丹参提取物还应用于化妆品行业。随着研究的深入，丹参的应用将更为广泛。

丹参1990—1996年一直在6元/千克以下，之后上升至1999年10元/千克左右，2000—2003年又回落至6元/千克以下，2004年以后上升，2007—2008年又回升至9～10元/千克，2009年回调到5～8元/千克，2010—2012年上升至12～16元/千克，2013年至今稳定在10～12元/千克之间。丹参种植技术成熟，产量稳定，山区适合发展仿野生（多播种密植、少管理、多年生）种植，质量效益更好。丘陵梯田地也特别适合玉米与丹参套种。

丹参25年价格变化参见表1-1-26。

表1-1-26　1990—2014年混等丹参市场价格走势表

（元/千克）

月份\年份	1	2	3	4	5	6	7	8	9	10	11	12
1990	3.4	3.4	4	5	5	5	5.5	6	6	6	6	5
1991	5.5	4.8	5.8	6	6.2	6.8	6.8	7	7	7	6	6
1992	5	5	4	3.8	3.8	3.8	3.2	2.8	2.7	2.7	2.6	2.2
1993	1.8	1.8	1.5	1.2	1.5	2.0	2.2	2	2	2	1.7	1.7
1994	1.7	1.9	1.9	1.9	2	2	1.7	2	2	2	2.5	3.2

（续）

年份＼月份	1	2	3	4	5	6	7	8	9	10	11	12
1995	3.2	3.2	3.8	3.2	3	3	3.7	4	4.2	4.2	4	4
1996	3.8	4	4	4	4	4	4.2	4.2	4.7	4.7	4.7	5.5
1997	6	6	6.2	6.5	6.9	7.5	7	6.5	6.8	6.8	6.8	6.5
1998	7	7.8	8	8	7.5	7.5	7.5	8.5	12	12	12.5	12.5
1999	12.5	13	13	12.5	12.5	12	12	12.6	12	12	10	7
2000	5.5	5.5	5	5	5.2	5.5	5	5	5.5	5.5	6	6.5
2001	5	5	5	4.5	4.5	5	5	5	5	5	5	5
2002	4.5	4.5	4.5	4	4	4	4.5	4.5	4	4	4	4
2003	4	4	5	5	4	4	4.5	4.5	5.7	5.7	5.7	6
2004	6	6	6.4	7.3	7.3	6.8	6.8	6.7	6.7	6.7	6.7	6.5
2005	6	6.1	6.8	7.5	7.2	7.2	7.2	6.6	7.6	7.6	8.7	8.7
2006	8.8	7.9	8.1	8.1	7.8	7.5	7.2	7.6	8.2	8.2	7.7	7.6
2007	8	8	8	9	9	9	9	9	9	9	8	8
2008	11.3	11.4	11.5	11.5	11.5	11.2	11.2	11	10.8	10	7	5
2009	4.6	4.5	4.8	4.6	4.8	4.8	4.8	5	5	5.8	6.2	8.5
2010	8.5	8.5	9.5	9.5	9.5	9.5	9.5	8	10	10.5	10.5	11.5
2011	12	12	12	13	14	14.8	15	15.8	15.8	15	15.5	14.5
2012	14	14	16	15	14.5	15	14	13	12.5	13.5	13.5	13.5
2013	13	13	13	13	12	12	12	11.5	11.5	12	12	12
2014	12											

（二十六）百合

1. 概述　百合（*Lilium brownii* F. E. Brown var. *colchesteri* Wils.）别名山百合、野百合等，为百合科百合属植物，以鳞茎供食用或药用，具有润肺止咳、清心安神之功效。主产于湖南、四川、河南、山东等地。百合喜温暖、湿润环境，耐旱，怕涝，以土壤深厚、肥沃、排水性能好的砂质壤土为宜（图 1-1-26）。

2. 栽培技术

（1）繁殖方法　百合有多种繁殖方法。以鳞茎、鳞片、珠芽繁殖为主，亦可用种子繁殖。

①鳞片繁殖法。百合收获后，选择生长健壮、无损伤和病虫为害的大鳞茎，切去基部，留下鳞片，晾干数天，在整好的苗床上按行距15厘米开横沟，沟深7厘米左右，然后每隔3～4厘米摆入鳞片一块，顶端朝上，栽后覆土3厘米厚，上层盖一层稻草。当年生根，第二年春即可长出幼苗，再培育2年，地下鳞茎个体重可达50克左右。每667米^{2}需种鳞片150千克左右。

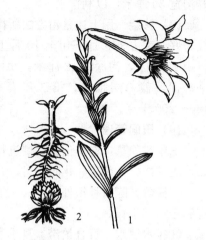

图 1-1-26 百 合
1. 花枝 2. 鳞茎

②小鳞茎繁殖法。百合的老鳞茎在生长过程中能从茎轴上长出多个新生的小鳞茎，秋季收获时大鳞茎供药用，小鳞茎摘下用作繁殖材料。随收随种，苗床行距25厘米，沟深5～7厘米，每隔5～7厘米摆一个鳞茎，第二年春季出苗后，加强田间管理，秋季可收获，50克以上的作成品药材，50克以下的继续繁殖种栽。

③珠芽繁殖。百合植株在叶腋间长出珠芽，当夏季花谢后，珠芽即成熟自行脱落，此时摘下珠芽可在苗床上繁殖。

④种子繁殖。9～10月份采集即将成熟的蒴果，置通风干燥的室内晾干，后熟。然后用砂藏法处理种子，第二年春季筛出种子春播，行距10～15厘米，沟深3厘米，将种子播入沟内，盖一层土，畦面盖一层稻草，保温保湿。幼苗出土后加强管理，培育3年可收获。

（2）选地整地 栽培百合宜选择地势高燥、向阳、土层深厚的砂质壤土种植，每667米^{2}施基肥2 000千克，做畦宽1.3米，畦沟宽 30 厘米，以利排水。

(3) 移栽 用上述繁殖方法所得材料，移栽到生产田。以秋栽为好。南方于 9 月下旬至 10 月上旬，北方于 9 月上旬进行。行距 25 厘米，沟深约 12 厘米，每隔 15 厘米摆一个，盖土，搂平畦面，盖一层稻草，第二年春季揭去。每 667 米^2 用种量150～200 千克。

(4) 田间管理

①中耕除草。春季苗齐后要进行第一次中耕除草，结合除草要追肥一次，人粪尿、化肥均可。一年当中要除草 3～4 次。

②摘蕾。除留种田外，5～6 月份现蕾时均要及时剪除花蕾，有利于鳞茎生长。

③排水灌水。百合怕涝。夏季多雨季节要及时排水，遇干旱天气，要及时灌水。

④病虫害防治。常见的百合病害有叶斑病、病毒病，虫害有蚜虫等，可用常规方法防治。

3. 采收加工 移栽后第二年秋季，当茎叶枯萎时，选晴天挖取，除去茎叶，将大鳞茎作药用，小鳞茎作种栽。将大鳞茎剥离成片，按大、中、小分别盛放，洗净泥土，沥干水滴，然后投入水中烫煮一下，大片约 10 分钟，小片 5～7 分钟，捞出，在清水中漂去黏液，摊晒在席上，晒至九成干时用硫磺熏蒸，再晒至全干。每 667 米^2 产干品 200 千克左右。

4. 市场分析与营销 百合具有润肺止咳、清心安神的功效，是一种常用中药，此外近年来也广泛用于食用，主要在广东、上海、浙江等地食用量较大。

百合的价位 1990—1994 年在 10 元/千克以下，1995—2000年价格升至 11～15 元/千克，2001—2002 年回落至 8 元/千克左右，2003—2009 年回升到 12～18 元/千克之间，2010 年开始上涨到 30 元/千克以上，2011 年下半年至 2013 年上半年在 55～60元/千克之间，2013 年下半年开始下降至 25 元/千克左右。

　　此品种在国内有大量种植，从市场上看，整体处于用量大、种植广的情况。但就目前价位来看，其收益仍大于粮食作物。

　　湖南龙山县模式提供了很好的参考：近年龙山大力发展百合产业，与湖南农大等院校合作，不断改良百合品种，提升百合品质，帮助农民掌握新技术，探索出了"公司＋基地＋农户"和"协会＋基地＋农户"等生产组织形式，全县已有 3.8 万余户农户种植百合。种植面积 2012 年达 6 万亩，占全国当年百合种植面积的 1/6，总产量达 5 万吨，实现总产值 8.72 亿元，产量和销量均居全国第一。还研制开发出了保鲜百合、百合干、百合精粉、百合酒、百合饮料等产品，就地消化了 50％的鲜百合。以上海为主体的鲜百合销售市场，以广东、四川为主体的百合干销售市场，并在全国 20 多个省份建立了销售网络。财政部确立龙山为百合产业化基地县，"龙山百合"鲜果、干片已被国家工商总局核准注册为地理标志商标，"龙山百合"鲜果、干片被国家绿色食品发展中心认定为绿色食品 A 级产品。

　　近 25 年百合大片的价格详见表 1-1-27。

表 1-1-27　1990—2014 年百合（大片）市场走势价格表

（元/千克）

月份 / 年份	1	2	3	4	5	6	7	8	9	10	11	12
1990	4	4	5	5	5	5	5	5	5	5	8	5
1991	5	5.5	5.5	5.5	6	8	5.5	5.5	6.5	5.5	7.5	7.5
1992	7.5	7.5	7.5	9.5	9.5	8	8	7.7	7.7	8	8.5	8.5
1993	8.5	8.5	8.5	8.5	7.5	7.5	7.5	7.5	7.5	7.5	7.5	8
1994	8	8.5	8.5	8.5	8.5	8.5	10.5	7.5	10.5	10.5	10	10.5
1995	11	11	11	11	11	11	11	10.5	11	11	11	11
1996	11	10.5	10.5	10.5	10.5	11.5	11.5	11	10.5	10.5	10.5	10.5
1997	10.5	10.5	10.5	10.5	10.5	10.5	11.5	11.5	15	16	16	15
1998	14	14	13.5	13.5	13.5	13.5	13.5	11	11.5	11.5	14	14
1999	14	14	14	16	16	15	15	15	15	15	15	15
2000	15	15	15	15	15	15	15	15	14	13	12	12

（续）

月份 年份	1	2	3	4	5	6	7	8	9	10	11	12
2001	12	12	12	12	12	12	8	8	8	8	8	16
2002	8	8	8	8	8	8	8	8	8	8	8	8
2003	8	8	15	10	10	10	10	10.5	10.5	11	12.3	12
2004	11.5	11	11.5	12	12	12	12	13.2	13.2	14	14	12.8
2005	12.8	12.8	12.8	12.8	15	11.5	11.5	11.8	11.8	12	12	12.5
2006	10.5	10.8	10.8	11.2	18	11.5	11.5	10.2	11.8	13	13	13
2007	15	15	15	15	15	15	15	15	15	15	14	16
2008	11.5	15	15	15	17	18	18	18	18	18	18	18
2009	15	15	15	15	46	15	15	15	15	15	15	15
2010	15	15	15	15	70	18	17	23	30	30	30	30
2011	30	30	37	47	60	55	57	45	49	55	55	53
2012	53	53	67	68	68	60	60	56	58	62	60	60
2013	63	63	63	63	65	55	35	35	30	25	25	25
2014	25											

（二十七）巴戟天

1. 概述 巴戟天（*Morinda officinalis* How）为茜草科植物，以根及根茎入药，又称鸡肠风，有补肾壮阳、强筋骨的功效。主治腰膝酸软、阳痿早泄等病症。主产于广东、广西、福建等地。

巴戟天生长在温暖潮湿、年平均气温 22～25℃、年降雨量1 700～2 300毫米的环境，耐旱，怕积水，在阴湿的环境下，根系生长瘦小（图 1-1-27）。

2. 栽培技术

（1）选地整地 宜选向阳、排水良好的缓坡地，肥沃疏松的黄砂土或黑砂土，要求土层深厚。冬季深翻，整平做畦，开出排水沟。

（2）繁殖方法 生产上多采用扦插繁殖法。巴戟天藤茎生长旺盛，繁殖系数大，是很好的繁殖材料。扦插法分为大田直播和育苗定植两种方法。

①大田直播。扦插期可分为春插和秋插。以春插较好。选择色褐、粗壮的 2 年生蔓生茎，红紫色的嫩梢及幼茎不宜采用。将蔓生茎剪成 15 厘米的插条，每个插条有 2～3 个节，下端剪成斜口，用植物激素 IBA100 毫克/千克浸泡 5 分钟，迅速插入苗床，浇水保湿，行距 70

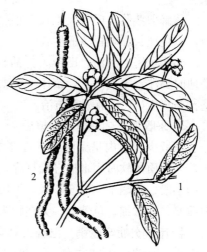

图 1-1-27　巴戟天
1. 果枝　2. 根

厘米，株距 30 厘米，10 天左右，插条斜口处形成愈伤组织，随即分化幼根，1 个月左右长出幼叶，成活率 70%左右。

②育苗移栽。剪插条的方法同直插法。行距 30 厘米，株距 10 厘米，成行插入苗床，插前用植物激素处理斜插口几分钟，踩实浇水，其上可搭荫棚，育苗 10～12 个月可移栽定植。

(3) 间作　巴戟天种植 7～8 年才能收获，为充分利用土地，增加收益，在种植后的 2～3 年茎蔓生长期，可间作生姜、花生、大豆、药材等作物。这样，既可覆盖行间、防止水土流失，又可保持土壤湿润，起到预防霜冻的作用。

(4) 田间管理

①除草培土。在生长的前期 2～3 年茎蔓还未封垄，每年除草 3～4 次，除草同时进行培土。

②施肥。苗高 15～20 厘米时要追肥，每年追肥 2 次，每次每 667 米^2 施尿素 7.5～15 千克，配合施用一些磷酸二铵肥和农

家肥。

③修剪茎蔓。巴戟天生长 3 年后，茎叶生长旺盛，要适当修剪，以免徒长影响根茎的生长。

④病虫害的防治。巴戟天扦插较容易发病，引起插条腐烂，整地时要注意土壤消毒，苗床不要太潮湿。若发生病害，可用甲基托布津 1 000 倍液喷雾防治。

3. 采收加工 一般在种植后 7～8 年收获，此时肉质根的水分逐渐减少，根肉呈紫红色。在冬季或春季挖取，晒至六七成干，当根质柔软时用木槌轻轻打扁，剪去须根，砍成 8～10 厘米长的小段，再晒干。每 667 米² 收干根 600～700 千克。以粗壮、肉质厚、心木细、色紫红、无杂物为佳品。

4. 市场分析与营销 巴戟天具有补肾壮阳、强筋骨的功效。年需求量突破 1 000 吨左右。20 世纪 90 年代时，其价格相当高，在 40 元/千克左右，1992—1994 年一度降至 10 元/千克以下，1995 年回升至 16 元/千克以上，1997—2001 年涨至 25～30 元/千克之间，2000—2005 年又降至 10 元/千克左右，2006—2009 年又涨到 30～40 元/千克，2010 年开始大幅涨价到 60 元/千克以上，2011—2012 年维持在 80～130 元/千克之间的高价，2013 年开始回落在 70～50 元/千克之间。巴戟天是适合在南方亚热带区域性种植的作物。

近 25 年巴戟天价格详见表 1-1-28。

表 1-1-28　1990—2014 年巴戟天（广）市场价格走势表

（元/千克）

年份＼月份	1	2	3	4	5	6	7	8	9	10	11	12
1990	37	37	37	37	37	37	37	37	37	37	37	37
1991	37	15	15	15	11.5	11.5	27.5	27.5	27.5	27.5	27.5	13.5
1992	13	13	10.5	10.5	10.5	9.5	9.5	10.5	10.5	11	10	10.5
1993	10.5	10.5	10.5	10.5	10.5	10.5	10.5	10.5	10.5	10.5	10.5	10.5

（续）

月份 年份	1	2	3	4	5	6	7	8	9	10	11	12
1994	10.5	9	9	9.5	9.5	9.5	9.5	9.5	9.5	9.5	16	16
1995	17.5	16	15	15	14.4	16	16	16	16	16	16	16
1996	16	17	17	18.5	18.5	18.5	18.5	18.5	18.5	18.5	18.5	21.5
1997	25	25	25	25	23.5	23.5	23.5	23.5	23.5	23.5	24.5	24.5
1998	31.5	31.5	31.5	31.5	29.5	29.5	29.5	29.5	29.5	29.5	29.5	29.5
1999	29.5	29.5	29.5	31.5	30	30	30	30	30	30	27.5	29.5
2000	29.5	29.5	29.5	29.5	29.5	29.5	29.5	29.5	29.5	29.5	29.5	29.5
2001	29.5	29.5	29.5	27.5	27.5	27.5	23	23	16	16	16	29.5
2002	29.5	29.5	15	15	15	13	9.5	8.5	8.5	8.5	8.5	8.5
2003	8.5	8.5	12	12	10	9	9	9.5	9.5	10	10.8	10.8
2004	10.8	11.5	11.5	12.5	12.5	11.5	11.5	11.5	11.5	11.5	11.5	11.5
2005	11.5	11.5	11.5	11.5	11.5	11.5	11.5	11.5	12.5	13.5	13.5	13.5
2006	13.5	14.5	15	15	11.5	11.5	15.5	15.5	17.5	21	22.5	22.5
2007	20	20	25	25	25	27	27	27	27	28	28	28
2008	34	34	38	40	40	42	42	42	42	42	42	35
2009	40	40	37	30	37	32	35	36	38	43	53	57
2010	60	60	55	55	65	65	57	67	75	120	108	95
2011	115	115	115	115	130	125	97	110	110	110	105	115
2012	115	115	90	85	82	80	75	65	65	75	60	64
2013	68	65	65	65	65	50	50	50	50	50	50	48
2014	48											

（二十八）山药

1. 概述 山药（*Dioscorea opposita* Thunb.）为薯蓣科薯蓣属植物，是药食兼用的古老作物，已有 2 000 年的栽培史，其块根含丰富的蛋白质、氨基酸、维生素及淀粉等，具有健脾益肺，固精补肾的功效，是一种很好的治疗糖尿病的食药兼用的药用植物，全国各地均有栽培（图 1-1-28）。

2. 栽培技术

（1）选地 土壤要求土层深厚、土质疏松、排水良好、肥沃的砂质壤土，对气候条件要求不严，适应性强。

（2）繁殖方法 有两种繁殖方法：芦头繁殖和珠芽繁殖。4 月上旬，当气温上升到 15℃ 左右，选择粗壮完好的山药作种栽，栽时先按行距 30 厘米开横

图 1-1-28 山 药
1. 雄枝 2. 果枝 3. 根茎

沟，沟深 10 厘米，宽 20 厘米，再按株距 20 厘米，将芦头朝同一方向平摆沟底，覆土 5 厘米，再盖一层厩肥，浇水，每 667 米² 用种栽 100 千克左右。

（3）田间管理 当幼苗长到 30 厘米时，要按行距用竹竿搭架，架高 2 米，将茎牵引到架上利于生长。除草 3～4 遍，苗高 30～50 厘米时，追肥一次，冲稀的人粪尿每 667 米² 2 000 千克左右，可适当掺一些尿素。山药怕积水，雨季要及时排水，以免烂根。

山药主要防治地下害虫，栽种时用 1∶1 000 甲基托布津液浸种 10 分钟，再栽种，可用辛硫磷等药剂杀死土中的病菌、地老虎、蛴螬等。

3. 采收加工 山药为高产作物，一般每 667 米² 产鲜根 2 000～3 000 千克左右，干品 400～500 千克左右，每 667 米² 可

收珠芽 300 千克左右。加工方法：洗净泥土，用竹片刮去外皮，使肉白色露出，然后放入炕上用硫磺熏，每 100 千克山药用硫磺 50 克左右，熏 1~2 天才能熏透，当其变软时，拿出来晒干或烤干，即为"毛条"。以色白、粉性足、条粗者为佳品。

4. 市场分析与营销 山药是常用大宗药材，也是著名的六味地黄丸的原料之一，六味地黄丸被中老年人大量使用。山药被祖国医学列为补药中的上品，而且经常食用，还可以延年益寿，在保健品开发中备受瞩目。餐馆和百姓的大量食用，增加了山药的用量，同时，也左右着市价的变化。

山药的市价可谓大起大落，先是由 1990—1992 年的每千克 6~8 元，到 1993—1994 年每千克的 3~4 元，1995 年上升到每千克 10 元以上，1996—1997 年每千克 16~20 元，1998—2003 年又下降到每千克 6~8 元，2004 年开始回升，2005 年每千克到 17 元，2006 年还在每千克 11 元附近，2007—2008 年又回到每千克 6~8 元，2009 年下半年开始回升，2010—2011 年达到每千克 35~45 元的高价，2012 年至今开始回到每千克 11 元左右，接近产区种植的成本价。

山药是药食兼用的栽培品种，栽培技术成熟、产量可靠，正常年景一直比较畅销，适合种植的地区，只要关注好山药几个主产区每年的种植面积、产量、市场价格波动周期，种植山药仍是一个很好的选择。

山药 25 年市价格动态详见表 1-1-29。

表 1-1-29 1990—2014 年怀山药（毛）市场价格走势表

（元/千克）

月份 年份	1	2	3	4	5	6	7	8	9	10	11	12
1990	5.5	6	5.5	6	6	6.5	5	6	6.4	5.5	5.8	6.4
1991	7.6	7.6	7.6	7.6	9	8.5	8	8	8	7.5	7	7

（续）

年份＼月份	1	2	3	4	5	6	7	8	9	10	11	12
1992	7	7	6.5	6.5	5.4	4.5	4.5	3.8	3.8	4	2.5	2.4
1993	2.6	3	3	3	3	3	3	3	3	3	3	3
1994	7	3	3	4	4	4	4	4	4	4	6.8	7
1995	2.6	8	9	9	9	9	8.5	8.5	9	10	12	12
1996	3	11	15	16.5	16.5	16	16	17	17	20	20	20
1997	7.8	20	20	18	17	16	16	17	17	17	15	16
1998	13	13	10	19.5	9.5	8.5	8.5	8.5	8.5	8.5	6	6
1999	22	5.5	6.5	7	7.5	7.5	7.5	7	7	7	6	7
2000	13	6.5	5.5	6.5	6.5	6.5	6.5	6	6.5	5.5	5.5	5.5
2001	5.5	5.7	5.7	5.7	5.8	6.5	4.8	5.7	5.7	6	6.5	7
2002	7	6.8	6.6	8	7.5	6	7.5	6	8	7.5	6.5	6.5
2003	6.3	7	8	10	8	7	7	7.2	7.2	7.8	8.5	8.5
2004	9	9	9.3	8.7	8.7	8.8	9	9	9	9	9	9
2005	12	14.5	15.2	17.3	14.8	15	14	13	13	10	10.5	10.5
2006	11.2	11.5	11.6	10	10	9.7	9	10.7	10.7	9.2	8.7	8.7
2007	7	7	7	8	8	6	7	7	7	6	6	6
2008	4.5	4.8	5.9	6.1	6	6	6	6.5	7	7.5	7.5	8
2009	7.5	8	9.3	9.5	9.8	9.5	11	11	11	10	18	21
2010	24	24	33	36	33	29	27	24.5	26	28	35	36
2011	36	37	38	41	45	33	33	33	20	15	14	12.5
2012	12.5	12.5	13	13	13	13	13	13	13	13	13	13
2013	13	12	12	12	12	11.5	11.5	11.5	11.5	11.5	11	11
2014	11											

（二十九）泽泻

1. 概述 泽泻 ［*Alisma orientalis*（Sam.）Juzep.］别名水

泻、天鹅蛋、一枝花，为泽泻科多年生草本植物，以块茎入药，有清热、渗湿、利尿等作用。泽泻为水生植物，喜生长在温暖的地方，耐高湿，怕寒冷，土质以潮湿带黏性的土壤为宜，幼苗喜荫蔽，移栽后喜阳光充足，通常栽培于水田或烂泥田中，前作多为早稻，主产于四川、福建（图 1-1-29）。

图 1-1-29 泽 泻
1. 植株 2. 花序 3. 花

2. 栽培技术 泽泻用种子繁殖，采种时一般由种仁鉴别成熟度，即种仁呈红色为老熟，金黄色为中熟，呈绿色即为嫩籽。

选择地势稍高、排灌便利的高田作为育苗田，耕翻后施人粪尿 500～1 000 千克，耙平做成 1 米宽苗床，整地要求精耕细作。7 月播种，可用布包好种子放水中浸渍 24～28 小时催芽，取出用草木灰拌种后，均匀撒播，用扫帚在畦面拍打镇压，使种子与畦内土紧接，以免大雨或灌水时冲掉种子。日照强烈的地方，应遮阴，一畦插 4 行杉木枝条，并立即灌水，水深 3～4 厘米为宜，2 天后排水。播后 3 天幼芽出土，出苗后一般晚上灌浅水，早上排水晒田。苗高 5 厘米时田里要经常保持浅水，以不淹过苗尖为度，苗高 5～7 厘米时即行间除草。播后 25 天，可逐渐撤去遮阴枝条，到 35～40 天即可定植，每 667 米² 施人粪尿 3 000～4 000 千克或绿肥 5 000 千克，于 8 月下旬或 9 月上旬定植，抢早定植是增产的关键。行株距 25 厘米×10 厘米，带泥挖起健壮幼苗，去掉脚叶和黄叶，束成小捆，浅栽 2

厘米许，每穴栽苗 1 株。

定植 2～3 天，要把没有栽好而浮动的幼苗重新栽下，并把缺苗补齐，泽泻生长期短，基肥宜足，追肥宜早。第一次追肥，在栽后 10～20 天内，以后每隔 10 天施一次肥，共施 4 次。定植后 60 天停止施肥。定植后 3～4 天灌水，经常保持 5～7 厘米深的浅水，11 月下旬以后排干田水，以利收获。泽泻抽薹开花，会影响产量，应随时摘去侧芽，如遇抽薹，应及时从茎基部摘除。

3. 采收加工 泽泻在 11 月下旬至翌年 1 月初采收，采收时用镰刀划开块茎周围的泥土，用手提起块茎，然后去掉泥土，除留中心小叶外，其余叶片全部去除。去叶去泥后，用火烘焙，第一天要火力大，第二天火力可小，每隔一昼夜翻动一次，第三天取出趁热放入竹筐内来回撞动，促使须根表皮脱落，再把泽泻取出烘焙，此时多用炭火焙，焙热再撞，直到须根表皮去净为止，烘焙到泽泻心有些发软或相碰时呈清脆声时说明全干即可。一般 50 千克鲜货可焙 12.5 千克干货，每 667 米^2 可产混等干货 250 千克。

4. 市场分析与营销 泽泻是一味常用中药，20 世纪 90 年代初期市场供应几乎全靠野生，市场价格较低，一般每千克 3～6 元左右。由于野生资源有限，泽泻又是多年生药用植物，很难长期满足市场用量，导致供需矛盾深化，于 1996—1997 年上涨到每千克 15～22 元，经济效益可观。1998—2009 年的近十年间，由于栽培品种的数量不断加大，使泽泻的供应量大于需求量，其价格一直在每千克 5～10 元之间。2010 年随着物价的整体上涨，涨到每千克 20 元附近，2011 年又开始下降到每千克 15 元左右，2012 年每千克在 9 元左右，2013 年至今每千克在 13～10 元之间。

其 25 年价格波动详见表 1-1-30。

表 1-1-30 1990—2014 年混等泽泻市场价格走势表

(元/千克)

月份 年份	1	2	3	4	5	6	7	8	9	10	11	12
1990	3.5	4.6	4	4	3.5	3	3	3.5	4	4	4	4.6
1991	4.6	5	6	5	4.5	4.5	5	5	4.5	5	5	5
1992	5	5	5	4.5	3	3	3.5	4	4.5	2	2	3
1993	2.5	2.5	2.7	2.8	2.8	2.8	2.4	2.6	2.6	2.8	2.8	2.8
1994	2.8	2.5	2.8	2.8	3	3.5	3.5	4	4.8	4.8	5.2	6
1995	6.5	6	6	5.5	6	5.5	5.5	6	6	6	6	6.5
1996	6.8	6.5	7	9	8	9.5	10	11	14	15	19	22
1997	17.5	18	14.4	14.5	15	12.5	15	13.5	13.5	11.5	13.5	8.5
1998	6	6	5.8	4.8	4.8	4.8	4.8	4.5	4.5	3.5	2.5	4.5
1999	4	4	4.5	4.5	4.5	3.5	2.6	2.6	3.2	3.5	3.5	3.5
2000	3.6	3.8	4.5	4.5	4.5	4.5	4	3	4.5	4	3	3
2001	3.2	3.5	3.8	4	4.3	3.2	4.5	4.5	3	3.5	4.5	
2002	3.3	4	4.5	3.8	4.5	3.5	4	3	3	3.8	4	3.5
2003	3.5	4	4.5	5	4.5	4	4	4.5	4.5	5.2	5.2	6
2004	5.4	4.8	4.8	5.4	5.4	6	5.2	5.8	6.2	6.5	5.9	5.8
2005	5.2	4.9	5	5.2	5.2	6.4	6.5	6.3	6.3	6.7	6.9	6.9
2006	6.9	6.7	6.7	6.7	8.5	9.2	9.8	11.6	11.5	8.7	8.7	7.5
2007	8	8	9	9	8	7	8	8	7	7	6	6
2008	6	5.8	5.9	5.6	5.5	5.4	5	5	5	5	4.8	4.5
2009	4.5	4.5	5	5.2	6.5	6	5	5	6	7.5	9	12
2010	12	13	16	19	25	21	19	17.5	22	19	14.5	12
2011	9	10	13	14.5	14.5	14.5	14.5	13.2	12.2	8	7.8	10
2012	8	9.5	8.5	8	8.3	8	8.5	9	9.5	9.5	9.5	9.5
2013	9.5	12.5	12.5	12.5	12.5	14.5	14	13.5	13	13	12.5	10.5
2014	9.5											

(三十) 麦冬

1. 概述　麦冬〔*Ophiopogon japonicus*（Thunb.）Ker-Gawl.〕别名麦门冬、沿阶草，为百合科麦冬属多年生草本植物。以块根入药，具有养阴清热、润肺止咳的功效。麦冬喜温暖、湿润，较耐寒，在南方可露地越冬。宜选择土层深厚、疏松肥沃、排水良好的砂质壤土栽培，过砂过黏及低洼地不宜种植，忌连作。主产于浙江、江苏、安徽、四川、福建等省（图 1-1-30）。

2. 栽培技术

（1）整地　在选好的土地上施足基肥，每 667 米^{2}施腐熟堆肥或厩肥 2 600 千克、磷酸二铵 20 千克。深翻耙平后，做宽 1.3 米的畦，作业道宽 40 厘米左右。

（2）栽植　麦冬采用分株繁殖。在 4～5 月收获麦冬时，选择健株挖出，抖去泥土，除去块根，用刀子或剪子齐五叉股切断，剪去上部叶子，再将每簇分成 3～4撮。在畦面上按行距 15～20

图 1-1-30　麦　冬
1. 全株　2. 花　3. 果实

厘米、株距 8～10 厘米、深 5 厘米栽植。栽植时注意不得使根弯曲，覆土踩实后，浇一次定根水。

（3）松土除草　麦冬植株矮小，应经常除草。一般每月除草1～2 次，入冬后，可减少除草次数。结合除草，进行表土疏松。

（4）肥水管理　麦冬生长期长，需肥较多。7 月中旬施一次肥，每 667 米^2 施猪粪尿 2 000～2 500 千克，腐熟饼肥 50～100 千克；8 月上旬，每 667 米^2 施猪粪尿 2 500～3 000 千克，腐熟饼肥 50～100 千克、草木灰 100～150 千克；在 11 月初再施肥，每 667 米^2 施猪粪尿 2 000～2 500 千克，腐熟饼肥 50 千克，草木灰 100～150 千克或施磷酸二铵 10～15 千克。麦冬需水分较多，遇干旱应及时灌水，但是遇大雨，也应适时排水。

（5）病虫害防治 麦冬在干旱季节易发生叶枯病，多雨季节易发生黑斑病，可喷洒 1∶1 000 甲基托布津防治；虫害有蛴螬和蝼蛄，可用 90％敌百虫 1 000～1 500 倍液浇注毒杀。

3. 采收加工 麦冬于栽后 2 年或 3 年早春收获，选晴天挖出，然后去泥土，切下块根和须根，流水冲洗干净。将洗净的麦冬晾晒至水干，用手轻揉麦冬后，再晒，再揉，至揉掉须根，再晒至干，除杂后即可。也可用 40～50℃文火烘 20 小时，取出堆放，再烘至全干，除杂，得商品，麦冬每 667 米^2 产量为 200 千克左右混等干货。

4. 市场分析与营销 麦冬为常用中药，治肺燥干咳、吐血、咯血、肺痿、肺痈、虚痨烦热等症。现代医学认为麦冬有强心、利尿、抗菌的作用。1990 年麦冬进入低谷，价格仅为每千克 3.5 元左右。1991 年产新后价格上涨，1992—1993 年，由于前几年低价位，使种植户大量减少，供不应求，价格曾出现每千克 30 元的高价。1994 年生产扩大，价格下滑，产新时降为每千克 8 元左右，但很快回升到每千克 13 元左右，一直到 1997 年末，价格又有一次升降，最高价为每千克 30 元左右，2000 年后价格回落至每千克 9 元左右，2003 年以来，麦冬价格持续上涨，一路走高，尤其是 2005—2007 年，涨至每千克 30～45 元。2008 年回落至每千克 15 元左右，2009 年下半年开始上涨至每千克 38 元，2010—2011 年更是涨到每千克 60 元以上，到每千克 145 元的高位。2012—2013 年开始回落至每千克 60～50 元，目前维持在每千克 45 元左右。

近 25 年价格变化详见表 1-1-31。

表 1-1-31　1990—2014 年混等麦冬市场价格走势表

（元/千克）

年份＼月份	1	2	3	4	5	6	7	8	9	10	11	12
1990	3	3	3	3	3	3.5	3.5	4	4	4.5	4.5	4.5
1991	4.5	5.5	5.5	6.0	6.5	8	8.5	8.5	8.5	9	11	12
1992	12	12.5	13	14	17	17	17	19	23	23	25	29
1993	38	20	17	17	19	19	19	19	19	19	19	19
1994	19	21	21	12	10	10	8	8	8	8	15	17
1995	14	13	11	13.5	13.5	14	14	14	13	13	13	13
1996	12	12	12	10	10	11	10	9	9	9	10	12
1997	12	12	12	14	15	19	19	17	20	20	22	22
1998	21	22	26	36	30	30	29	27	27	27	25	25
1999	23	18	14	11	12	11	11	12	12	12	12	12
2000	12	12	13	12	15	15	16	16	16	16	14	13
2001	12	11	9	9	9	9	10	10	11	12	12	11
2002	10	10	9	9	8	9	9	11	12.5	12.5	13
2003	13	15	20	20	15	15	15	15.2	15.5	15.5	15.5	16.8
2004	15	13.5	12.5	12.5	14.4	15	16.4	17.2	17.8	17.8	18.5	19.8
2005	21	23.5	23.5	25	33.5	33.5	33.5	34.5	36.5	36.5	37.5	44
2006	45	45	35	27	27.5	28.2	28.5	30	30	30	30	32.5
2007	35	30	30	30	30	28	27	25	25	25	25	20
2008	15.5	15	14.3	14	14.2	14.8	15.5	16.2	16.5	17	15.5	15
2009	15.5	15.5	16	23	23	21	22	22	28	28	35	38
2010	32	29	26	46	43	43	45	60	85	85	80	75
2011	95	120	72	145	115	130	145	115	90	80	64	60
2012	80	55	43	45	43	42	42	45	55	55	57	57
2013	60	55	46	55	50	50	50	47	47	47	47	45
2014	45											

(三十一) 西洋参

1. 概述　西洋参 (*Panax quinquefolia* L.) 又名花旗参、美国人参，为五加科人参属植物。以根供药用，具有益气、生津、润肺、清热的功效。西洋参原产北美洲的加拿大与美国，自1975年起，我国从美国引进了几批种子，先后在吉林、黑龙江、辽宁、陕西等省引种成功。目前，我国有三大西洋参栽培区，即东北栽培区、华北栽培区、华中栽培区，此外，福建、云南等地也有栽培。以北京怀柔栽培最为成功，产品已占领国内市场 (图1-1-31)。

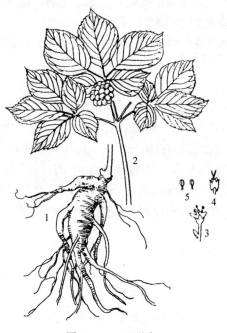

图 1-1-31　西洋参
1. 根　2. 茎　3. 花
4. 去花瓣和雄蕊，示花柱　5. 雄蕊

西洋参喜温和、雨量充沛的环境，怕高温，怕水涝，忌阳光直射。西洋参栽培对土壤要求较严，选择土质疏松、土层深厚、肥沃、通透性好及富含腐殖质的森林土或砂壤土为好。

2. 栽培技术

（1）选地整地 选择海拔高度在800～1 000米的山地阔叶林地带或肥沃的农田。要求排水良好、背风向阳、肥沃、腐殖质含量高的地块，农田的前茬宜选禾本科、豆科植物，不宜选用菜地、低洼、盐碱易涝地。

土地应休闲1年，于播前1年的春、夏进行土地翻耕，深度在20厘米左右，然后耙细，拣除石头等杂物。第二年播种前再翻耕，除杂物，并应施足基肥，整平，耙细，做成宽1.2米、高25厘米、作业道宽80厘米左右的畦。

（2）繁殖方法 西洋参采用种子繁殖，分育苗移栽与直播两种形式，以前者较为常用。

①采种及种子处理。采收成熟果实后，搓去果皮果肉，洗净种子，晾干保存。次年5月上旬，取出种子，漂去瘪籽并进行表面消毒，然后，与2～3倍的清洁湿砂拌匀，选择地块挖窖砂藏。前80天，将温度控制在18～20℃，然后，降低到12～16℃的温度下，维持60天左右，最后在0～5℃的环境下，约需80～90天。要求砂藏土壤的含水量适当，每隔10天左右倒种一次，同时防止阳光曝晒和雨水浸泡。经过这样处理的种子，发芽率可达95％以上。

②播种。分春播与秋播，以春播为主。

春播在4月下旬至5月上旬进行，秋播于封冻前进行。在畦面上按行距8～10厘米、株距5～7厘米、穴深2～3厘米播催芽籽，每穴放1～2个种子，覆土3厘米左右。播后，畦面覆盖落叶或草帘，以利保湿，出苗前除去覆盖物。采用秋播的，应加厚覆盖物，有利于越冬防寒。

③移栽。西洋参苗培育2年后移栽，于春季芽未萌动前或秋

季 10 月中下旬进行。移栽时，在畦面上按行距 15～20 厘米、株距 6～8 厘米移栽，覆土 4～6 厘米。要求随起，随选，随栽，将无病健苗与感病苗分别移栽，感病苗必须经过消毒处理。

（3）田间管理

①搭荫棚。西洋参忌阳光直射，应在出苗前搭设荫棚，有单畦拱棚、双畦拱棚、斜棚等形式，将透光率控制在 20％～30％之间为宜。

②松土除草及排灌水。出苗后，及时除草，若土壤板结，应适时松土。栽培西洋参土壤的含水量应控制在 30％～40％，雨季时，则应及时排水。

③畦面覆盖。可用稻草、麦秆、落叶等进行畦面覆盖，有利于保湿、防止病虫害发生。

④追肥。在西洋参生长旺季，即 6～8 月，叶面喷施 0.3％磷酸二氢钾液，或 0.3％尿素液肥，每月喷一次，三者可交替使用。入冻前，重施冬肥，以施腐熟厩肥为好。

⑤疏花。除留种地外，于西洋参初花期剪除花序，使养分集中于根部。

（4）病虫害防治　西洋参病害有立枯病、黑斑病、根腐病等病症，可用甲基托布津等喷雾防治。

3. 采收与加工　直播后的第四年或移栽后的第二年的 8～9 月采挖，采收后，洗净、烘干，不可日晒或炉烤。一般每 667 米^2 产干参 100 千克、高产可达 200 千克。以条匀、质坚、体轻、表面横纹紧密、断面菊花纹、气清香、味浓者为佳。

4. 市场分析与营销　西洋参含多种生理活性成分，其中，西洋参皂苷是主要的有效成分，现代医学证明具有提高人体免疫力、抗疲劳和调节中枢神经系统等药理作用，对高血压、心肌营养不良、冠心病、心绞痛等均有极好疗效，尤其是适用于改善由心脏病引起的烦躁、闷热、口渴等症。西洋参还可减轻癌症患者化疗引起的不良反应，如咽干、白细胞减少、唾液腺萎缩等症。

用于治疗神经衰弱和植物神经紊乱、感染性多发性神经炎、胸膜炎、慢性咽炎等症。西洋参还有明显升高白细胞、提高机体免疫机能、抗缺氧、抗高温作用。

近年来，利用西洋参的各个部分加工成各种食品、高级补品、化妆品等产品，在食品及滋补品市场十分畅销，如西洋参酒、西洋参饮料、洋参香皂、洋参糖果、洋参糕点等。因此，西洋参在食品、饮料、化妆品等行业，正在得到更为广泛开发。与此同时，西洋参的年需量正在逐年增加。据有关资料，1988年国内年需求量10万千克、1998年60万千克、2004年100万千克。

以前，我国国内西洋参主要靠进口，从1980年在我国东北集安引种成功后，并逐渐形成了东北、华北、华中、康滇（包括低纬度高海拔地区）四大产区，2010年总栽培面积已达400多万米²。国内西洋参也出口到韩国、美国、日本以及我国香港等地，2006年资料年出口20万千克。也有的外商直接来产区收购。

随着人们生活水平的提高和保健意识的增强，以及人口老龄化，西洋参作为滋补保健品年需量将逐年增加，国外的西洋参种植商和经营商也将进一步看好中国的西洋参市场，因此，将更大幅度地拉动西洋参需求，拓展我国西洋参市场。西洋参种植有区域限制、周期长、投资大、老参地不能再种等问题。价格将会稳重有升。西洋参种植选地以新开垦林区和新伐林地最为适宜。在东北主产区，尤其是吉林通化、白山地区适宜发展。

1990—1995年价格在300～450元/千克左右，随着种植技术的成熟和种植面积的推广稳定，价格由高到低波动不大。2000—2009年长期在200～260元/千克之间；2010年随着物价上涨，2010—2012年涨到350～400元/千克，2013年更是涨到500～800元/千克，目前800元/千克。

表1-1-32为25年东北西洋参（统货）的市场价格走势表，供参考。

表 1-1-32 1990—2014 年东北西洋参（统货）市场价格走势表

（元/千克）

月份 年份	1	2	3	4	5	6	7	8	9	10	11	12
1990	400	400	450	450	400	380	380	380	380	350	350	300
1991	300	300	300	330	330	350	350	350	350	350	370	390
1992	390	390	390	350	350	350	350	350	350	330	330	330
1993	330	330	340	340	340	300	300	300	300	340	340	340
1994	340	320	320	320	320	320	320	320	320	300	300	300
1995	340	340	340	360	320	300	300	290	290	240	230	230
1996	230	230	230	220	220	230	250	255	255	255	260	260
1997	250	250	250	250	230	220	220	220	220	220	220	220
1998	220	220	220	220	270	270	240	240	200	240	240	240
1999	230	230	230	220	220	220	220	220	220	230	240	260
2000	260	260	260	240	240	230	220	220	220	210	210	210
2001	210	210	200	200	200	200	200	210	210	210	210	210
2002	220	220	240	240	230	230	230	220	220	220	220	220
2003	220	220	300	450	300	250	250	250	260	260	220	275
2004	270	270	260	260	258	270	285	290	290	270	275	255
2005	235	235	220	210	175	165	155	155	155	175	175	175
2006	175	175	175	175	180	180	185	185	140	140	150	165
2007	200	200	200	200	230	230	230	230	230	230	240	250
2008	120	120	120	120	120	120	120	125	125	125	125	125
2009	130	130	130	200	200	200	200	200	200	200	200	230
2010	230	350	350	350	280	270	270	270	270	375	350	360
2011	360	365	365	420	420	420	420	420	420	420	420	420
2012	420	420	350	350	345	345	345	345	345	345	345	500
2013	500	500	510	510	510	520	650	650	650	800	800	800
2014	800											

（三十二）元胡

1. 概述 元胡（*Corydalis yanhusuo* W. T. Wang）为罂粟科植物，以干燥块茎入药，有散淤活血、理气止痛的作用，适宜浙江、江苏、山东、辽宁、吉林、黑龙江、湖北、陕西等地种植。元胡喜温暖湿润气候，但能耐寒，怕干旱和阳光，适宜地势较高、排水良好，富含腐殖质的砂质壤土种植，忌连作（图 1-1-32）。

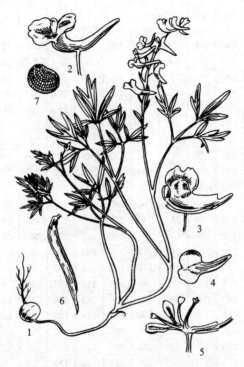

图 1-1-32 元 胡
1. 植物全形 2. 花 3. 花冠的后瓣和内瓣
4. 花冠的前瓣 5. 内瓣展开示二体雄蕊
及雌蕊 6. 蒴果 7. 种子

2. 栽培技术 元胡用块茎繁殖，收获时选当年新生的块茎，剔除母块茎，以无病虫害、体形完全的中等块茎为好。栽植期应根据各地气候而定。江浙一带在 9 月下旬至 11 月上旬为适宜期。山东多于 9 月下旬为好。栽植方法为，北方在垄面上开 2 条沟，深约 5 厘米，沟幅宽为 10 厘米，每沟栽植元胡 2 行，按株距 3 厘米三角形排列，每 667 米² 栽种量为 60～70 千克，边种边盖土。

元胡根系浅，地下茎又沿表土生长，不能松土，以免伤根，杂草应拔除，拔草时应特别注意，以免将苗带出，一般拔草 2～3 次。

在施足基肥的基础上，越冬前重施冬肥，促进地下茎生长旺盛，分枝多、茎节多，并有保持土壤疏松和防冻苗的作用，不宜多灌水，避免根茎腐烂，对产量和质量有影响。

元胡的病害有霜霉病，可在发病前或发病初用 1∶1 000 甲基托布津液，每 7～10 天喷一次，连续喷 3～5 次。虫害有地老虎、白丝虫，可在整地时，每 667 米² 用辛硫磷 0.5 千克，加细土 45～75 千克，撒施地里防治。

3. 采收加工　5 月中旬，植株枯黄时，选晴天将块茎挖出，然后按大小分类，搓掉浮皮，洗净泥土，放入 80℃左右热水锅中煮，大块茎煮 5～8 分钟，小块茎煮 3～5 分钟，待其变黄色时捞出晾在日光下曝晒 3 天，进室内回潮 1～2 天，再晒 3 天，反复 3～4 次，直至晒干为止。每 667 米² 可产混等干货 300 千克左右。

4. 市场分析与营销　元胡与白术、白芍、浙贝母、杭白菊、玄参、麦冬、温郁金并称为"浙八味"。元胡含有多种生物碱，其中包括紫堇碱、鸦片碱、四氢巴马汀、四氢黄连碱、防己碱和紫堇鳞茎碱。其中四氢巴马汀被认为是减轻疼痛最有效的成分。以元胡提取物生产的制剂"罗通定片"、"硫酸罗通定注射液"是广谱镇痛药。元胡被广泛运用于中医临床配方，而且是许多中成药的生产原料，是活血化瘀、理气止痛的要药。该品具有镇痛、镇静、催眠及安定作用，年用量约 5 000 吨左右，其镇痛作用弱于哌替啶，强于一般解热镇痛药。在治疗剂量下无呼吸抑制作用，亦不引起胃肠道平滑肌痉挛。对慢性持续性疼痛及内脏钝痛效果较好，对急性锐痛（如手术后疼痛，创伤性疼痛等）、晚期癌症痛效果较差。在产生镇痛作用的同时，可引起镇静及催眠，治疗量无成瘾性。因近年癌症患者、失眠人群增多，有着止痛镇静作用的元胡新产品需求量越来越大，可以说元胡需求是刚性的，随着新产品不断研发，需求量会逐年增加。

元胡产区主要分布于浙江、江苏、湖北、湖南、陕西等省，其中浙江所产为地道药材，主产于浙江东阳、磐安、千祥、永康、缙云等，其中磐安为产地主要集散地。陕西汉中发展面积较大，并建立了元胡生产基地，2012 年的产量大约在 4 000 吨上下，到 2013 年，全国 70％的货源来自汉中产区。浙江产区元胡在2012 年的产量大约不足 1 000 吨。

20 世纪 90 年代初，由于盲目发展，产大于销，造成积压，致使连年生产面积下降，到 1994 年从年初产新时仅每千克 8～9 元，到年底猛增至每千克 30 多元，1995、1996 年价格继续上涨至每千克 60 多元。高价格极大地刺激了生产的发展，因此元胡市场供大于求导致元胡市价跌至每千克 9 元左右。直至 2003 年后才缓慢回升，2006 年已回归到每千克 17～19 元，2008 年后每千克已到 20 元以上，2010 年每千克已经升到 40 元以上，2013年至今已稳定在每千克 70～80 元之间。

其 25 年价格变化详情见表 1-1-33。

表 1-1-33 1990—2014 年混等元胡市场价格走势表

（元/千克）

年份＼月份	1	2	3	4	5	6	7	8	9	10	11	12
1990	4.5	4.5	4.5	4.5	4.8	4.9	4.9	4.3	3.8	3.9	3.9	3.9
1991	3.8	3.7	4.5	4.5	5.5	5.5	5.2	5.3	5.7	5.2	5.7	5.8
1992	5.8	5.5	5.7	7.5	7.5	7.3	7.2	7.3	7.2	7.5	7.2	7.3
1993	7.4	7.4	7.3	7.5	8.3	8	8	8.2	8.3	8.5	8.5	8.5
1994	8.5	8.5	8.5	8.5	9.5	10.5	15.5	15.5	16.5	25.5	27	34
1995	31	30	32	34	35.5	34.5	33.5	44	47	47	47	54.5
1996	61	63	65	68	68	60	59	66	67	67	66	54
1997	56	56	54	41	26	21	20.5	16	15.5	15.5	13	11.5
1998	10.5	10.5	10.5	13.5	16	15	14	14	16.5	16.5	16	15.5

（续）

年份＼月份	1	2	3	4	5	6	7	8	9	10	11	12
1999	15.5	15.5	15	13.2	12	10.5	10	11	10	10	10	10.2
2000	10	10.5	10	11	9.5	10.5	12	12	11.5	11.5	11	11
2001	9.8	10	10.5	9	9.6	9.9	11	11.5	9.8	9.8	8.6	8.5
2002	8.5	9.6	9.8	9.4	9.5	9	9.5	10	9	9	10.5	11
2003	11	13	15	15	13	12	12	13.2	13.5	13.5	13.5	14
2004	14	13.2	12.5	12.3	12.3	13	14	14	14.8	14.8	14.3	13.4
2005	14.3	15	15.2	15.5	15.1	14.8	15	15	15.5	15.5	18.8	17.8
2006	17.5	18.7	18.5	18	18.2	18.5	18.7	19	19	19	19	19
2007	18	18	18	18	18	18	18	19	19	19	19	19
2008	19	19.3	19.5	20	20.1	20.2	20.3	20.5	20.7	20.8	20.5	20
2009	20	20	20	20	20	17.5	17.5	17.5	17.5	17	20	25
2010	25	23	26	30	35	40	38.5	42	44	47	45	43
2011	38	40	42	45	50	54.5	52	50	48	42.5	43.5	42.5
2012	42.5	45.5	48	47	41	40	41	43	44	45	47	56
2013	56	64	64	62	62	70	83	80	80	78	77	82
2014	77											

（三十三）板蓝根

1. 概述　板蓝根（*Isatis indigotica* Fort.）为十字花科植物，以根、叶入药，有清热解毒、凉血消斑的作用。适应性强，对自然环境和土壤要求不严，耐寒，在我国南北各地均可栽培，喜疏松肥沃的砂质壤土，低洼积水地易烂根。主产河北安国、江苏南通市（图 1-1-33）。

2. 栽培技术　用种子繁殖。

留种及采种：板蓝根当年收根不结籽，10 月下旬刨收板蓝根时，选健壮、无病害的根条按行株距 50 厘米×25 厘米移栽到肥沃的留种田地，栽后及时浇水，加强管理，第二年 5～6 月间种子顺序成熟后，采收，晒干，脱粒，存放通风干燥处备用。

播种可春播也可夏播，方法基本相同。春播于 4 月上旬，夏

播于 5 月下旬进行。先在
畦面上按行距 25 厘米划
出深 2～3 厘米左右的浅
沟，将种子均匀撒入沟
内，覆土 2～3 厘米，稍
加镇压，每 667 米² 播种
量 1.5～2 千克。

苗高 7～10 厘米时，
要及时间苗，然后按株距
5～7 厘米定苗，同时除草
松土。定苗后根据幼苗生
长状况，适当追肥和灌
水，一般 5 月下旬至 6 月
上旬每 667 米² 追施尿素
7.5 千克，磷酸二铵7.5～

图 1-1-33　板蓝根

15 千克，混合撒入行间，有条件的地方每 667 米² 也可追施饼肥
40～50 千克，南方各地多追施人粪尿 400～450 千克，凡生长良
好的在 6 月下旬和 8 月中下旬能采收两次叶片，采叶后随时追肥
浇水，以促进叶片生长。

3. 采收加工　北方 6 月下旬苗高 15～20 厘米时可收割一次
叶子，割时由茎基部留茬 2～3 厘米，8 月份叶子重新长成后再
割一次，长江沿岸每年能割 3 次叶子，10 月地上部枯萎，刨收
根部，去掉泥土，晒至六七成干，然后捆成小捆，再行晾晒至充
分干燥为止，每 667 米² 能收干根 150～200 千克，以粗壮均匀、
条干整齐、粉性足实的为佳。

4. 市场分析与营销　板蓝根具有清热解毒，凉血利咽作用，
主治温毒所致的疾病，如流感、上呼吸道炎症、乙型脑炎、肝
炎、腮腺炎、急性肠炎、菌痢、颜面丹毒、热病发斑、痈肿等
症，对多种病毒和病菌有明显的抑制作用。一年春、秋、冬三季

大量使用，是一种用量极大且长期销售不衰的药材。目前我国千余家制药集团（厂）生产的以板蓝根为主要原料的中西成药、中药饮片、兽药等已超过2 000多种。主要有：感冒退热颗粒、感冒清片、感冒灵、双黄连、蒲地蓝消炎片、抗感灵、复方感冒灵片、清热解毒片、复方鱼腥草片、板蓝根片、炎可宁片、感冒清胶囊、金感胶囊、连花清瘟胶囊、众生胶囊、羚羊清肺散（颗粒）、护肝片、小儿咳喘颗粒、小儿清热止咳口服液、小儿热速清口服液、小儿感冒颗粒、板蓝根颗粒、板蓝根冲剂、清开灵胶囊、新开灵注射液、板蓝根注射液、复方鱼腥草注射液、清开灵口服液、抗病毒口服液、清热解毒口服液、板蓝根糖浆、板蓝根含片、清开灵滴丸、健民咽喉片、利咽解毒颗粒等。此外，我国兽药厂用板蓝根生产的兽药已超过200多种。

进入21世纪后，我国以板蓝根替代PPA（苯丙醇胺）的清热解毒中西成药等应运而生，以至市场对板蓝根的需求量每年以15％的速度递增。由于板蓝根适应性较强，对自然环境和土壤要求不严，20世纪七八十年代起，安徽、河北、河南、江苏、陕西等约20多个省份开始发展板蓝根生产，种植面积逐年扩大，产量连年增加。据对板蓝根主产区不完全统计，其面积已由2005年的2万～3万亩，扩大至2008年20万～30万亩左右，产量由2005年5 000～7 500吨，增加到2008年5万～7.5万吨左右，4年间植面积与产量翻了10番。全国板蓝根的年销售量2006—2008年约为6万吨。目前全国主产区大庆、甘肃、河北、河南、江苏、安徽等地种植面积大约稳定在30万亩左右，2012年大庆主产区15万亩，总产量3万吨。约占全国一半以上。

一遇流感、甲肝等流行病发生价格就会大涨。2003年"非典"期间暴涨至100元/千克。

板蓝根全靠人工种植供应市场，南北适宜，生产周期短，种植面积大，需求量也大，其价格有波动周期，2010年随物价上涨至 20 元/千克以上，近年价格稳定在 10 元/千克附近。如种植应掌握好时机，切勿盲目种植。

其 25 年价格波动详见表 1-1-34。

表 1-1-34 1990－2014 年混等板蓝根市场价格走势表

（元/千克）

月份 年份	1	2	3	4	5	6	7	8	9	10	11	12
1990	2	2.2	2.5	2.3	1.8	2	2.5	2.7	2.8	3	3	3.5
1991	3.5	4.5	4.5	5	5.2	3.9	4.8	4.8	4.8	4.6	4.5	4
1992	4.8	4.8	5.3	4.6	4.3	3.8	3.4	3.6	2.5	2.8	2.5	2.3
1993	2.3	2.5	1.8	1.7	1.6	1.5	1.5	1.8	2	2	1.8	1.8
1994	1.8	1.6	1.8	1.7	1.9	1.5	1.6	1.5	1.8	2	2.5	4
1995	3	2.8	3.2	3	2.8	2.6	2.7	2.8	3.8	3.2	3.5	5
1996	4	4	5	5	4	4	4	4	4.5	4	4.5	6.5
1997	5	5	5	5	5.5	4.5	5	5	5	4.8	6	5
1998	7	7	7	7	7	7	7	6.5	7	7	6.5	7
1999	6	5.8	5.5	5.5	5	4.8	4.5	4.5	5	3.7	2.8	2.5
2000	3.5	3	3	2.2	2.5	2.5	2	2	2.5	1.5	2	2.8
2001	2	1.5	2.8	2	2.3	1.6	1.8	1.5	2	2.2	2.5	3
2002	2.5	1.5	2.1	1.8	2.5	1.6	1.8	2.2	1.5	2	1	1.8
2003	1.8	10	15	100	15	5	5	5	4.5	4.5	4.2	4.2
2004	4	3.8	3.6	3.7	3.7	3.6	3.4	3.4	3.6	3.6	3.5	3.6
2005	3.6	3.6	3.6	3.8	3.8	4	4.5	4.9	4.7	6.1	7.1	7.1
2006	6.4	6.3	5.7	5.3	5.5	5.5	5.6	6.7	6.7	6.7	6.8	6.7
2007	4.8	5	5	5	6	6	6	6	6	7	7	7
2008	5.8	5.9	5.9	6	6	6.6	6.5	5.7	5.5	5.5	4.7	4.5
2009	4	4	3.8	4	4	5.3	5.3	5.7	6.2	8	18	28
2010	26	24	24	27	26	21	18	17	15	13	12.7	12.5
2011	11	12	12.5	10.5	11.2	11	9	8	8.5	8.5	8.5	7.5
2012	8	8	8.5	8.2	8	8	8.2	8.5	8.5	8.5	9	9.5
2013	9.5	10	9.7	10.5	10.5	9	9	9	9	9	9.5	9.5
2014	9.5											

（三十四）白术

1. 概述　白术（*Atractylodes macrocephala* Koidz.）又名浙术、山芥、子术、冬术，为菊科宿根草本植物。以根状茎供药用，有补脾、安胎、利水、止汗之功效。白术喜凉爽气候，怕高温多湿。对土壤要求不严，以土地肥沃、排水良好的砂质壤土为好，低洼地、黏重地不宜种植。主产于浙江、江苏、湖北、湖南等地区（图1-1-34）。

2. 栽培技术　白术采用种子繁殖。第一年培育术栽，第二年用术栽种植。

（1）培育术栽　选择长势健壮、无病虫害的植株采种。将籽粒饱满、光滑的种

图 1-1-34　白　术
1. 花枝　2. 瘦果　3. 根茎

子作为播种用种子。土地深翻，施足基肥，做成宽 1～1.2 米的畦。播种前，将种子浸入温水中浸泡 12 小时，捞出装好，置室温下保存至种子萌动，每天应用水淋，以求保湿。5 天后可播种。播种时按行距 15～16 厘米、深 2～3 厘米开沟，条播，盖细肥土 3 厘米左右。畦面上盖杂草、稻草等，以求保温、保湿。大约 10 天左右出苗，除去覆盖物。出苗后，及时除草。当苗高 8 厘米左右，按株距 5 厘米左右定苗。7 月下旬追肥，每 667 米^2 施人畜粪水 2 000 千克。雨季时，应及时排水，若遇干旱应浇水。对于不留种植株，将抽薹的部分除掉。

当秋季茎叶枯黄时，选晴天挖出根状茎，去泥土，除茎叶、须根，剪尾须，将无病虫害，无破损的根状茎作术栽。将术栽晒至表皮发干时，选择通风地带砌池，砂藏。要求河砂洁净，经常翻堆。次年春季取出栽种。

（2）栽种　栽种时，将术栽大小分级下种。在整好的畦上，按行距 25 厘米、株距 20 厘米、深 7 厘米穴栽。每 667 米^2 需术栽 50 千克左右。

栽后应勤除草，幼苗出齐后追肥，每 667 米^2 施人粪尿 750 千克左右。5 月再施一次，每 667 米^2 1 000千克。摘花蕾后施肥一次，每 667 米^2 施腐熟饼肥 100 千克，人畜粪水 1 000千克和磷酸二铵 10 千克。

白术的主要病害是白绢病。危害根状茎，防治方法：

①术栽用 50% 多菌灵 1 000倍液浸 3～5 分钟，晾干后下种。

②整地时，进行土壤消毒。

③发病初期，拔除病株，并用 5% 石灰粉或 50% 多菌灵浇灌病穴及周围健株。

3. 采收加工　用术栽繁殖的白术当年 10 月下旬至 11 月上旬收获。挖出后，晒干或烘干，不可淋水、堆置，烘至九成干时，摘去须根、粗皮及泥沙，再烘至全干即可。

4. 市场分析与营销　白术为常用中药，主治脾胃气虚、倦怠无力、食少胀满、脘腹痛、呕吐泄泻、表虚自汗、胎动不安等症。主产区在浙江，是"浙八味"之一，年需求量很大。1994—1996 年出现一段高价期，每千克最高达 35 元。之后虽有波动，但总体趋于上升，自 2005 年产新被推上每千克 20 元的价位，其后年年走高，2007 年其价更推高至每千克 40 元，最高时突破每千克 50 元，导致了 2008 年的大种，2008 年白术产新后年底烂市，价降为每千克 8 元左右，有远见的药商大量囤积低价白术。2009 年下半年市场兴起投资热，至年底其价又被拉回每千克 30 元附近。2010 年白术随药价整体上涨，涨至每千克 40 元以上。

2011—2013 年连续 3 年产量居高不下，回落到每千克 20 元以上年，目前在每千克 25 元附近。根据行情，可适当发展种植。

表 1-1-35 为混等白术（浙）25 年的市场价格变化，供参考。

表 1-1-35　1990—2014 年混等白术（浙）市场价格走势表

（元/千克）

月份 年份	1	2	3	4	5	6	7	8	9	10	11	12
1990	4	4	4	4.5	4.5	4.5	4.5	4.5	5	5	5	5
1991	5	5.5	5.5	5.5	6.0	6.5	6.5	6.5	7	8	8	8
1992	9	9	14	19	15	14.5	14.5	14.5	14.5	15	15	15
1993	14	14.5	14.5	15.5	16	16	16	14	14	15	14	14
1994	14	13.5	13.5	14	14	14	14	15	15	24	22	22
1995	24	26.2	29	32	32	32	32	33	34	30	27	24
1996	24	24	24	24	24	25	29	29	29	26	25	19
1997	16	16	16	113	12	12	12	10	10	10	10	10
1998	10	10	10	10	10	10	11	11	14	14	14	16
1999	16	16	15	15	14	14	14	14	14	14	14	13
2000	13	13	13	14	14	14	14	17	17	17	17	17
2001	17	17	17	16	16	16	14	14	13	10	10	10
2002	10	10	10	9.5	9.5	9.5	9.5	9.5	9.5	9	9	9
2003	9	9	9	12	9	9	9	10.5	11.7	11.5	13	14.5
2004	12	15.5	16	17.5	16.2	15.5	15	14.6	14.6	14	14	14
2005	15	15	15.5	17	17	16.1	16.5	17.2	17.8	20.8	20.8	24.5
2006	23.5	23.5	25.7	26	28	31	32.5	33.5	30	31	31	31
2007	27	30	30	33	40	40	45	45	45	48	50	50
2008	48	46	45	40	35	30	20	15	10	8.5	8	9
2009	14	13	13	15	17	17	16	15	15	18	21	27
2010	27	27	17	28	28	28	31	38	46	43	43	40
2011	40	38	38	38	36.5	33.5	32.5	30	22	22	22.5	20
2012	21	21	21	20	22	21	21	22	22	20	20	21
2013	21	23	22.5	22.5	22.5	22.5	23	23	24	23	25	25
2014	25											

（三十五）浙贝母

1. 概述 浙贝母（*Fritillaria thunbergii* Miq.）为百合科贝母属多年生草本植物。别名大贝、象贝，是贝母中产量多、种植面积大的一个品种，此外平贝、川贝产量也很多。贝母以鳞茎入药，有清热润肺、止咳化痰的作用。浙贝喜温暖湿润气候，怕高温干旱，也怕涝。它生长期短，有夏季休眠习性。浙贝母喜肥，应选择疏松、肥沃、富含有机质的砂质壤土栽培。主产于浙江鄞县，浙江其他地区、湖南等地也有分布（图1-1-35）。

2. 栽培技术

（1）选地整地 选择排灌方便、土层深厚的砂壤土种植。每 677 米^2 施基肥 2 500 千克后，深耕细耙，做成宽 1.5 米、高 25 厘米的畦，作业道宽 30 厘米左右。

（2）有性繁殖 在生产上很少采用，这是由于贝母鳞茎有逐年退化现象，利用有性繁殖来更新品种。

图 1-1-35　浙贝母

（3）无性繁殖 也叫鳞茎繁殖，是生产上采用较多的一种繁殖方式。栽种前把留种用的鳞茎挖出，按大小分成四个等级：一号贝，直径 1.5～1.8 厘米；二号贝直径 1～1.5 厘米；三号贝直径 0.5～1 厘米；再小的为四号贝。挑选好的二号贝作种子田的繁殖材料（第一年种后夏季不挖，就地越夏，9 月起挖作种栽用）。一号贝、小号贝作商品田繁殖材料（栽后当年挖出加工成商品）。三号贝既可作为种子田的种栽，也可作为商品田种栽。

栽种时，在畦上按行距 20 厘米、深 10 厘米开沟栽种种子田，而按行距 20 厘米、深 6 厘米栽种商品田。株距为 15 厘米左右。栽时注意使芽头向上。

（4）田间管理

①除草。生产上要求畦内清洁、土壤疏松。

②追肥。浙贝喜肥，施足基肥是很重要的。每 667 米^2 施人粪尿 1 000 千克。出苗后施腐熟人粪尿，每 667 米^2 施 750 千克。商品田可用每 667 米^2 15～20 千克磷酸二铵 20 千克开沟施入。

③水分。浙贝对水分要求既不能太多，也不能太少。雨季时应及时排水。

④摘花。当植株顶部有 2～3 朵花时即应摘除。

浙贝受灰霉病和黑斑病为害，可喷 1∶1 000 甲基托布津液，每隔 7～10 天喷一次，连续喷 3～4 次即可。

3. 采收加工　商品田的浙贝在 5 月中下旬采收，此时植株已枯黄。挖取时不可伤及鳞茎。采收后，去泥沙，挑大的鳞茎挖去贝心芽，加工成元宝贝，小的鳞茎不挖贝心芽，加工成珠贝。将分好的鲜浙贝，放入机动或人力撞船里，撞击表皮，至表皮渗出浆液时，每 50 千克鲜浙贝放 2 千克石灰，继续撞击，待浙贝涂满石灰为止，取出摊放，晒干，再堆积，再晒干。也可用火炕烘干，但应注意火力，并随时翻动。浙贝每 667 米^2 可产混等干货 200 千克左右。

4. 市场分析与营销　浙贝母主产浙江，是著名的浙八味药材之一。在我国栽培历史悠久，是传统中药材，主治上呼吸道感染、咽喉肿痛、支气管炎、肺热咳嗽等症。浙贝母野生较少，主要来源于栽培。目前主要分布于浙江省磐安县、东阳市以及临近的新渥、缙云等，而与浙江交界地带的江苏、安徽部分地区也有浙贝种植，但主要以提供贝母种子为主，在各个产区中，以磐安和东阳为大产区且道地性较强，合计占浙江总产量的 70%。2009 年全国主产区的产量接近 3 000 吨。国内及出口年需求在

2 400～2 800吨之间，供需基本平衡。浙贝母还是较为重要的出口品种，分别出口日本、韩国、东南亚及我国的香港与台湾和部分欧美华人聚居区等。

浙贝从1993年末到1998年初，浙贝价格从1992—1993年的15～16元/千克大体为震荡下行局势。最低价1998年曾跌到市价8元/千克左右，1998年后半年，由于连年价低，种植减少。价格开始回升，年底达到12元/千克上下。从1999年末，由于需求量的增加，加之种植面积也不足，浙贝母的市场价格迅速攀升。到2002年末，每千克混等浙贝已达到150元，2003年加上"非典"药材暴涨因素高至200元/千克。引起大量种植，2004年后缓慢降价，2009年稳定在20元/千克以上。价格下跌、种植减少，加上2010年整体药材价格上涨，2011—2012年稳定在100元/千克左右,2013年10月至2014年初又上涨至150元/千克左右。

近25年价格变化详见表1-1-36。

表1-1-36　1990—2014年混等浙贝（大）市场价格走势表

（元/千克）

月份 年份	1	2	3	4	5	6	7	8	9	10	11	12
1990	10	10	10	10	10	11	11	11	11	11	12	12
1991	12	12	12	12	14	13	12	12	12	12	13	13
1992	13	14	14	16	16	16	14	14	14	15	16	15
1993	15	15	15	15	15	14	14	15	15	15	14	13
1994	13	12	11	11	11	11	11	12	12	12	13	13
1995	13	13	13	12	12	12.5	12.5	13	14	15.5	15.5	15
1996	15	15	15	14	14	13	13	13	14	14	14	14
1997	14	14	13	12	11	10	10	10	9.5	9.5	9.5	9.5
1998	9.8	9	8	8	8	9	9	9	10	10	11	12
1999	13	13	13.5	12	15.5	16	17	17	18	19	19	21
2000	24	25	37	35	35	46	49	58	72	85	60	50
2001	48	48	52	60	60	55	55	48	48	60	62	68
2002	83	85	105	110	140	115	120	130	105	110	155	150

（续）

月份 年份	1	2	3	4	5	6	7	8	9	10	11	12
2003	150	160	160	200	160	150	150	140	135	132	125	33
2004	115	110	31	108	78	52.5	56	53.5	46	40	40	40.5
2005	33	34	35	27	26	25	25	24	25.5	35	46	33
2006	37.5	36	38	33	33	34	34	33	34.5	35	33	38
2007	34	35	29	38	38	40	40	40	40	40	38	17
2008	28.5	29	17	31.5	31	31	29	28	26	23	20	36
2009	18	18	28	17.5	18.5	19	19	22.5	21	21	31	60
2010	28	28	57	36	43	48	50	48	48	50	60	73
2011	56.5	52	93	80	100	96	91.5	91	89	75	70	98
2012	73	82	105	99	95	94	88	88	88	90	90	150
2013	98	100	100	102	100	90	91	90	95	135	150	150
2014	140											

（三十六）条叶龙胆

1. 概述　条叶龙胆（*Gentiana manshurica* Kitag.），又名东北龙胆，为龙胆科多年生草本植物，以根及根茎入药。主要含龙胆苦甙成分，含量为 9% 左右。有泻肝胆实火、除下焦湿热、健胃的功能。主产于江苏、浙江、东北等地。条叶龙胆草喜温凉湿润的气候，忌强烈阳光照射，喜含腐殖质丰富的砂质壤土（图 1-1-36）。

图 1-1-36　条叶龙胆

2. 栽培技术

（1）繁殖方法

①种子繁殖。条叶龙胆种子细小，千粒重约 24 毫克，萌发

要求较高的温湿环境和光照条件。25℃左右 7 天开始萌发。幼苗期生长缓慢,喜弱光,忌强光。生产上种子繁殖保苗有一定的难度。一定要精耕细作,加强苗期管理,保持苗床湿润,用苇帘遮光。

②分根繁殖法。秋季挖出地下根及根茎部分,注意不要损伤冬芽,将根茎切成三节以上段,连同须根埋入土里,覆土,保持土壤湿润,第二年即可长成新株。

③扦插繁殖。花芽分化前剪取成年植株枝条,每 3 节为一插穗,剪除下部叶片,插于事先准备好的扦插苗床上,立即浇水,土温 18～28℃,约 3 周可生根,成活率可达 80% 左右。

(2) 田间管理 龙胆幼苗生长缓慢,生长年限长。苗期应及时除草,春季干旱时应灌水,雨季注意排水。花期追肥,如不留种,8 月花蕾形成时应摘蕾,以增加根的产量。植株枯萎后,清除残茎,再在畦面上盖一层 3～5 厘米粪土,以保护越冬芽安全过冬。

条叶龙胆常见病虫害有褐斑病、斑枯病、花蕾蝇等,用常规方法防治即可。

3. 采收加工 条叶龙胆于种植 3 年后开始采收。采收季节以秋季或春季为好。用叉子或铁锹依次挖起,龙胆根系长而脆,挖时易折断。3 年生以上植株每平方米可收鲜根 2.5 千克左右。挖出的鲜根洗去泥土,必须阴干,至七成干时将根条顺直,捆成小把,再阴至全干。

4. 市场分析与营销 条叶龙胆具有泻肝胆实火、健胃、除下焦湿热的功效。1990—2006 年龙胆草一直在 30 元/千克上下徘徊,只有 2004 年在 20 元/千克左右稍低。2007 年的龙胆草价格上升较快,达到 60 元/千克。2007 至今,一直在 50～70 元/千克之间高位。北龙胆草主产东北,年产量在 500～700 吨。辽宁省清原县是北龙胆产销大县,又是东北三省北龙胆人工栽培主要产地之一,也是全国规模化最大的北龙胆草产业基地,2010年 300～400 吨(比往年减少约 100 吨)。总产量占到东北三省总产量的 70％～80％左右。

北龙胆草在管理上属于比较费工的药材，用工成本高，生长周期在 2～3 年，亩产量平均在 250 千克左右，成本投入较大，在 50 元/千克左右，目前市场销售价格接近生产成本价。但是，产自云南等地的南龙胆草含量也已符合 2010 年版药典标准。南龙胆草的市场价格目前在 40 元/千克左右，所以，北龙胆草价格以后还有下降空间。

近 25 年北龙胆草的价格变化详见表 1-1-37。

表 1-1-37　1990—2014 年混等龙胆草（北）市场价格走势表

（元/千克）

年份＼月份	1	2	3	4	5	6	7	8	9	10	11	12
1990	28	28	28	28	28	28	28	28	28	28	28	28
1991	28	28	28	28	26	27	28	28	28	28	28	28
1992	28	28	28	28	29	29	28	31.5	31.5	31.5	31.5	31.5
1993	31.5	31.5	31.5	31.5	32	32	32	32	32	32	32	32
1994	32	32	32	32	32	32	29.5	29.5	29.5	27.5	31.5	31
1995	29.5	29.5	29.5	29.5	29.5	29.5	29.5	29.5	29.5	29.5	29.5	30.5
1996	30.5	30.5	33.5	33.5	33.5	33.5	33.5	33.5	33.5	33.5	33.5	33.5
1997	33.5	33.5	33.5	33.5	30	30	30	30	30	30	30	30
1998	30	30	30	30	30	30	30	30	30	30	30	30
1999	30	30	30	30	30	30	30	30	30	30	30	32
2000	32	35.5	35.5	35.5	35.5	35.5	35.5	35.5	35.5	35.5	35.5	35.5
2001	35.5	35.5	35.5	37.5	40	40	40	40	35.5	35.5	35.5	35.5
2002	35.5	35.5	35.5	31.5	31.5	29.5	29.5	29.5	27.5	27.5	24	24
2003	24	30	45	60	45	30	30	28.5	15	24	22.5	22.5
2004	21	21	20.5	19.5	18.5	17	17	17	17	17	17	18
2005	19.5	21.5	22.5	23	24.5	24.5	25	25	25	35	36.5	37.5
2006	37.5	36.5	36	36	36	35.5	35.5	40	41.5	45	46	45
2007	46	46	46	55	60	60	60	60	60	68	68	68
2008	75	75	75	75	75	75	75	73	73	73	73	53
2009	48	50	40	43	43	45	45	45	45	50	50	50
2010	50	50	50	55	55	60	60	55	55	55	55	55
2011	55	55	57	56	60	55	55	60	65	62	63	56

年份 \ 月份	1	2	3	4	5	6	7	8	9	10	11	12
2012	54	54	54	57	55	55	55	55	55	55	55	55
2013	56	57	57	57	57	30	30	30	30	35	35	50
2014	50											

（三十七）南沙参

1. 概述　南沙参〔*Adenophora tetraphylla*（Thunb.）Fisch.〕为桔梗科沙参属植物，又名轮叶沙参、回叶菜，性微寒、味甘，具有润肺化痰止咳的功效。南沙参原野生于山坡及岩石缝隙中，比较耐旱，对土壤要求不严，一般土壤均能生长，但以排水良好、疏松肥沃的土壤生长较好，盐碱地和低洼地不宜种植，主产于安徽、江苏、贵州等省，华北地区也有栽培（图1-1-37）。

2. 栽培技术

（1）选地整地　选择排水良好、肥沃的砂质壤土种植。选好地后要深翻、施足基肥，耙平做畦。

（2）播种　南沙参用种子繁殖，春播、秋播均可。春播清明前后播种。行距25厘米，开沟深3厘米左右，将种子均匀撒入沟内，覆土，用脚踏实、浇水即可。15天左右出苗。

（3）田间管理　出苗后要及时除草松土，苗高10厘米左右要间苗补苗，保持株距10厘米左右。除草后要及时追肥，每667米² 可用尿素15千克，结合施用一些农家肥。多雨季节要及时排水，防止烂根，蚜虫发生季节要尽早防治，春季易发生地老虎、蝼蛄，可用诱杀办法诱杀，以免减产。

3. 采收加工　一般种植2年后可收获，有些地方种植1年也可收获。秋季当地上茎叶干枯时挖出，洗净泥土，用沸水烫一下，然后剥去外皮，晒干即为成品。每667米² 产混等干货150

千克左右。外形与北沙参相似，但比北沙参根要小，外皮粗黄，也有充当北沙参入药的，购选时注意鉴别。

4. 市场分析与营销 南沙参具有润肺止咳的功效，外形比北沙参小，有时可充当北沙参入药。据统计，我国南沙参全国年用量在1 800吨左右。家种很少，每年只有 150 吨的产量，基本上是野生品供应市场。2012 年甘肃产区南沙参产量在 600 吨左右，贵州产区产量为 550吨左右，河南产区产量大概为 180 吨左右，河北产区产量为 280 吨左右，还有湖北、山东和东北产区产量共 200

图 1-1-37 南沙参
1、2. 植株全形 3. 花

吨，其余地区产量很少，不到 100 吨，因此 2012 年全国该品产量在 2 000 吨上下，这个产量已是历年最低，相对上年减产 3 成左右。

20 世纪 90 年代初，南沙参价格相对较高，导致了种植的热潮，致使 1993—1994 年价格跌到每千克 2～3 元左右，1997—1998 年价格反弹到每千克 14～15 元左右，此后南沙参价格相对稳定在每千克 5～9 元，从 2002 年到 2011 年下半年，南沙参（未撞皮统）市场大趋势是一波大的上涨行情。2003 年后受"非典"的影响，其价格短期内升幅加大但又迅速回落。2003—2005年产量逐年递增。在 2005 年春季产新后价格大幅下跌，又回落到每千克 10 元以下。2007 年年底至 2008 年年初，价格又出现上涨，后受国际金融危机影响，价格有所回调。2009 年受"甲流"影响，上涨行情再度重演，价格一路上扬，到达每千克 23 元的高价。2010 年受到药市大环境刺激，80％以上的药材价格飙升，南沙参也不例外，2013 年下半年，价格到达每千克 55 元的最高位。

随着价格逐年上涨，农户采挖积极性被调动起来，南沙参不能机械化大面积采挖，基本靠手工采挖，因此价格成为制约农户采挖积极性的重要因素。10 年前，南沙参资源相对集中丰富，一个青壮年劳动力一天能挖 50～75 千克鲜货，鲜货按每千克 1 元出售，一天收入为 50～75 元，农户外出务工一天工资不到 40 元，农户采挖南沙参的收入高于外出务工收入，因此愿意采挖。但是近年来，南沙参资源萎缩，分布零散，一般每天每人能采挖 10 千克左右的鲜货，甘肃产地收购鲜货价格为 5 元/千克，一天收入 50 元左右。甘肃等西部地区人工成本也涨到每天 80～100 元，远低于外出务工工资，农村青壮年劳动力大多愿意外出打工，留守的只有老弱妇孺，采挖量大受影响。全国最大的两个产区是甘肃和贵州，贵州统货质量好于甘肃统货，每千克南沙参的价格也相对比甘肃货高出 2～4 元。

目前南沙参价格处于相对高位，价格继续上涨不现实，短期内价格出现小幅回调，市场在一段时间内都将以消化库存为主。近几年南沙参市价格升高，种植的效益相对其他品种来说，成本少，效益比较可观。

南沙参 25 年市价详情见表 1-1-38。

表 1-1-38　1990—2014 年混等南沙参市场价格走势表

（元/千克）

年份＼月份	1	2	3	4	5	6	7	8	9	10	11	12
1990	7.5	7.5	7.5	8	8	8	8.5	8.5	8.5	7.5	7.5	8
1991	8	8.5	9.5	10.5	11.5	11.5	11	10	11	11	11	11

（续）

月份\年份	1	2	3	4	5	6	7	8	9	10	11	12
1992	11	11	12	12	12	12	12	11	11	7	7	6.5
1993	6.5	6.5	6	6	5	4.5	4	4	3	2.5	2.5	3
1994	2.5	2.5	2.5	2.5	2.5	2.5	2.5	2.5	2.5	4.5	6.5	8
1995	7.5	8	8.5	8.5	7.8	7.5	8	8.5	8.5	8.5	9	10
1996	11.5	11.5	12	13	14	14	13.5	14	13.5	14	14	14.5
1997	13.5	14	14.5	14.5	14.5	14.5	14.5	15	12.5	11.5	11.5	12
1998	12	12	13	14	14.5	15	15.5	8	8	8	8	8
1999	7.5	7.5	7	6.3	6.5	6.4	7	7.5	5.9	4.5	4	4
2000	3.8	3.8	3.8	3.8	4	4	4	3.8	4	4.5	5	6.5
2001	6	5.5	5	4.5	3.5	3.5	4	4.3	4.2	4	3.5	4
2002	4.5	4.8	5	5.1	5	4.5	4.5	4.5	4.5	4.5	4.5	4.5
2003	4.5	5	7.5	10	7.5	5	5	5.5	5.2	6	7.5	7
2004	7.5	8	8.3	9	9.5	9.8	9.8	9.8	9.8	9.8	10.2	10.8
2005	12.5	14	15	17	17.5	15.5	15.5	14.5	13.5	13.5	13.5	15.5
2006	15.5	15.5	16	16	16.5	16	15.5	15	15	15.5	15.5	15.5
2007	13	14	15	14	15	15	15	15	15	15	15	16
2008	10	10	10	10	10	11	11	11	12	12	12	12
2009	12	12	12	18	18	18	18	18	18	18	18	18
2010	18	25	25	25	25	25	26	26	26	30	30	30
2011	30	30	30	30	31	31	31	31	31	31	31	31
2012	25	26	30	30	30	30	30	30	30	30	30	30
2013	30	30	30	35	45	45	45	45	55	55	50	50
2014	50											

（三十八）当归

1. 概述　当归（*Angelica sinensis* Diels）别名秦归、干归、云归，为伞形科 2～3 年生草本植物，产于甘肃、陕西、青海、四川、湖南、湖北、云南等地，以根入药，有补血和血、调经止痛、润燥滑肠的作用。当归喜高寒、冷凉、湿润气候，不耐干旱、高温和烈日照射，在富含腐殖质的壤土或生荒地种植较好，忌连作（图 1-1-38）。

2. 栽培技术 当归用种子育苗移栽繁殖。在海拔较低的地区（1 500～1 800米）也有秋季直播第二年秋收或春季直播当年收获的，但产量、质量较低。控制当归抽薹是当归栽培的关键技术措施。

育苗地选择阴凉湿润的阴山或二阴山，保水但不积水的低洼地、小盆地，但不选干燥的过风梁。土质要求疏松肥沃、没有石块的大黑土或黑油

图 1-1-38　当　归

砂，一般都选生荒地育苗。在平整好的地块上做1米宽的高畦，6月中下旬趁湿将种子均匀撒在畦面上，覆土埋严，脚踩一遍，再用铁耙搂平。为了保墒，在畦面上盖约3厘米厚的柴草。苗出齐以后，过密的地方要间苗。寒露前后将苗挖出，贮藏在阴凉干燥的地方。第二年春天解冻后，整地穴栽。移栽在清明至谷雨期间进行。移栽时，随耕随耙平，随即开穴栽苗。一般穴深16.5厘米，行距23～33厘米，穴距20～23厘米，呈三角形挖穴。每穴栽苗3株，覆土2～3厘米厚。栽后的幼苗，一般要锄3～4遍。如发现抽薹的植株，随即拔除，同时结合追施油质肥料。

当归易发生麻口病，可用多菌灵1 000倍液喷洒或移栽时浸根。发生褐斑病后，立即剪除病叶，再喷1 000倍的甲基托布津液防治。控制当归麻口病的最佳办法是倒茬换地，对土地进行消毒。

3. 采收加工 10月上旬在当归叶发黄时，割去地上部，使太阳晒到地面，促使根部成熟。10月下旬挖当归。当归收挖后，及时抖净湿土，挑出病烂根，掰去残留的叶柄，待水分稍蒸发后，扎成0.5～1千克重的扁平把子，放在干燥通风的室内或特

制的熏棚内。熏棚架高 1.3～1.7 米，上面铺竹条，将当归把子平放与立放相间铺在上面，厚 30～50 厘米，用豆秆、湿白杨、柳木等作燃料，用水喷湿生火燃烟，使当归上色，至当归表面呈赤红色，再用煤火或柴火熏 10 天左右，接着翻棚，翻棚后用急火熏 2 天，再用文火熏干。当归栽培 2 年每 667 米^2 可产混等干货 250 千克左右。

4. 市场分析与营销　当归已有 2000 多年的用药历史，主治妇科疾病，是妇科的良药。畅销国内外，是药食两用的大宗药材。据 2004 年数据，甘肃当归种植面积在 13 万～16 万亩，产量 1.6 万～2 万吨，占全国的 95%，其他只有云南丽江和四川南坪等有少量种植。据估计，年用量在 1.6 万～1.8 万吨，其中当归片等食用以及调味滋补用量大约在 6 000～8 000 吨。

1990—1997 年，药农收货后急于用钱，马上出售，药商控制价格。1998 年以后产销基本平稳，到 2004 年 7 年间，货源在药农和小商贩手中，全年分期出售，药厂直接在产地收获，每千克 7～8 元左右，产量稳定，没有发生大起大落，但 2007 年 5～7 月暴涨至 70 元/千克，12 月份回落到 30 元/千克，到 2009 年又回落至 10 元左右。2010 年随药价整体上涨至 20 元/千克以上，2012—2013 年升到 20～30 元/千克，2013 年下半年至今，在 50 元/千克左右。主产区可以搞好规划，适度规模化发展。

其近 25 年市场价格变化详见表 1-1-39。

表 1-1-39　1990—2014 年混等当归（草把）市场价格走势表

（元/千克）

年份＼月份	1	2	3	4	5	6	7	8	9	10	11	12
1990	3	3	3	2.5	3	3.5	3	3	3	3	3	3
1991	3	3	3	3	3.2	3.2	4	3.5	3.5	3.5	4	4
1992	5	5	7	7	8.5	9	9	9	8	8	6.5	7
1993	7	7	9	9	9	9	8.5	8	8	8	8	6
1994	7.5	7	7	6	6	6	5	5	5	5	5.8	7.5

（续）

月份\年份	1	2	3	4	5	6	7	8	9	10	11	12
1995	6.5	6.5	7.5	7.5	7	7	7.2	8	9	8.5	8.5	7.5
1996	7.5	7.5	7.5	6.5	6.5	6.5	6.5	6.5	6.5	6.5	6	6
1997	6	6	7	7	6	6.5	6.5	6.5	7	7	7	7
1998	8.5	9.5	11	11	11	8.5	8.5	8	8.5	8.5	8.5	8
1999	8.5	8.5	8.5	8.5	7.5	7	6	5	6	6	6	6
2000	6.5	6.5	6.5	6.5	6.5	6.5	6.5	6.5	6.5	6	5.5	5.5
2001	4.8	4	6.5	6	5	6	6.8	5.8	4	6	6.5	5.5
2002	5	6	4.8	4.5	5	6	6.5	6	5.5	6	5.5	6
2003	6	6	8	12	8	7	7	7.3	7.5	8	8	8.4
2004	8.1	8	7.6	7	6.8	6.3	6.9	6.5	6.2	6.2	6.8	6.8
2005	7	7.6	7.7	7.7	8.4	8.4	10.2	12	14	13.2	13.5	13.5
2006	13.5	13.5	13.5	12	11.5	11.5	10	10	13.5	13.5	16.5	16.5
2007	28	30	35	50	70	77	70	50	50	45	45	35
2008	33	33	33	28	23	23	23	23	25	23	20	17
2009	16	16	12	11	10	9	9	8	7.5	7.5	12	12.5
2010	11.5	11.5	12	17	16	15	15	22	27	27	28	28
2011	26	26	30	27.5	27	26.5	27.5	26	21	16	16.5	28
2012	18	18	21	19	18.5	18.5	18	18	18.5	18.5	25	28
2013	32	37	39	40	45	45	45	48	52	52	52	52
2014	52											

（三十九）射干

1. 概述 射干［*Belamcanda chinensis*（L.）DC.］又名蝴蝶花、乌蒲、凤翼、野萱花，为鸢尾科植物，以根状茎入药，有清热解毒、降气祛痰、散血消肿的作用，近年来用来抗流感。分布于湖北、河南、江苏、安徽、湖南、陕西、浙江等省。射干喜温暖，耐干旱，耐寒，对土壤要求不严，但以肥沃、疏松、地势较高、排水良好的砂质壤土为好（图 1-1-39）。

2. 栽培技术 射干可用种子和根状茎繁殖。

(1) 种子繁殖 播种方法分育苗和直播。

①育苗。育苗地施基肥后，整平做畦。播种期分春秋两季，春季 3 月下旬将种子撒入畦内，覆土 2～3 厘米，镇压、灌水，2 周左右可出苗，播种量每 667 米² 育苗地 10 千克；秋播于地冻前进行，方法同上，次年春 4 月初出苗，管理简便，灌水 2～3 次，有草拔去，不用其他管理。

②直播，整地施肥后按垄距 50～67 厘米做 23 厘米左右高垄，在垄中间开沟，将种子均匀撒入沟内，盖土 2～3 厘米，压紧、灌水，播种量每 667 米² 4～5 千克，苗高 5～7 厘米时按行株距 20～25 厘米定苗。

图 1-1-39　射　干
1. 全株　2. 果实

定植在育苗的当年 6 月初进行，苗高 20 厘米许，定植到大田，行株距 25～30 厘米×10～15 厘米，而后灌水，成活率可达 90％以上。

(2) 根状茎繁殖　将苗刨出，按其自然生长形状劈开，每个根状茎需带有根芽 2～3 个，栽时芽向上，如根芽已呈绿色，须露出土面，根茎芽短而白时可埋入土中，行株距同前述，开沟深 10～15 厘米，须根过长可剪留 10 厘米许，便于栽种，将周围的土压紧。春季应除草和松土，6 月封垄后不再松土除草。北方栽植第二年早春于行间开沟施入圈肥每 667 米² 1 000 千克或人粪尿 1 500 千克加磷酸二铵 15～25 千克作追肥，在南方习惯用人粪尿、草木灰等作追肥，加施磷肥可促进根部生长，提高产量。

射干虽喜干旱，但在出苗期和定植期需灌水保持田间湿润，幼苗达 10 厘米以上时可少灌水或不灌水，雨季特别注意排水，田间积水烂根严重，故以高垄种植为宜，在北方冬季应灌冻水，种子繁殖的射干次年开花结果，根状茎繁殖的当年开花结果，在不留种的地块于抽薹时摘花茎2～3次，以利根状茎生长。

3. 采收加工 栽种后2～3年即可收获，北方在10～11月上旬地冻前，地上部分枯萎后，去掉叶柄，将根刨出，洗净泥土，晒干。过去只习惯使用根状茎，晒至半干时，放在铁丝筛内吊起，用火烧掉须毛，再晒至全干。产量可达到每667米^{2}200千克。现在根也作药用。

4. 市场分析与营销 射干为常用中药材，具有清热解毒中药，有清热解毒、祛痰止咳、活血化瘀的功效。现代药理证明，射干还有降血压和抗肿瘤的作用。2011年有资料显示祁射干的年用量约300吨左右。随着新特药的开发，用量将望增加。

20世纪70年代末开始由野生变有种，野生射干分布较广，东北、华北及湖南、江西、云南、贵州、四川等地皆有产出。90年代中期野生品逐渐退出市场，家种品占了主导地位。射干家种产区逐渐形成河北安国、湖南廉桥、四川成都3个主产区，其他湖北、安徽也有种植。现市场射干多为湖南和河北安国两地所产。湖南货质量不及安国货，价位较低，近年产量已少，存量已小。河北安国产的祁射干质量好，被公认为道地药材。

1994年射干价仅有8元上下，种植减少，价格开始缓升，1997—1998年价格涨至35～40元/千克的高价，种植恢复。1999年新货上市，产量大增，价猛降至20多元/千克。到2000年春价格又回落至7～8元/千克的低谷。在2005—2009年进入了持续上升期，稳定在20～30元/千克之间，2011年超过40元/千克，2012—1013年超过60元/千克，2014年年初上到70元/千克的高位。

射干一般需经一年育苗，一亩射干苗可倒栽3亩，秋季或第二年春季倒栽，一般以春季倒栽为主。当年秋天采挖，亩产100～150千克。以现在价格50元/千克计算，亩毛收入为

5 000～7 500元/千克。射干为密植品种，如栽秧种植，以去年秧苗价5元/千克计，亩秧苗投入约1 000～1 200元，加上化肥、农药、人工费等，亩效益3 000元左右。而近年白术、防风、南星等亩产值达万元以上，射干效益相对较低，人们种植积极性仍不高，短期看价格没有大的下降空间。

其25年市价详见表1-1-40。

表1-1-40 1990—2014年混等射干（河北）市场价格走势表

（元/千克）

月份 年份	1	2	3	4	5	6	7	8	9	10	11	12
1990	7	6	5.5	6	7.5	8	7	6	6.5	6.5	5.5	6
1991	6	6	7	8	7	8	7	7.5	8.5	9	8	8.5
1992	9	9	9	9	9	10	9	8	9	8	8	7
1993	7	7	7	7	8	8	7.5	7.5	8	8	7	8
1994	8	8.5	7	7.5	8.5	9	8.5	9	8.5	9	8	10
1995	10	11	12	11	12	12.5	13	12	11	12.5	12	16
1996	12	13	13.5	13	13.5	14	16	18	20	25	30	32
1997	25	26	26.5	27	29	30	35	37	38.5	36	37	40
1998	32	34	32	33	36	39	37	42	30	27	22	28
1999	27	27	25	20	24	21	18	16	15	13	13	10
2000	8.5	6	7	8.5	8.5	9	10	11	7	7.5	7.5	9
2001	10	11.5	10	8	9	11.5	12	11	10	12	12	10
2002	6.5	7	6.5	6	7	8	9	11	8	6.5	6.5	7
2003	7	10	12	15	12	8	8	8.3	8.5	8.5	9	9
2004	9	10.5	10.5	10.8	10.8	10	10	11	11	11	11	11
2005	11.5	12.5	12.5	13	12.5	14	13.5	14	14	16	18.5	18.5
2006	18.5	18.5	18.5	19	19	18.5	18	18	20.5	20.5	23	23
2007	23	23	24	25	25	30	28	28	28	28	30	30
2008	24.9	24.9	25	25	25.3	25.5	26	26	26	26	26	23
2009	17	17	23	23	22	20	20	20	20	22	22	22
2010	23	25	27	30	38	38	32	32	32	32	32	30
2011	29	29	32	32	33	36	36	42	44	42	40	38
2012	38	44	46	45	45	44	45	55	58	58	60	58
2013	58	58	58	58	57	65	65	65	65	65	65	55
2014	70											

(四十) 姜黄

1. 概述 姜黄（*Dioscorea zingberensis* C. H. Wright）学名盾叶薯蓣，又名火藤根、地黄根、鸡头根、野洋姜等，为薯蓣科薯蓣属多年生草质藤本植物。以根状茎入药，具有解毒消肿的功效。姜黄喜温和气候，不耐寒，怕阴暗潮湿环境。姜黄野生于长江中下游及云南、贵州等地的温暖山坡林下，是我国特有种，主产于湖北、河南、陕西、湖南、云南等省（图 1-1-40）。

2. 栽培技术

(1) 选地整地 姜黄对土壤要求不严格，砂土、壤土、黏土

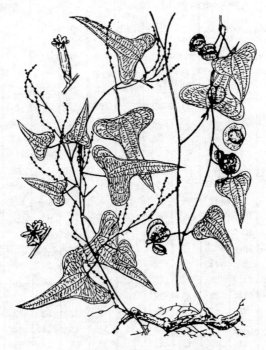

图 1-1-40　盾叶薯蓣（姜黄）

均可种植，在地势高燥、土层深厚、疏松、排水良好、富含腐殖质的壤土栽培为好，低洼地、土地瘠薄的地块不宜种植。

土地应深翻、耙细、整平，结合整地施足基肥，以施农家肥为主。做成高 15 厘米、宽 30～100 厘米的垄。

（2）繁殖方法　姜黄分根状茎无性繁殖和种子繁殖两种，多采用根状茎无性繁殖。

①根状茎无性繁殖。在每年秋季 11 月至次年春季 4 月上旬均可进行。选择 1 年生姜黄中色泽新鲜、粗壮、生活力强、无冻害、无病害的根状茎，截取离母株较远的新鲜部分，每段 4～5 厘米长作繁殖材料。在整好的垄上，按行距 33～40 厘米、株距 25 厘米、深 7～8 厘米穴栽，浇水后覆土，多采用平栽。

②种子繁殖。采用春播方式，在 4 月上旬进行。播种深度在 3 厘米左右，盖细肥土，上面铺稻草等保湿，约 20 天出苗。由于种子繁殖产量低，生产上很少采用。

（3）中耕除草　当地温达到 12℃以上时，种姜迅速发芽生长，这时，应勤除草，可采用化学除草。中耕时应浅耕，不可损伤种姜和幼苗。

（4）搭架　姜黄为藤本植物，在苗长 30 厘米左右时搭架。选用细竹竿、树枝、荆条等，在两穴之间插一架杆，供其攀援。为增加稳定性，每 3～4 个架杆的上部可绑在一起，形成三角架、四角架。搭架是减少荫蔽、增强通风透光、提高产量的有效办法。

（5）追肥　适时追肥，是获得高产的前提。在 7～8 月追肥，每 667 米² 施尿素 5～30 千克，加磷酸二铵 3～5 千克。选择阴雨天，在距姜黄根部 10 厘米或两株间穴施。在生长后期，可施叶面肥，以磷、钾液肥为主。

（6）排灌水　姜黄耐旱怕涝，可适量浇水。若遇大雨，应及时排水，防止烂根。

（7）病虫害防治　姜黄病虫害较少，主要受褐斑病危害严重。防治方法：

①不选择低洼地、易涝地种植，忌连作。

②雨季及时排水，高温季节增强通风。

③发病初，选 50％甲基托布津 800 倍液，或 75％的百菌清 500 倍液等喷雾，每隔 7～10 天一次，连续 3～4 次。

3. 采收加工　作种姜黄应 1 年采挖，作商品姜黄 2～3 年采收。多在降霜以后，茎叶干枯，地下根状茎处于休眠状态时采挖。采挖时，应挖净，不要遗漏，同时避免破伤。采收后，抖去泥土，可作鲜品出售。也可装袋贮存，或者切成厚 3～5 毫米的姜黄片，晒干或烘干，以利贮运。姜黄 2 年采挖每 667 米^2 可产混等干货 250 千克左右。

4. 市场分析与营销　姜黄在药典中早有记载，主治阑尾炎、软组织损伤等症，但在中医外科中很少使用。直到 20 世纪 40 年代，人们发现姜黄中姜黄素含量很高，使姜黄身价倍增，成为一种重要的工业原料，成为甾体激素类药物的初级原料。姜黄素的原料主要是姜黄，因此，姜黄素的市场波动基本唯姜黄收获情况是瞻。20 世纪 80 年代以来，世界甾体激素药物总产量及销售量年增长率为 14％～15％。近年来，美国基本完成食品增补剂姜黄素对年龄老化引起认知能力下降的作用，以及姜黄素具有抗氧化作用的研究。日本研究利用姜黄素水溶性优势，使得姜黄素未来在化妆品以及功能性产品领域的应用得到扩展。随着国际科研机构及生产企业对姜黄素的关注及开发明显提高，使得姜黄栽培业有了更大的发展空间。

姜黄国内主产在四川、云南等地。云南地区的姜黄以野生为主，四川地区主要以栽培种植为主。国外以印度、缅甸为主。由于国内姜黄姜黄素含量低，在提取高含量姜黄素方面成本较高，企业利润空间狭窄。2010 年 11 月，90％姜黄素的市场价格在 1 200 元/千克左右。印度、缅甸的姜黄价格远比国内姜黄便宜，且含量高于国内姜黄，国内姜黄素生产企业可能仍然多从境外购入。这些因素也导致了国内姜黄的需求态势不强劲，不过国内姜黄可作为提取低规格姜黄素满足国内外其他类型的客户需求。

姜黄的价格呈现稳步上升的趋势，从 1990 年的每千克 2 元，攀升至 2010—2011 年的每千克 20～30 元，这是因为，2010 年印度和缅甸姜黄主产区遭遇了社会变故以及恶劣气候，使得姜黄的收获及运输受到影响，造成姜黄原料的紧缺。同时，种植姜黄的我国西南地区，严重干旱，也产量不足、质量不佳，由此导致姜黄价格一路攀升。2011 年，四川产区虽然加大了姜黄的种植面积，但由于前期天气干旱，姜黄生长受到一定影响，产量大约下降 30％左右。2012—2013 年稳定在每千克 20 元左右，目前每千克 17 元。

姜黄近 25 年价格变化详见表 1-1-41。

表 1-1-41　1990—2014 年混等姜黄市场价格走势表

（元/千克）

年份＼月份	1	2	3	4	5	6	7	8	9	10	11	12
1990	1.5	1.5	1.5	1.6	1.6	1.6	1.7	1.7	1.8	1.9	1.8	1.8
1991	1.8	1.8	1.9	1.8	1.8	1.8	1.9	1.9	1.9	1.9	1.8	1.8
1992	2	2.2	2.2	2.2	2.2	2.0	1.6	1.6	1.6	1.6	1.6	1.6
1993	1.6	1.6	1.6	1.8	1.8	1.8	1.8	1.8	1.8	2.0	2.2	2.2
1994	2.2	2.2	2.4	2.4	2.4	2.4	2.5	2.7	2.7	2.7	3	3.2
1995	3.2	3.2	3.7	4.2	4.2	4.2	4.2	3.8	4.3	4.3	4.0	3.8
1996	3.8	3.8	3.8	4.2	3.9	3.9	3.9	4.0	4.2	4.2	4.2	4.2
1997	4.2	4.2	4.2	4.2	4.0	3.9	3.8	3.4	3.2	3.2	3.3	3.3
1998	4.0	4.3	4.3	4.2	4.2	4.2	4.2	4.2	4.0	4.4	4.4	4.4
1999	4.3	4.3	4.3	4.3	4.5	4.5	4.5	4.5	4.5	4.5	4.5	4.5
2000	4.5	4.5	4.5	4.5	4.7	4.7	4.7	4.7	4.7	5.2	5.2	5.2
2001	5.4	5.4	5.4	5.4	5.4	5.5	5.5	5.5	5.4	5.5	5.6	5.6
2002	5.6	5.7	5.7	5.7	6.0	6.2	6.2	6.2	6.2	6.2	6.4	6.4
2003	6	7	10	15	10	8	8	7.5	7.5	6.8	6.8	6.5
2004	6.5	6	6	5.8	5.8	5.8	6	6.2	6.2	6.2	7	7
2005	7	6.8	6.8	6.8	6.8	7	7	6.8	6.8	7	7.2	7.4
2006	7	7	7.3	7.3	7.4	7.4	7	6.8	6.8	6.5	6.5	6.5

（续）

月份 年份	1	2	3	4	5	6	7	8	9	10	11	12
2007	7	7	7	7	8	7	7	7	8	8	9	9
2008	6	6	6	6	6	6	6	6	6	6	6	6
2009	6.8	6.8	6.8	6.8	6.8	6.8	6.8	8	8	8	8	8
2010	8	8	8	8	20	20	20	24	20	35	35	
2011	35	35	25	25	31	27	27	27	26	25	25	19.5
2012	19.5	23	21	21	20	20	19	19	19	19	19	12
2013	12	17	17	17	17	17	17	17	17	17	17	17
2014	17											

（四十一）太子参

1. 概述　太子参［*Pseudostellaria heterophylla*（Miq.）Pax ex Pax et Hoffm.］为石竹科假繁缕属多年生草本植物，又名孩儿参、童参。以块根入药，有益气生津和补益脾胃的功效。太子参喜温和、湿润的气候，能耐寒，但怕高温、畏强光，在阴湿条件下长势好。要求种植在土质疏松、肥沃、富含腐殖质、排水良好的砂质壤土或轻壤土，而土壤贫瘠、过黏或排水不良及低洼之地不宜种植。主产辽宁、河北、江苏、山东、安徽等省（图1-1-41）。

2. 栽培技术

（1）繁殖　太子参繁殖采用种子与块根两种方式。以块根繁殖为主。

①种子繁殖。太子参果实成熟即散落，采收时机应把握好。采收后脱粒、砂藏。当年秋季或次年春天可播种。播种时按行距15～20厘米、深1厘米在苗床上开横沟，将催芽籽粒播入沟内，覆土1厘米左右，上盖杂草，浇水保湿。大约15天左右出苗。

②块根繁殖。为了遮阴，采用行间套种夏秋作物的方式。当

高温来临，太子参枯黄倒苗时，夏秋作物生长。秋季收获后栽种。可于 10 月下旬上冻前栽种。块根是 7 月初挖起的，选择顶芽健壮、完整肥大、整齐、无病虫害的块根作种栽。种栽晾干后，与 2～3 倍河砂混匀贮藏。栽种时，取出种栽，在畦面上按行距 12～15 厘米、深 8 厘米开横沟，按株距 6 厘米将芽头向上，同一方向斜摆入沟内，覆土，浇透水一次，畦面盖草保温、保湿。每 667 米² 需种栽 45 千克左右。

图 1 - 1 - 41　太子参

1. 全株　2. 茎顶部花　3. 茎下部花

(2) 田间管理　太子参幼苗期应勤除草、培土。齐苗后追肥一次，每 667 米² 施人畜粪尿 1 500 千克。到植株封行后，可停止除草。雨季应注意排水，太子参怕涝。但是当土壤干旱时，应适时浇水。

(3) 病害防治　太子参易受根腐病为害，严重时全根腐烂。防治方法：

①雨后注意排水。

②栽种前，块根用 25％多菌灵 200 倍液浸种 10 分钟，晾干后下种。

③发病初期，用 50％多菌灵 800～1 000 倍液，或 50％甲基托布津 1 000 倍液浇灌病株。

此外，太子参的病害还有叶斑病，可用波尔多液防治。

3. 采收加工　太子参采收在 7 月初进行，留种地除外。采挖时不可碰伤芽头，应保持形体完整。采收后，除茎叶，清洗参体，除去须根，晒干或晒至变软后，清洗，投入沸水锅内，烫 2～3 分钟，取出晒干即可。太子参栽培 2 年采挖一般每 667 米^2 可产 200 千克混等干货。

4. 市场分析与营销 太子参为补益类中药，有类似人参的功效，尤其适用于小儿夏季久热不退、饮食不振、肺虚咳嗽、心悸等虚弱之症以及小儿病后体弱无力、自汗、盗汗、口干等症。近年来，备受中医药界和保健品行业的青睐，致使使用量逐年增加，特别是保健饮料业的开发，使太子参价格飞涨，1998—1999 年出现了一个高价期，最高时每千克超过 100 元。由于高价位的刺激，太子参的栽培面积迅速扩大，导致价格下降，直到 2001 年每千克 10 元左右。2002 年下半年开始回升，到 2009 年一直保持在每千克 20 元左右。2009 年 11 月开始大涨至每千克 40 元以上，2010 年随中药材整体大涨突破每千克 285 元，2011 年突破每千克 380 元，之后刺激大面积种植，开始回落到 2012 年的每千克 200 元左右。2013—2014 年初降到每千克 40 元左右。

太子参主产区在安徽、福建、贵州三大产区。

据贵州中药材商会 2012 年实地调查，2012 年 10 月底贵州在地种植 15 万亩，采挖不到 6 万亩，多数留种（2013 年仅贵州省在地留种面积 8 万亩左右，按每亩平均 250 千克鲜品，可以种植 60 万亩，2013 年贵州太子参产新够全国用 3 年）。贵州产区 2011 年太子参不掉价反涨，加上农民工返乡潮，施秉县种植太子参一年出现 10 个千万富翁，40 个百万富翁，更加刺激种植太子参的高潮，仅施秉县当年就种植 5.6 万亩。

2012 年秋安徽产区在地种植 3 万多亩，有 1.5 万亩留种，福建种植 3 万多亩，也有一半在留种。

贵州中药材商会预计，全国 2013 年太子参种植可能突破 70 万亩，近期价格下降是必然的。但看准主产区种植生产情况，以及价格波动周期，太子参仍为致富的好品种。

表 1-1-42 为太子参 25 年的市场变化表，供参考。

表 1-1-42 1990—2014 年混等太子参市场价格走势表

(元/千克)

月份 年份	1	2	3	4	5	6	7	8	9	10	11	12
1990	60	60	65	65	65	55	45	40	40	36	44	45
1991	50	55	55	60	55	45	45	40	35	35	35	35
1992	30	28	25	15	13	16	12	9	8	8	7	6
1993	6	7	7	6.5	8	8	7.5	7.5	7	7	7	6.5
1994	6	6	6	6.5	7	7	7	7	7	7	9	17
1995	17	17	17	14.5	14.5	14	13	14	17	17	17	17
1996	19	19	19	20	20	20	20	20	20	20	22	24
1997	32	35	35	35	32	30	30	26	33	33	30	30
1998	30	32	38	40	40	40	45	48	54	54	56	67
1999	88	95	100	110	90	90	80	58	60	60	50	50
2000	40	40	38	36	28	25	20	21	21	19	17
2001	15	13	13	13	13	10	10	10	10	10	10	10
2002	10	10	10	10	10.5	12	12	15.5	17	17	19	19
2003	19	20	30	40	30	20	20	21.5	21	21	22	22
2004	22.5	21.3	21	20	18.8	16.3	15	13.7	13	13	12.3
2005	12	12.5	12.5	13	13	17	19.5	22.5	28	28	28
2006	26	24	24	25	24.5	23	22	27	27	27	25	25
2007	24	24	22	22	22	21	21	21	21	22	22
2008	20	21	22	23	22	21	20	21	20	20
2009	19	19	20	19	19.5	19.5	20	22	33	40	48
2010	54	45	47	66	63	78	140	185	235	235	260	285
2011	285	285	34	380	290	192	235	300	265	190	200	240
2012	240	225	215	195	180	200	210	210	200	190	170	165
2013	165	158	170	170	150	82	70	55	55	44	44	44
2014	41											

(四十二) 玄参

1. 概述 玄参（*Scrophularia ningpoensis* Hemsl.）别名元参、黑参，为玄参科多年生草本植物，以块根入药。有滋阴降火、解毒消肿的作用。主产于浙江省磐安、东阳、仙居、桐乡、缙云等地，长江流域各省及贵州、陕西、河北等地均有栽培。玄参喜温暖湿润环境，适宜在疏松肥沃的砂质土壤种植；黏土和排水不良的地块不宜种植，忌重茬（图 1-1-42）。

2. 栽培技术　玄参可用根芽和种子繁殖。

（1）**根芽繁殖**　收获玄参时，选无病健壮的根茎作繁殖材料。每个繁殖材料应具有粗壮、色白的芽，芽长 3～4 厘米。将带芽的根茎先在室内摊放 1～2 天，以免入坑后发热腐烂。挖坑时选高燥的地块，南方栽培坑深 35 厘米左右，北方 1.5 米左右，长宽视操作方便和种芽多少而定。坑底先铺一层稻草，再将种芽放入坑中，厚约 35 厘米，堆成馒头形，上面

图 1-1-42　玄　参

盖一层薄土和草，保湿防冻。贮藏期间经常检查，发现霉烂、发芽、发根要及时翻坑，将烂芽、变质芽拣出坑外。随着冬天变冷，要逐步加厚盖土和覆草。栽种期，南方以 12 月中下旬至翌年 1 月上中旬为好。栽时按行株距 35 厘米×35 厘米左右挖穴，深 8～10 厘米，每穴放带 2～3 个健壮子芽的根茎 1 块，使芽头向上。北京 4 月上旬栽种，垄距 60 厘米，在垄上按 30 厘米株距挖穴，每穴栽 1 个根茎，覆土 5 厘米左右，栽后浇水。

（2）**种子繁殖**　长江以南采用秋播，幼苗在田间越冬，翌年春天返青后适当追肥，加强田间管理，培植 1 年就可收获。北方 4 月份阳畦育苗，先在苗床浇透水，待水渗下后，撒播种子，用筛子筛细土将种子盖严，上盖稻草保湿并防止雨水冲坏幼苗，经常喷水、拔草。苗高 7 厘米左右可定植。

玄参苗出齐后，要经常进行中耕、除草、少量浇水。苗高 30 厘米左右追肥，顺行间开沟，每 667 米^2 施 50 千克左右饼肥。

如不需要种子，可在苗高 60 厘米时打去顶尖，剪掉花蕾，以集中养分长根。

玄参的主要病害是叶斑病，发病后，可用 1：1 000 甲基托布津液喷洒，并立即摘除病叶，或把整株拔去烧掉，以免传染。虫害主要是地老虎和红蜘蛛，地老虎发生后，可人工捕捉，也可拌毒饵诱杀。红蜘蛛多在 6 月天旱时发生，为害茎叶，可用三氯杀螨醇3 000倍液喷杀。

3. 采收加工 地上茎叶枯萎后应及时收获，采收过迟，影响块根的商品质量。收挖前割去地上枯黄的茎叶，刨出根茎和块根，将药用的块根摊放晒场翻晒，晚上盖好，避免霜冻造成根部空心，影响质量。大约经 4～6 天玄参块根呈半干状态时，修剪芦头和须根，然后堆积起来，经 4～5 天后再晒。如此反复堆晒，直至全黑为止。栽培 2 年后采收每 667 米^2 产量为 250 千克混等干货。

4. 市场分析与营销 玄参具有滋阴降火、凉血解毒、润燥生津、降压强心的功能，为常用大宗药材，全国年用量 5000 吨左右。

最新报道，玄参有抑制癌细胞的作用。以玄参为主要原料的中成药也有 100 余种，玄参也是出口药材之一。

市场商品药材主要来源于浙江、湖北、河南、四川、安徽、山东等地栽培品种。玄参春种秋收，周期短，管理简单，一旦好行情就刺激大量种植，行情因此震荡频繁。早在 20 世纪 90 年代初就出现产大于销的情况，造成 1991—1995 年全国玄参货滞价跌，连续徘徊在每千克 2～3 元，1996、1997 年价格有所回升到每千克 7～8 元，但随之价格又继续下跌。直至 2005 年，一直徘徊在每千克 4～5 元左右。经过几年的消化，存货逐渐减少，2006 年价格有所回升，达到每千克 8～10 元，药农仍心有余悸不敢盲目种植，2007 年维持在每千克 10 元左右。2008—2009 年种植扩大，又降为每千克 5 元左右。2010 年后随药材整体上涨每千克 10～15 元，目前仍为每千克 13 元左右。

其 25 年市场交易价详见表 1-1-43。

表 1-1-43　1990—2014 年混等玄参市场价格走势表

(元/千克)

月份 年份	1	2	3	4	5	6	7	8	9	10	11	12
1990	3.3	3.3	3.5	3.3	3.2	3.2	3.2	3.3	3.3	3.3	3.3	3.3
1991	3.2	3.2	3.2	3.2	2.8	2	2.3	2.3	2.3	2.3	2.3	2.3
1992	2.3	2.3	2.3	2.3	2.3	1.8	1.8	1.7	1.7	1.6	1.6	1.6
1993	1.8	1.8	1.8	1.8	1.85	1.8	1.8	1.8	1.8	1.7	1.7	1.7
1994	1.6	1.6	1.6	1.6	1.6	1.3	1.3	1.3	1.3	1.3	2.8	2.5
1995	3	3	3	2.8	2.8	2.9	3.2	3.2	3.2	3.2	3.8	4.3
1996	4.5	4.5	5	5	5	5	5	5	5	5	5.8	5.8
1997	6.5	6.5	7	8.8	8.5	8	8	7.6	7.8	7	6.8	6.5
1998	5.5	5.5	5.5	5.8	4.7	4.6	4.6	5	6.8	6.8	7.3	6.2
1999	6	5.5	5.5	5	5	4.7	4.7	4.5	4.5	4.5	4.5	4.5
2000	4	4.3	4	3.6	3.5	3.3	3.3	3.5	3.5	4	4.6	4.6
2001	4	4.2	3.8	3.5	3.5	3.5	3.8	3.7	3.5	3.4	3.6	3.8
2002	4.4	4.3	4.2	4.1	4.1	4.2	3.8	3.5	3.7	3.6	4.1	3.8
2003	4	4.5	4		5	4		4.5	5.2	5.2	5.2	
2004	5.5	5.5	5.5	5.8	5.8	5.8	5.1	5.5	5.5	5.1	4.8	5.1
2005	5.1	5.1	4.6	5.3	5.3	5.3	4.9	5.5	6.1	8	8	7.9
2006	7.5	7.5	8.2	8.5	8.5	8.5	8.9	10.7	12	11	10	10
2007	8	9	9	10	10	10	11	9	9	8	8	8
2008	9.2	8.7	8.2	7.7	7.4	7	6.9	4.5	4.2	4.2	4	3.9
2009	3.8	4	3.6	4.5	4.2	4.2	4.3	4.3	4.8	5	7	9
2010	9.5	8.5	8.5	9.5	10.5	9.5	10	10.2	12	10.5	11.7	12.3
2011	12	12	13	15	14.7	15	15	15	14.5	15	14	12.8
2012	12.2	13	13	12	11	11	11	11	11	11	11	11
2013	11	12.5	13	13	13	13	13	13	12.5	12.5	12.5	13.5
2014	12.5											

（四十三）紫菀

1. 概述　紫菀（*Aster tataricus* L. f.）别名小辫子，为菊科

多年生草本植物，分布于黑龙江、吉林、辽宁、内蒙古和河北、山西、陕西、甘肃、安徽等省、自治区，主产于河北省安国市及安徽省。喜温和湿润的气候，怕干旱，耐寒力强，在北方根能在土中越冬，对土壤要求不严，除盐碱及砂土地外均能种植，以肥沃的壤土产量高（图1-1-43）。

2. 栽培技术 紫菀用根状茎繁殖，春、秋两季栽植。春栽于4月上旬，秋栽于10月下旬进行，一般多采用秋栽，但寒冷的地区为防种苗冻死，春栽为宜。刨收时，选择粗壮、无病虫害的接近地面的根状茎做种栽，不采用带芦头的根状茎做种栽，因为易抽薹开花，种栽于秋栽时随刨随栽，若春栽需窖藏。栽前将选好的根状茎剪成7～10厘米的小

图1-1-43 紫 菀

段，每段有芽眼2～3个，按行距25厘米开7～10厘米深的浅沟，把剪好的种栽按株距7～10厘米平放沟内，每撮摆2～3根，盖土后轻轻镇压并浇水，每667米² 需用根状茎30～50千克，栽后2周左右出苗，齐苗前注意保墒保苗。

早春和初夏杂草较多，应勤除草，浅松土，以免伤根。6月份是叶片生长茂盛时期，需要大量的水分，也是北方旱季，应注意多灌水勤松土保持水分，7～8月间北方雨季，紫菀地中不能积水，应加强排水。9月雨季过后，正值根系发育期，需适当的灌水。紫菀开花后，影响根部生长，见有抽薹的，应立即剪除，勿用手扯，以免带动根部，影响生长。

3. 采收加工 10月下旬，叶片呈黄萎时收获，如土壤干燥

可稍浇水使土壤松软，便于刨挖，收时先割去茎叶，将根刨出，去净泥土，将根状茎取出做种栽用，其余的编成辫子晒干。紫菀1年采收产量一般为每 667 米^2 200 千克混等干货。

4. 市场分析与营销 紫菀年销量大约1 000～1 200吨。紫菀多为家种品，紫菀适产地域较广，市场需求则相对较稳定。2003年以前长期在 3～5 元/千克，种植效益与种植粮食作物相差无几，种植区域便一再萎缩，仅剩河北安国、安徽亳州两个主产区域，其他如河南、山西、山东等地种植均已不成规模。

2004、2005 年的高价刺激了紫菀产量陡增，导致价滑。2006—2009 年紫菀价低时，紫菀两大产区白术、防风、白芷、沙参价高，产区很少有人种植紫菀，紫菀连年减产，2007 年两地总产只有 500 吨上下。2010—2011 年价格上涨到 15～20元/千克之间，2013 年又降到 12 元/千克左右，目前为 12 元/千克。

其 25 年价格详见表 1-1-44。

表 1-1-44　1990—2014 年混等紫菀市场价格走势表

（元/千克）

月份 年份	1	2	3	4	5	6	7	8	9	10	11	12
1990	2.5	2.3	2.7	2.8	2.6	2.9	2.7	2.7	2.7	2.6	2.8	2.6
1991	2.7	3.5	3.5	3.5	3.7	3.7	4.3	4.7	4.7	4.7	4.7	3.7
1992	3.7	3.8	3.6	4.3	4.2	4.8	4.5	4	4	3	3	2.6
1993	2.2	2.3	1.8	2	1.9	1.5	1.6	1.7	1.7	1.3	1.4	1.8
1994	1.8	1.6	1.5	1.4	1.3	1.6	1.5	1.8	1.7	1.6	1.9	2
1995	2.7	2.6	3	3.2	2.8	2.6	2.5	2.4	3.2	3.1	3.3	3.2
1996						3.3	3.5	2.5	2	2.2	2.4
1997	3	3	3	3.2	3.5	3.5	3.5	3.5	3.5	3.5	3.5	3.5
1998	3.5	3.5	3.5	3.6	3.8	3.8	3.8	3.5	3.6	3.9	4.5	4.4
1999	4.3	4.5	4.5	4	4.8	4.8	4.8	4.6	4.8	4.9	4.6	4.6
2000	4.2	4.3	4.2	4.3	4.5	4.5	5	3.8	4.2	3.5	3.7
2001	2.3	2.6	2.2	2.5	3.2	3.6	4	3.4	3.5	2.8	2.6	3.5
2002	3.3	3.4	3.2	3.3	3.6	3.5	3.7	3.2	2.8	2.9	3.1	3.2

（续）

月份 年份	1	2	3	4	5	6	7	8	9	10	11	12
2003	3.2	3.5	4	6	4	3.5	3.5	4	4	4.2	4.5	4.5
2004	5	5	5.3	5.6	5.6	5.6	5.6	5.6	5.6	5.6	5.8	6.5
2005	7.2	9	9.7	9.8	10.1	10.1	10.2	10.4	10.4	10.4	11.2	11
2006	9	9	9	8.5	7.5	6.8	6	6	7	7	7	7
2007	5	5	6	6	5	5.5	6	6	7	7	7	7
2008	6.5	6.5	6.5	6.5	6.5	7	7	8	7.5	7.5	7.5	8
2009	7.5	7.5	7.5	7.5	7.5	7.5	7.5	7.5	7.5	7.5	7.5	10
2010	10	10	10	10	15.5	15.5	15.5	13	30	21	19.5	18.5
2011	18.5	19	19	19	21	20	20	19.5	19.5	19.5	17.5	15
2012	15	15	13	12	12	12	12	11	11	10	10	10
2013	10	10	10	10	10	10	10	10	10	12	12	12
2014	12											

（四十四）黄精

1. 概述　黄精（*Polygonatum sibiricum* Red.）别名鸡头黄精、鸡头参、黄花菜，为百合科植物，以根状茎入药，有补脾入肺、养阴生津的功效。分布在华北、华南等地。生于阴湿的山地灌木丛中及丛林边草中，耐寒，幼苗能在田间越冬，喜湿润，在干燥的地区生长不良，土壤以肥沃的砂质壤土或黏壤土生长较好，太黏或干旱的贫瘠的土地不宜栽种（图1-1-44）。

2. 栽培技术　黄精主要用根状茎繁殖，很少用

图1-1-44　黄　精
1. 果株　2. 花被　3. 根茎

种子繁殖，10 月上旬或 3 月下旬左右，将根状茎刨出，截成 2～3 节小段，伤口稍加晾干，栽到整好的畦内，按行距 20～25 厘米，开 7～10 厘米深的沟，将栽子按株距 7～10 厘米平放沟内，覆土 5～7 厘米，过 3～5 天后浇水一次，秋末栽植的，于上冻后盖一些牲畜粪或圈肥，以利保暖越冬。第二年化冻后，将粪块打碎、搂平，出苗前保持土壤湿润。

生长前期经常中耕除草，必要时可以顺行培土，后期拔草即可，干旱的地方要及时浇水，有条件的可施饼肥，每 667 米^2 50～75 千克，分两次施下，以后每年春天施圈肥每 667 米^2 1 000～1 500 千克。黄精的主要病害是黑斑病，防治方法为收获时清园，消灭病残体，发病前和发病初期开始喷 1：1 000 甲基托布津液或 50％多菌灵 1 000 倍液防治，每 7～10 天喷一次，连续喷数次。

3. 采收加工 根状茎繁殖 1～2 年刨收，于秋末、春初收获，刨出后去掉茎叶，抖净泥土，除去须根和烂痕，洗净，蒸 10～20 分钟，以透心为准。取出晾晒 7～10 天，边晒边揉至全干。黄精栽培 2～3 年每 667 米^2 产混等干货 150 千克左右。

4. 市场分析与营销 黄精具有补中益气，润心肺，强筋骨。主治虚损寒热，肺痨咳血，病后体虚食少，筋骨软弱，风湿疼痛，风癞癣疾。具有药食两用功效，也是保健食品的原料。在韩国，黄精也药食两用，大部分由中国进口。黄精野生为主，分布十分广泛，主要分布于我国湖北、湖南、安徽南部、云南、广西、山西、河北、四川以及缅甸等地。多年来产量丰富，故 2003 年以来价位较为平稳。

1990—1994 年在 4～8 元/千克之间；1995 年上升到 10 元/千克左右；1996—2002 年在 8～9 元/千克，2003 年后黄精市价升至 10 元/千克以上，2005—2007 年其价格上涨至 15 元/千克左右，2008 年上升到 20 元/千克，2010 年后持续上升到 25 元/千克，2011 年到 33 元/千克，2012 年稍降至 29 元/千克，2013 年又回升至 40 元/千克，目前 45 元/千克。

随着黄精价格走高，刺激了农户采收黄精的积极性，黄精的产量有了很大的提高，自然资源却急剧减少。种植黄精生长周期较长，根茎繁殖的要2～3年才能成为商品，黄精的生产遭到破坏，产量很难及时缓解货源短缺的现状，价格上涨是必然的。因此黄精的栽培有着很好的前景，是种植户较好的选择。

其25年市价详见表1-1-45。

表1-1-45　1990—2014年混等黄精市场价格走势表

（元/千克）

年份＼月份	1	2	3	4	5	6	7	8	9	10	11	12
1990	3.5	3.5	3.5	3.5	3.5	3.5	3.5	3.5	3.5	3.5	4	4
1991	4	4.1	4.3	4.3	4.3	4.3	4.3	4.3	4.3	4.3	4.3	4.3
1992	4	3.8	3.8	3.8	4	4	3.8	3.8	4	4	4.5	4.5
1993	5	5.5	5.5	5.5	6	6.5	6	6	6.5	6.5	7	7
1994	7	6.5	6.5	6.5	6.8	6.8	7.5	7.5	8	8.5	9	9.5
1995	10	10	10.5	11	10.5	11	11.2	11.5	11	11.5	11	11.5
1996	9	9	9.2	9.5	9	9	9.5	9.8	9.8	9.5	9.5	9.5
1997	8.5	8.5	8.5	8.6	8.3	8.5	9	9	9	8.8	8.5	8
1998	8	8	8	7.5	7.5	7.5	7.6	7.5	7.5	7.5	7.5	7.5
1999	8.5	8.5	8.6	8.5	8	8	7.8	7.8	7.6	7.5	8	
2000	7.5	7.5	7.5	7.5	7.5	7.7	7.7	7.7	7.5	7.7	7.5	8
2001	6.4	7.5	7.8	7.5	7.5	7.5	7.6	7.5	7.5	8	7.8	7.5
2002	8	7.5	7.5	8	7.5	8	7.5	8	7.5	8.5	9	8.5
2003	8.5	12	15	15	12	15.5	10	15.5	10.5	10.5	11.2	11.2
2004	11.8	11	11.5	11.2	10.6	10	10	10	10	10	10	13.5
2005	11.2	12.8	14	15	15.7	16.8	16.8	16.8	14.5	13.5	13.5	13.5
2006	13.5	13.5	14.5	14.5	14.5	15	15	15	14.5	14.5	13.5	18
2007	14	14	13	14	13	15	15	15	15	16	17	16
2008	15.8	16	16	16.6	19	20	18.5	17.5	17	17	16.5	16
2009	14	14	16	16.5	16	16	15	14.5	14.5	14.5	16	25
2010	16	17	17	17	22	21	24	24	24	25	25.5	30
2011	26	26	29	33	33.5	32	33	33	30	30	30	31
2012	29	29	29.5	27	27	28	28	29	29	29	29	40
2013	30	30.5	32	35	35	35	35	36	38	38	38	
2014	45											

（四十五）芍药

1. 概述　芍药（*Paeonia lactiflora* Pall.）为毛茛科多年生草本植物，以根入药，有养血、敛阴、柔肝、止痛的作用。芍药喜温暖湿润的气候，能耐寒，栽培宜选择温暖、阳光充足和排水良好的地方。土壤以肥沃的砂质壤土和壤土为好，黏土及排水不良的低洼地、盐碱地不宜种植，忌连作。主产于山东、安徽、浙江、四川、贵州等省，东北、河北、山西、内蒙古、陕西等地也有栽培（图1-1-45）。

图 1-1-45　芍　药
1. 花枝　2. 根　3. 果实

2. 栽培技术　芍药主要用芽头繁殖。在收获时，选形状粗大、不空心、无病虫害的芽头，切成数块，每块应有芽苞2～3个，作种苗用。芍药最好能随收随切芽随栽，栽植时间8～10月。栽前施足底肥，深翻土地，整细耙平，做畦，畦宽1.3米，沟深20厘米，沟宽30厘米。栽时按行株距60厘米×40厘米挖穴栽种，穴深12厘米，直径20厘米，先挖松底土，施入腐熟厩肥，与底土拌匀，厚约5～7厘米，然后每穴栽入芍芽1～2个，芽头朝上，摆于正中，用手边覆土边固定芍芽，深度以芽头入土3～5厘米为宜，再盖以熏土并浇施稀薄的人畜粪水，最后盖土。

在芍药生长季节，须及时中耕除草、松土保墒，但不要锄得过深，以免伤根。芍药不耐涝，要及时排出积水。霜降以后，割去地上茎叶，覆土封地过冬。翌春，选择晴天，扒开根部周围6厘米深的土，去掉须根，晒根2～3天，并追肥一次。第三年，当芍药长出 5～6 个芽时，再次追肥。开花前，摘去花蕾，以利根的生长。

芍药易发生叶斑病和灰霉病，前者为害叶片，后者为害叶、茎、花各部分，可在发病初期喷 1 000 倍甲基托布津液，每隔 10 天一次，连续数次。

3. 采收加工　芍药栽后 3～4 年收获，收获季节 7～8 月。选择晴天割去茎叶，挖出全根，抖去泥土，切下芍根。将芍药分成大、中、小三级，分别放入沸水中煮 5～10 分钟，上下翻动。待芍根表皮发白、有香气时，并用竹签不费力气地就能插进时为煮透；然后，迅速捞起放入冷水中浸泡，同时用竹刀刮去褐色表皮；最后，将芍根切齐，按粗细分别出晒。一般早上出晒，中午晒干，下午 3 时后再出晒，晚上堆放于室内一角用麻袋覆盖，使其"发汗"，让芍药内部水气外渗，次日早上再晒出，反复进行几天直至里外干透为止。不宜曝晒，因为曝晒外干内湿，易霉变。每 667 米^2 混等干货产量为 300 千克。

4. 市场分析与营销　芍药具有平肝止痛、养血调经、敛阴止汗等功效。白芍是常用家种大宗药材，需求量巨大，产地集中，生长周期长，需求刚性，较容易存放，不仅是众多药商长期追逐的对象，也是一些资金雄厚的大户乐于参与的品种。白芍不是特效药材，但是很多方剂不可缺少的配伍。仅饮片年需求量也在 4 000 吨左右。除药用外，还被开发用于食品、酿造、染料等领域。

早在 20 世纪 50 年代和 70 年代曾掀起过芍药种植热潮，致使产量大增，库存丰盈，价格一直低迷，长期在每千克 2 元徘徊。1988 年曾一度升至每千克 8～9 元，又引起了 1989 年的种植热潮，这在当时库存量很大的情况下无异于雪上加霜，致使芍药市价从 1991 年开始又跌入低谷。当栽培芍药的药农积极性严重受挫后，连续多年芍药产出减少。经几年的消耗，库存逐渐减少，到 1995 年以后，芍药价格开始逐步回升，但 2000 年后，芍药价格一直徘徊在每千克 5～7 元，2006 年其市价有所上升，达到每千克 8～12 元。2007—2009 年回落到每千克 8～9 元，2010 年上升至每千克 20 元、2011 年涨至每千克 28 元、2012 年回落至每千克 20 元、2013—2014 年初又升至 26 元/千克。

其 25 年市价详见表 1-1-46。

表 1-1-46　1990—2014 年芍药（二等）市场价格走势表

（元/千克）

年份＼月份	1	2	3	4	5	6	7	8	9	10	11	12
1990	3.5	3	3.5	3	3.5	3	3	3.3	3.3	3.8	3.8	3.8
1991	3.8	3.4	2.5	2.5	2.3	2.2	3.4	4	4	4	4	3.5
1992	3.5	3.5	3.5	3.5	3	2.5	2.5	2.5	2.5	3	3	3
1993	3	3	3	3	2.5	2.5	2.5	2.5	3	3	2.5	2.5
1994	2.5	2.5	2.5	2.5	2.5	2.5	2.5	2.5	3	3	4	6
1995	5.5	5.5	5.5	5.5	5.6	6	6.5	6.5	6.5	7	7	8
1996	8	8.5	8.5	9	9	10	11	11	13	14	16	18
1997	17	17.5	17.5	18	18	14	15	15	15	14	13	12
1998	12.5	12.5	13	13	13	13.5	11	11	11	12	12.5	12.5
1999	11	12.5	12.5	12.5	12	12	9.5	9.5	7.5	7.5	7	6.5
2000	7	7	7	7	6.5	6		6	6.5	6.5		6.5
2001	6	6.5	5.5	4.5	5	4.5	4.5	4.5	5	4.5	5	4.5
2002	6	4.5	4	4.5	4.5	5.5	5.5	5.5	5	5	4.5	5
2003	5	10	20	20	15		7	7	6.4	6.2	6.2	6
2004	6	6.2	6.2	5.8	5.9	5.8	5.8	5.8	5.8	5.1	5.2	5.2
2005	5.1	5.1	5.3	5.5	6.5	5.5	5.5	5.5	5.5	6.8	7.5	7
2006	12	12	12.2	12.2	11	6.7	6.7	7.3	7.6	7.6	8.2	8.2
2007	6		8			9	9	9	9	8	8	8
2008	7.7	7.3	7.6	7.7	7.5	7.2	7.4	7	6.6	6.6	65	6.5
2009	6.5	6.5	6.4	6.5	6.5	7	7	7.5	8	8.8	11	14
2010	17	17	17	17	19	18.5	18	19	20	22	21	20
2011	20	21	21.5	22	23	28	27	26	23	20	21	21
2012	20	17	20	18.5	18	16	16	16	16	16	20	20
2013	20	21	21	26	26	23	26	26	26	26	26	26
2014	26											

(四十六) 远志

1. 概述 远志（*Polygala tenuifolia* Willd.）为远志科植物。具有安神益智、祛痰、消肿功能，主治失眠多梦、健忘惊悸、咳嗽不爽、疮疡肿毒等。分布于东北、西北、华北等地（图1-1-46）。

2. 栽培技术

(1) 选地整地 选择向阳、地势高燥、土层深厚、疏松、排水良好的砂质壤土。每667米^{2}施厩肥或堆肥2 500～3 000千克，深翻25厘米，耙细整平，做宽120厘米的平畦或高畦。

图1-1-46 远 志

(2) 繁殖方法

①种子繁殖。远志果实成熟时易开裂，种子散落不易收集，宜在果实有七八成成熟而未开裂时，将果实采回，置阴处晾干，待果实开裂时脱粒，除去杂质。春播、秋播均可，春播在4月中上旬，秋播在8月下旬进行。按行距20～25厘米开浅沟，将种子与适量细土拌匀，均匀撒入沟内，覆土1厘米，播后畦面盖草，保持土壤湿润。春播约15天左右出苗，秋播在第二年春出苗，出苗时揭除盖草。每667米^{2}播种量1千克左右。

②分根繁殖。在4月份，选择无病虫害、色泽新鲜、粗0.3～0.5厘米的短根栽种。在整好的畦面按行距20厘米开沟，在沟内间距10厘米放短根2～3节，覆土压实，浇定根水。

（3）田间管理

①间苗。直播地苗高 3 厘米时间苗，苗高 5～6 厘米时，选择阴雨天，按株距 6～7 厘米定苗。

②中耕除草。远志植株矮小，易滋生杂草，要勤中耕除草，以免杂草掩盖植株，影响生长。

③追肥。一般每年 3、4、5、11 月各追肥一次。前 1～3 次以施磷肥为主，每 667 米^2 施用豆饼 20～25 千克，或磷酸二铵 20 千克；第四次每 667 米^2 可施厩肥、堆肥混合肥 2 000 千克，施后适当培土。

④排灌。播后干旱时，要浇水保持土壤湿润，以利种子萌动出土。苗期可适量浇水，生长后期不宜多浇水，雨季要注意开沟排水。

3. 采收加工　种植 3 年后可采收，在秋季地上茎叶枯萎时或春季萌芽前采挖。将全株挖出，抖去泥土，除去茎叶和须根。鲜根用木棒敲打，使其松软，将中间木心抽出，或将根晾至皮部变软，用手揉搓后，抽出木心，晒干，称远志筒。每 667 米^2 可产远志筒 80 千克左右。若将采收的较小根不除去木心，直接晒干，称为远志棍。

4. 市场分析与营销　远志具有安神益智的作用，是一种常用的大宗中草药。20 世纪 90 年代初，随着我国中医药的发展，药用量迅速上升，再加上野生资源的减少，价格不断提高，1996 年达到每千克 30 元左右。之后农民开始盲目种植，市场供大于求，价格开始回落，2002 年末已降至每千克 25 元左右。其间也有一些小的反弹，估计是由于当年的自然灾害而导致的产量下降。2005 年远志（肉）价格有较大幅度上涨，至 2006 年，其价格一度涨到每千克 55 元的高位，此后价格有所回落，但也保持在每千克 50 元左右。2008—2009 年回落在每千克 40 元左右，2010 年上涨至每千克 67 元，2011—2014 年初一直回落在每千克 50 元左右。

近 25 年远志（肉）价格详见表 1-1-47。

表 1-1-47　1990—2014 年远志（肉）市场价格走势表

（元/千克）

月份 年份	1	2	3	4	5	6	7	8	9	10	11	12
1990	10.7	10.7	11	11	11.5	11.5	12.5	12.5	12.5	11.5	11.5	11.5
1991	11.5	12.5	12.5	12.5	14	12.5	13.5	13.5	13.5	13.5	13.5	13.5
1992	13.5	13.5	14.5	15	15.5	16.5	15.5	15.5	15.5	13.5	14	15.5
1993	15.5	15.5	15.5	15.5	15.5	15.5	15.5	15.5	15.5	15.5	15.5	15.5
1994	15.5	15.5	15.5	15.5	15.5	15.5	15.5	15.5	15.5	15.4	15.7	16
1995	15.7	16	17	18.5	19	19	15.5	21.5	22	22	22	24.5
1996	24.5	27.5	27.5	30	32.5	34.7	34.7	34.7	29.5	29.5	29.5	29.5
1997	29.5	29.5	32.5	34	34	29.5	31	33	33	29	29	31.5
1998	31.5	31.5	30	31.5	32	29	27	27	27	27	28	32.5
1999	32.5	32.5	32.5	31	30	30	28	28	28	27.5	27.5	27.5
2000	27.5	27.5	27.5	27.5	27.5	28.5	28.5	28.5	28.5	28.5	28.5	28.5
2001	28.5	28.5	28.5	28.5	28.5	27	25	25	24.5	25.5	25.5	25.5
2002	25.5	25.5	25.5	25.8	25.5	25.5	25.5	26.5	26.5	26.5	26.5	26.5
2003	26.5	30	45	45	30	28	28	28.5	29	29	28.5	28.5
2004	27	27.4	27	28	28	28	28	28	28	26	26	26
2005	28	31.5	32.5	32.5	40	40	41	41.5	41.5	33	33	33
2006	34.5	34.5	34.5	55	54	52	50	50	45	45	33.8	43.8
2007	45	45	50	50	50	50	50	50	45	45	40	40
2008	40	39	38	40	42	43	41	40	38	37	35	33
2009	40	40	35	35	35	38	38	38	37	34	34	45
2010	40	40	40	40	50	50	50	50	52	57	67	47
2011	47	47	50	50	50	53	62.5	62.5	62.5	62.5	50	50
2012	50	50	50	55	55	55	55	55	55	55	55	50
2013	50	47	45	45	45	45	45	45	45	45	50	50
2014	50											

二、花类

（一）金银花

1. 概述　金银花（*Lonicera japonica* Thunb.）又名忍冬、双花、二花等，为忍冬科忍冬属半常绿缠绕小灌木或直立小灌木，以未开放的花蕾和藤叶入药。具有清热解毒、散风消肿的功能。金银花喜温暖湿润、阳光充足的气候，适应性很强，耐寒、耐旱、耐涝。对土壤要求不严，平原、山区均能栽培，也可利用荒山坡种植。主产于山东、河南、湖南等省，以山东产的品质为最佳（图1-2-1）。

图 1-2-1　金银花
1. 植株　2. 花

2. 栽培技术

（1）繁殖方法　金银花分种子繁殖和扦插繁殖两种。

①种子繁殖。秋季采收成熟果实后，将其置清水中揉搓，漂去果皮及杂质，捞出饱满种子，晾干贮藏备用。若秋播可直接播种。如果第二年春播，可用砂藏法处理种子越冬，春季化冻后播种。在整好的苗床上按行距20厘米、深4厘米左右开沟，均匀撒种，覆土压实，10天左右出苗。每667米^{2}用种量约1～1.5千克。当年秋季或次年春季可定植于大田。

②扦插繁殖。金银花藤茎生长季节均可进行。选择藤茎生长旺盛的枝条，截成长30厘米左右的插条，每根保留3～5个节

位，摘下叶片，上端平截，下端切成斜口，用 500 毫克/千克的吲哚乙酸液浸泡一下，按行株距各 1.5 米扦插，每穴扦插 3～5 根，地上留 1/3 的茎，保留 1～2 个芽在土地上面，踩紧压实，浇透水，约 1 个月可生根发芽。也可扦插育苗后，再定植于大田。

(2) 田间管理

①中耕除草。移栽成活后，每年要中耕除草 3～4 次，3 年以后，藤茎生长繁茂，可适当减少除草次数。

②追肥。在每年春秋季追肥，农家肥、化肥均可，每 667 米² 施尿素 30～40 千克。

③修剪整形。生长 1～2 年的金银花植株，藤茎生长杂乱，需要修剪，以利树冠的生长和开花。具体方法：栽后 1～2 年内主要培育直立粗壮的主干。当主干高度在 30～40 厘米时，剪去顶梢，促进侧芽萌发成枝。第二年春季萌发后，在主干上部选留粗壮枝条 4～5 个，作主枝，分两层着生，从主枝上长出的一级分枝中保留 5～6 对芽，剪去上部顶芽。以后再从一级分枝上长出的二级分枝中保留 6～7 对芽，再从二级分枝上长出的花枝中摘去钩状形的嫩梢。经过修剪后，有利于花枝的形成，多长出花蕾，可提高产量。

④病虫害防治。白粉病对金银花叶片为害严重，可通过修剪，改善通风条件，另外，可用甲基托布津 1 000 倍液进行叶片喷雾。其他病虫害可用常规方法防治。

3. 采收加工 金银花在移栽后第三年开花。一般在 5 月中下旬采摘第一茬花，隔 1 个月后陆续采摘第二、三、四茬花，采收期为花蕾尚未开放时，当花蕾由绿变白、上部膨大、下部为青色时采摘的金银花为"二白花"；花蕾完全变白色时采收的花称"大白针"。采摘后，应及时晾干或烘干，不可堆放。一般每 667 米² 产量为 100 千克左右，以身干、无杂叶、花蕾色正、气味清香者为佳品。

4. 市场分析与营销 金银花为常用大宗药材，主治风热感冒、咽喉肿痛、肺炎、痢疾、痈肿疮疡、丹毒、蜂窝组织炎等症。忍冬藤也可入药，有清热解毒、通经活血等功能，主治湿病发热、关节疼痛、痈肿疮疡、腮腺炎、荨麻疹、细菌洼痢疾等症。1/3的中药方剂中用到金银花，由于它抗菌消炎，抗病毒功效甚佳，成为"非典""禽流感""手足口病"等防治处方的首选药。金银花还应用于日用化工、保健制品、饮料等行业，需求量很大。据有关数据，山东2012年产金银花大约6 000吨，占全国金银花产量的70%。一般都被哈药、金陵等药厂和王老吉、银麦啤酒等饮料厂、日化厂制剂收购了。河南封丘县金银花有深圳、广州客商常年收购，并出口东南亚。在东南亚除药用外，还有份额可观的茶饮市场。

金银花市场价格相对稳定，但遇到流行病发生价格波动较大。1990—1992年每千克14元左右，从1992年下半年价格上涨，每千克30元左右。以后几年价格变化不太大，一直保持着每千克30元以上的高价位。直至2001年下半年，市价回落，但是到2002年末，每千克仍达到20元。2003年"非典"期间暴涨到480元/千克，史无前例。此后市价回落到每千克20元左右，2006年价格有所上升，达到每千克35元左右。2008年达到每千克110元、2009年达到每千克380元，2010年后逐步回落，2011年回到每千克260～150元，2013—2014年初在每千克110元左右。

金银花主产山东平邑、费县、河南新密、封丘、河北巨鹿三大主产区，近年贵州、广西、四川、东北等都有一定面积的大量引种种植。金银花耐干旱盐碱、耐瘠薄、适应性广，产花周期长，适合荒山、河岸、荒地结合绿化，发展种植。种植金银花，采收期短，需要大量人工，当前农村外出务工人员较多，人工费上涨，是生产中的重要问题，山东产区有时无人采收的现象常有发生。

其25年市场价格变化详见表1-2-1。

表 1-2-1 1990—2014 年金银花（黄）市场价格走势表

（元/千克）

月份 年份	1	2	3	4	5	6	7	8	9	10	11	12
1990	13	13	13	13	13	12	12	14	14	14	13	15
1991	13	15	17	16	15	14	14	14	14	14	15	16
1992	26	16	16	16	16	16	16	16	16	19	22	22
1993	25	25	25	29	32	32	33	34	34	29	34	34
1994	35	32	32	32	32	30	30	29	27	27	29	30
1995	21	37	31	32	33	34	35	34	33	33	33	33
1996	32	32	32	32	32	30	30	30	30	30	30	30
1997	29	29	29	29	29	32	32	32	32	29	29	29
1998	29	30	30	30	35	35	35	39	40	39	37	37
1999	37	37	37	37	37	37	37	37	37	37	36	36
2000	36	36	35	37	37	37	38	38	38	39	39	37
2001	38	37	36	36	36	30	26	24	22	22	21	23
2002	25	25	25	26	26	26	26	24	21	21	20	20
2003	20	24	480	480	27	25	25	25.5	25.5	26	26	26
2004	25.5	26.5	26.5	27.5	25	22.5	22.5	22.5	22.5	24	24	24
2005	24	23.5	23.5	23.5	22	22	22	23.5	23.5	26	34	32
2006	30.5	30.5	29.5	29	30.5	33	34	32.5	32.5	35	36	36
2007	40	40	45	45	45	54	55	55	55	55	55	60
2008	68	70	85	100	110	108	105	103	102	98	93	90
2009	95	95	95	115	150	140	132	165	230	210	300	380
2010	350	350	280	240	220	180	220	255	260	260	255	260
2011	260	260	250	245	242	235	200	180	157	157	157	140
2012	130	105	105	85	78	78	85	85	90	92	92	95
2013	95	105	105	120	110	100	95	110	110	110	110	110
2014	110											

（二）红花

1. 概述 红花（*Carthamus tinctorius* L.）又名草红花，为菊科红花属植物。以花入药，有活血化淤、消肿止痛的功能。红花喜温暖、略干燥的环境，耐寒，较耐旱，怕高温，怕涝。红花栽培选地不严格，以排水良好、肥沃的砂壤土为好。红花属长日照植物，生长后期若有较长的日照，可促进开花结果，提高产量。主产于河南、浙江、四川、河北、新疆、安徽等地

（图 1-2-2）。

2. 栽培技术

（1）选地整地 以选择地势高燥的砂壤土为宜，播前将土壤深翻 20～25 厘米，施足基肥后，耙细整平，做畦。

（2）播种 多采用春播。在 3～4 月，当地温在 5℃以上时，可以播种。按行距 40 厘米、株距 25 厘米、深 3～5 厘米挖穴，每穴放 3～4 粒种子，覆土搂平，浇水即可。每 667 米² 用种量为 2～3 千克。一般 10 天左右出苗。

图 1-2-2 红 花
1. 花枝 2. 花

（3）间苗补苗 当幼苗长出 2～3 片真叶时进行第一次间苗，除去长势弱的。当抽茎时第二次间苗，每穴留 1～2 株。若有缺苗现象，选择阴雨天或晴天的傍晚，及时补苗。

（4）中耕除草及追肥 红花喜肥，可结合中耕除草，追肥 3～4 次。施农家肥、化肥均可。植株封行前应重施，每 667 米² 施腐熟厩肥或堆肥 2 000 千克，加磷酸二铵 25 千克，施后培土，以防倒伏。

（5）排灌水 红花耐旱怕涝，一般不用浇水，但幼苗期与现蕾期需水较大，可适当浇水。雨季时应及时排水。

（6）病虫害防治 红花受炭疽病、根腐病及菌核病的为害，其中以根腐病为害大，若遇阴湿环境，为害更为严重。防治方法：

①防治地下害虫与线虫。

②实行轮作。

③除病株，烧掉或深埋。

④用 50％甲基托布津 1 000 倍液或 50％多菌灵加 5％石灰和 0.2％尿素淋灌。

3. 采收加工　南方栽植红花在 5～6 月开花，北方 8～9 月开花，2～3 天进入盛花期，应及时采收。多在清晨露水未干时采收。采收后，置阴凉处阴干，或用 40℃文火焙干。每 667 米^{2}产干花 20～30 千克，折干率为 20％。

4. 市场分析与营销　红花为妇科要药，主治痛经闭经、子宫淤血、跌打损伤等症。除供药用外，红花还是一种天然色素和染料。红花种子中含红花油 20％～30％，是一种重要的工业原料及保健用油。红花有活血散淤的功效，人们利用这一点研制出祛斑霜、祛斑露等化妆用品，也是中老年人活血化瘀保健防病的主要药物。由于红花需求量的不断增加，生产得以大力发展，其市场价格也起落不定。1986 年市场价格每千克 5～6 元，1987年上涨为每千克 35～40 元，1989—1990 年下跌为每千克 12～15元，1991—1993 年又升为每千克 26～30 元，1994—1995 年为每千克 18～20 元，1997 年升为每千克 35～40 元，1999—2004 年在每千克 20～30 元，2005 年后期开始上涨，一直到 2009 年每千克 50～60 元，2010 年到每千克 100 元。2011—2014 年初，基本在每千克 90～100 元之间。详见表 1-2-2。

表 1-2-2　1990—2014 年红花（新疆）市场价格走势表

（元/千克）

月份 年份	1	2	3	4	5	6	7	8	9	10	11	12
1990	11	12	12	13	13	13	13	13	13	15	15	15
1991	20	24	27	27	27	27	27	24	24	27	28	28
1992	28	28	28	28	28	27	27	27	27	28	29	29
1993	29	29	28	28	28	28	28	30	30	27	26	24
1994	24	20	20	20	20	20	20	20	20	20	20	19

（续）

月份 年份	1	2	3	4	5	6	7	8	9	10	11	12
1995	19	19	19	19	19	19	19	19	19	19	20	24
1996	4	24	24	24	26	27	24	24	24	27	27	30
1997	32	32	37	37	37	37	35	35	35	37	37	37
1998	37	40	40	40	40	40	35	35	35	29	29	29
1999	29	29	27	27	27	27	27	27	27	27	26	26
2000	26	26	26	26	24	24	22	24	24	24	24	24
2001	25	23	23	22	21	20	20	19	19	19	19	19
2002	19	18	18	18	18	18	19	20	19	19	19	20
2003	20	22	25	25	22	20	20	22.5	22.5	23.8	24.2	26
2004	27.5	29	32	34	32	31.5	30	34.5	34.5	39	39	37
2005	38	38.5	41	42.5	53	53	53	48	70	69	68	66
2006	70.5	79	80.5	32.5	85	80	80	58.5	56	54	52.5	52.5
2007	50	50	51	52	52	50	51	52	52	45	40	40
2008	42.5	42.5	42.5	44.5	55.5	60.5	75.5	74.5	74	72	65	62
2009	60	55	56	60	65	63	62	57	52	60	64	70
2010	70	70	125	110	110	83	80	70	90	90	89	86.5
2011	86.5	90	89	85	84	82	82	88	86	84	81	79
2012	82.5	83	82	80	78	85	88	88	88	98	98	96
2013	96	96	97	98	100	98	93	86	86	90	97	93
2014	95											

（三）西红花

1. 概述　西红花（*Crocus sativus* L.）又名藏红花、番红花等，为鸢尾科番红花属植物，以柱头及花柱入药，有活血化淤、消肿止痛等功能。西红花原产于阿拉伯国家，后传入西班牙、德国等，据记载，最早于印度传入我国西藏地区，故有藏红花之称。我国先后从国外引进一批球茎，在上海、江苏、福建、浙江等地试种，江苏、浙江一带试种成功，以上海郊区产量最大。

西红花喜温暖湿润气候，能耐寒，怕水涝，要求肥沃、疏松、排水良好的砂质壤土，并要求阳光充足、雨量适中的环境。不宜在低洼地、黏土地及荫蔽的环境种植（图 1-2-3）。

2. 栽培技术

（1）繁殖方法　西红花采用球茎繁殖。

（2）室内培育采花技术
在 5 月上旬，当西红花叶片全部枯萎时，选晴天挖起地下球茎，齐顶剪去残叶，除去母球茎残体，将 10 克以上球茎按大小分别装入盘内，排放在室内匾架上。匾长 100 厘米、宽 60 厘米、高 10 厘米，由竹木制成。调节室内的温度、湿度。温度必须控制在 15～30℃；室内相对湿度在 80％以上，可通过地面洒水来调节。到 8 月份花芽开始分化，10 月份开始开花，可在室内采收花柱。用此法采收的花柱质量好、产量高、采摘方便、省工省时，不受外界环境影响。

图 1-2-3　西红花

（3）田间培育球茎技术　球茎在室内开花后，消耗了大量养分，采摘后立即定植于大田培育，使球茎在结冻前生根展叶。

将球茎按单个重大于 25 克，8～25 克，小于 8 克分三级。在整好的畦上移栽，单个重较小的应密植，移栽时，将球茎芽头向上栽入，覆土 3～6 厘米，浇定根水，每 667 米² 栽种 2.5 万个球茎为宜。

球茎栽后，在畦面上铺一层农家肥，保温防冻。第二年春季球茎开始膨大时，应追肥 1～3 次，每 667 米² 施入稀薄人畜粪水 1 000～1 500 千克。

3. 采收与加工　西红花于每年 10 月中旬至 11 月上旬开花，上午 8～9 时为盛花期，当花朵呈半开时采收质量最佳。采收时将整朵花摘下，运回，加工。球茎于叶片枯黄时挖取贮藏。

采回的花朵，将花瓣轻轻剥离，至基部花冠筒处散开，摘取黄色部分的柱头及花柱，然后摆在白纸上阴干。阴干后放入棕色瓶或铁盒中保存。一般每 667 米^2 产干货 1 千克左右，高产达 2 千克。

4. 市场分析与营销 西红花是名贵药材，主治月经不调、淤血作痛、腹部肿块、心忧郁积、胸肋胀满、跌打损伤、冠心病、脑血栓、脉管炎诸症，它药用范围广泛，疗效卓越，大量用于日用化工、食品、染料工业及香料和化妆品行业。西红花价格昂贵，处方门诊用量也一定程度受到了限制。浙江、上海、河南、北京等 22 个省份已引种成功。2001 年被国家中医药管理局列为重点发展的中药材品种。我国所产的西红花只占需求量的20％，每年仍需大量进口尼泊尔、伊朗等西红花。

西红花 1990—1992 年每千克在 4 000 元左右。1993 年涨到每千克 6 000 元，1994—1997 年又回落到每千克 5 000 元以下，1998—1999 年又上升到每千克 5 000 元左右，2000—2002 年又降到每千克 4 500～4 000 元，2003 年短时到每千克 5 000 元，2004—2006 年又跌倒每千克 3 000 多元，2007 年开始大涨到每千克 15 000 元，2008 年到每千克 26 500 元、2009 年短时到每千克 27 500 元，之后回落每千克 17 500 元。2010 年开始逐步下降，2013—2014 年年初一直在每千克 9 000 元左右。

种植 1 亩西红花，一般收干花 1 千克，高产可达 2 千克，收获球茎 500～1 000 千克，年创产值 1 万～2 万元。西红花球茎每年增产 2～3 倍，第二年以后在球茎上不用投资。种植西红花是一次投资、长期受益。但由于产量低、技术高、投资大，一般农民大规模种植投资有困难。这就需要有眼光、有经济实力的种植户来带动西红花产业的发展。提高西红花栽培技术，发展人工种植是有发展前途的。

进口西红花 25 年市场价格如表 1-2-3。

表 1-2-3 1990—2014 年西红花（进口）市场价格走势表

（元/千克）

月份 年份	1	2	3	4	5	6	7	8	9	10	11	12
1990	3 700	3 700	3 700	3 700	3 500	3 800	3 800	3 600	3 700	3 700	3 700	3 700
1991	3 800	3 800	3 800	3 800	3 700	3 700	3 700	3 700	3 700	3 600	3 600	3 800
1992	3 900	3 900	3 900	3 800	3 800	3 800	3 800	3 800	3 800	3 900	4 300	4 300
1993	4 300	4 500	4 500	5 200	5 200	5 900	6 200	6 200	6 000	6 000	6 000	6 000
1994	5 500	5 500	4 900	5 200	5 200	5 100	5 000	4 500	4 200	4 200	4 000	4 000
1995	4 000	4 000	4 000	4 100	4 100	4 100	4 100	4 000	3 900	3 900	3 900	3 900
1996	4 000	4 000	4 200	4 300	4 300	4 200	4 100	4 100	4 100	4 000	4 000	4 000
1997	4 200	4 500	4 500	4 500	4 900	4 900	4 900	4 500	4 500	4 500	4 400	4 700
1998	5 000	5 000	5 000	5 200	5 400	5 400	5 000	4 900	4 900	4 900	4 900	4 900
1999	4 800	4 800	4 900	4 900	4 900	5 000	4 700	4 700	4 700	4 600	4 500	4 500
2000	4 500	4 500	4 500	4 500	4 300	4 300	4 300	4 200	4 200	4 100	4 100	4 000
2001	4 000	3 800	3 600	3 600	3 500	3 500	3 500	3 500	3 500	3 900	4 000	4 300
2002	4 300	4 300	4 300	4 300	4 300	4 600	4 700	4 700	4 400	4 400	4 400	4 400
2003	4 400	4 500	5 000	5 000	4 500	4 500	4 400	4 250	4 100	4 050	3 900	3 900
2004	3 800	3 750	3 600	3 650	3 650	3 650	3 450	3 450	3 300	3 200	3 200	3 100
2005	3 200	3 350	3 200	3 150	2 900	2 800	2 750	2 800	2 750	2 750	3 000	3 250
2006	3 300	3 300	3 050	3 050	3 100	3 100	3 250	3 400	3 950	4 000	3 800	3 900
2007	5 000	5 200	10 000	15 000	16 000	15 000	15 000	15 000	15 000	15 000	15 000	15 000
2008	15 000	16 000	17 000	18 000	20 000	22 000	23 000	24 000	25 000	25 000	26 000	26 500
2009	27 500	27 000	26 000	25 000	23 000	22 000	21 000	20 000	19 000	18 000	17 000	17 500
2010	17 500	17 000	16 000	15 000	14 000	13 000	13 000	12 500	12 500	12 000	12 000	11 500
2011	11 000	11 000	11 000	11 000	11 000	10 000	10 000	10 000	9 500	9 500	9 500	9 000
2012	9 000	9 000	9 000	9 000	9 000	9 000	9 000	9 000	9 000	9 000	9 000	9 000
2013	9 000	9 000	9 000	9 000	9 000	9 000	9 000	9 000	9 000	9 000	9 000	9 000
2014	9 000											

（四）辛夷

1. 概述 辛夷（*Magnolia denudata* Desr.）又名玉兰，为木兰科木兰属植物。以花蕾供药用，具有祛风散寒、温肺通窍的功效，它也是治疗鼻炎的常用中药。辛夷为落叶乔木，喜温暖气候。它适应性强，山坡、平原、房屋前后均可栽培。辛夷花芽有顶生、腋生、簇生三种，均以中短花枝的顶芽形成花蕾为主。主产于河南、安徽、湖北、四川等省（图1-2-4）。

2. 栽培技术 辛夷分种子繁殖法、扦插繁殖法、分株繁殖法与嫁接繁殖法，其中，以种子繁殖法为主。

（1）种子繁殖法

①采种。选择树龄15～20年生的健壮树作为采种母株。在9月上中旬，当聚合果变红，部分开裂，稍露鲜红花种粒时，即可采集。采收后，将果实摊开晾晒，待全裂开时得种子。

②种子处理。将种子与粗砂拌匀，反复揉搓，使脱去红色肉质皮层。含油脂的

图1-2-4 辛 夷

1. 花枝 2. 果枝 3. 辛夷药材

外皮搓得越净，发芽率越高。搓净后，将种子用清水漂去种皮、杂质和瘪籽，晾干后用湿沙层积贮藏。第二年春，种子裂口露白时，取出播种。

③播种育苗。在3月上旬进行，在整好的畦上，按行距20～25厘米开沟条播，沟深2.5～3厘米。播后覆土2～3厘米、压实并盖草。约1个月可出苗，适时除去盖草，加强田间管理，培

育2年，苗高100厘米左右时，可出圃定植。

（2）分株繁殖法 在立春前后，挖取老株的根蘖苗，或将灌木丛状的小植株全株挖取，带根分株另行栽植。要随分随栽，成活率高，成株也快。

（3）扦插繁殖法 多在夏季进行，选择1～2年生粗壮的嫩枝，取其中、下段，截成15～20厘米的插条，每段应保留2～3个节，将上端截平，下端切成斜口。用每千克100毫克的吲哚丁酸浸泡插口数分钟，在插床上按行距20厘米、株距5～7厘米插入土中，覆土压紧，浇水湿润，搭遮阴棚，保持土壤湿润，1个月左右可生根，成活率在70%左右。

（4）嫁接繁殖 砧木采用紫玉兰或白玉兰的1～2年生、发育良好、生长壮实、根系发达、无病虫害的实生苗。接穗选择生长健壮、芽呈休眠状态、无病虫害的1年生枝条，采后立即剪去叶片，留叶柄，并用湿润的稻草包裹。在5月中下旬，采用带木质部的削芽接或T字形芽接法。一般在下午进行，待嫁接新芽成活后，立即解除绑绳，抹除砧芽，以促进嫁接芽的生长。管理得当，2～3年后即可开花。利用嫁接苗移栽，是辛夷早期丰产的主要途径。

以上方法繁殖的苗，于秋季或翌年早春化冻后开始移栽。移栽时，应带些挖苗的原土，避免伤根，以利提高成活率。按行距2.5米、株距2米，挖穴栽植。每667米^{2}用苗120株左右。

移栽成活后，每年应定期除草、追肥。辛夷幼树生长较旺盛，树冠形成快，易造成郁闭，使树冠内通风不良，枝条生长弱，影响花芽的形成。因此，要及时打顶打杈，修剪成丰产树形。

要经常观察树的生长状况，防治病虫害的发生。虫害有蓑蛾、刺蛾等，幼虫吞食树叶，用敌百虫液等杀虫剂喷杀。

3. 采收加工 辛夷实生苗移栽后5～7年始花，嫁接苗2～3年开花。在春季采集未开放的花蕾，采时连花梗摘下加工。采回的花蕾，除去杂质，晒至半干时，收起堆放1～2天，使其发汗，然后，再晒至全干即成商品。辛夷树的寿命很长，达数百年，开花期也长达数百年，随年龄增长，树冠越大，花蕾越多，经济效益十分可观。以身干、花蕾完整、内瓣紧密、芽饱满肥大、香气浓郁者为佳品。

4. 市场分析与营销 辛夷为常用中药，主治风寒感冒、头痛鼻塞、鼻窦炎、鼻渊流涕、牙痛等症。辛夷树寿命长，开花期也较长，市场价格一直较为稳定，1990—1996 年每千克在 25 元以上。由于林业种植面积扩大，产量增长较快，从 1997 年价格下滑，到 2006 年每千克一直在 10 元左右。2007—2009 年上涨到每千克 12~13 元，2010 年随物价上涨大涨到每千克 50 元最高价，2011—2014 年初一直在每千克 40~30 元之间。预计后期不会有较大波动，不宜大面积发展种植。表 1-2-4 为辛夷花 25 年市场价格表，供参考。

表 1-2-4　1990—2014 年辛夷花（大）市场价格走势表

（元/千克）

年份\月份	1	2	3	4	5	6	7	8	9	10	11	12
1990	25	25	25	25	25	26	26	26	27	27	27	27
1991	27	27	28	28	27	28	29	29	28	28	29	30
1992	33	32	33	35	36	37	37	37	37	36	36	36
1993	26	36	36	36	35	35	37	37	37	37	36	36
1994	26	34	34	34	32	33	33	32	31	30	30	30
1995	28	29	29	29	29	29	29	29	29	28	28	28
1996	27	27	27	27	27	26	26	26	25	25	25	25
1997	24	24	24	24	24	24	26	26	26	26	25	23
1998	20	20	18	17	17	17	17	17	15	15	15	15
1999	14	14	14	14	15	16	16	16	16	15	14	14
2000	13	13	13	13	13	14	14	14.5	14.5	15	14	14
2001	14.5	14.5	14	13	13	13	10	8	8	8	8	8
2002	8	8	9	9	9	9	9	9	9	9	9	9
2003	9	9.5	10	9	9	9	9	9.5	9.5	9.8	9.5	10
2004	10	11.5	11	11	11	12	12	12	12	12	12	12
2005	11.5	11.5	11.5	11.5	11.5	11.5	11.5	10	10	9.5	9.5	9

（续）

月份 年份	1	2	3	4	5	6	7	8	9	10	11	12
2006	9.5	9.5	9.5	9.5	10	10	10.5	10.5	10.5	10.5	10.5	10.5
2007	11	12	13	13	13	13	13	14	15	15	17	17
2008	11.5	11.7	11.8	12	12.2	12.3	12.5	12.7	13	12.5	12.5	12
2009	12.5	12.5	12.7	13	13	12.8	13	13	13	13	16	16
2010	16	24	28	37	50	45	40	45	45	43	36	36
2011	31	31	30	30	30	30	30	29.5	28.5	27.5	26.5	26
2012	26	26	25	25	24	30	30	30	30	30	30	30
2013	30	30	37	37	37	40	35	35	35	35	28	28
2014	28											

（五）菊花

1. 概述　菊花（*Chrysanthemum morifolium* Ramat.）为菊科植物。以头状花序入药，有疏风散热、清肝明目的功效。菊花喜温暖气候和阳光充足的环境，能耐寒，怕水涝，但苗期、花期不可缺水，菊花属短日照植物，对日照长短反应很敏感，每天不超过 10 小时的光照，才能现蕾开花（图 1-2-5）。

2. 栽培技术

（1）选地整地　菊花种植对土壤要求不严，在排水良好、肥沃、疏松、含腐殖质丰富的土中生长为好，黏土地、低洼地与盐碱地不宜种植，忌连作。

（2）繁殖方法　有分株繁殖和扦插繁殖。

①分株繁殖。在 11 月采收菊

图 1-2-5　菊　花

花后，选择生长健壮、无病虫害的植株，将根全部挖出，除去地上茎后，栽植在一块肥沃的地块上，施一层土杂肥，以利保暖越冬。翌年3～4月扒开粪土，浇水，4～5月份菊花幼苗长至15厘米时，将全株挖出，分成数株，按株行距各为40厘米，挖穴定植于大田，每穴1～2株，栽后盖土压实，浇水。一般每667米² 老苗可栽1公顷的生产田。

②扦插育苗。4～5月份或6～8月份，选择粗壮、无病虫害的新枝作插条。取其中段，剪成10～15厘米的小段，用植物激素处理插条，然后按行距20～25厘米、株距6～7厘米插入苗床，并压实浇水，约20天可发根，以后每隔1个月追施一次人畜粪水，苗高20厘米时出圃移栽。

(3) 移栽 分株苗于4～5月、扦插苗于5～6月移栽。选择阴天或雨后或晴天傍晚进行，在整好的畦面上，按株行距各40厘米，深6厘米挖穴，将带土挖取的幼苗栽入，扦插苗每穴栽1株，分株苗每穴栽1～2株，栽后覆土压紧，浇定根水。

(4) 田间管理

①中耕除草。移栽成活后，应经常除草培土，直至现蕾为止。

②追肥。菊花喜肥，除施足基肥外，生长期还应追肥3次。第一次在返青后，施10～15千克尿素。第二次在植株分枝时，可施饼肥、人粪尿。第三次在现蕾期，每667米² 施人粪尿2 000千克。

③摘蕾。菊花分枝后，当苗高25厘米时，进行第一次摘心，选晴天摘去顶心1～2厘米，以后每隔半月摘一次，到大暑后停止。

④病虫害防治。菊花常见的病害有根腐病、霜霉病、褐斑病等。尤其在雨季发病率高。及时排水，喷施多菌灵等药剂可防治。

3. 采收加工 一般于霜降至立冬采收。以花心散开2/3时采收适宜。多选择晴天采收，然后立即加工。各地加工方法不一，有的晾干，有的烘干，可根据当地情况，选择适当的加工方式。菊花每 667 米^2 产量约 100 千克，以朵大、花洁白或鲜黄、花瓣肥厚或瓣多而紧密、气清香者为佳品。

4. 市场分析与营销　菊花为大宗常用中药，能疏散风热，清肝明目，平肝阳，解毒。用于感冒风热，发热头昏；肝经有热；目赤多泪，或肝肾阴虚，眼目昏花；肝阳上亢，眩晕头痛；疮疡肿痛。现代又用于冠心病、高血压病。经常饮用菊花茶有避暑除烦、清心明目。菊花全国各地均可栽培，药用和茶叶用量都很大。菊花茶比较著名的有：湖北大别山麻城福田河的福白菊，浙江桐乡的杭白菊和黄山贡菊（徽州贡菊）比较有名。产于安徽亳州的亳菊、滁州的滁菊、四川中江的川菊、浙江德清的德菊、河南济源的怀菊花（四大怀药之一）。其中亳菊、杭白菊、怀菊花、祁菊花还是重要的出口中药材。菊花的种类很多，优质的不是花朵白、朵大的菊花，而是又小又丑、颜色泛黄的菊花。

安国是家种菊花的主产区之一，是安徽亳州、玉林、廉桥、成都等各市场货源供给地。栽培菊花行情受野菊花影响较大，野菊花的主要产区有：①大别山区：安徽霍山金寨岳西等，湖北麻城、罗田、英山，河南项城、新县、固始。②鄂豫产区：河南的桐柏、唐河、新野、邓州、信阳及豫西各县，湖北枣阳随州、襄樊。③陕西产区：渭南、商洛各县。以上 3 个主产区 2010 年收购野菊花 1 000～1 200 吨，全国当年产野菊花 3 500 吨左右。次产区有湖南怀化、广西贺州等。

菊花价格波动较大，1993—1994 年是低价位期，每千克为 3～5 元；1995—1998 年价格相对稳定，每千克在 10 元左右；1999—2001 年市价下落，每千克在 7 元左右；2002 年价格上涨到每千克 18 元左右、2003 年高价到每千克 40 元、2004—2005 年价格又回落到每千克 10 元左右。2006—2007 年开始上涨到每千克 20 元左右、2008—2009 年达到每千克 40～47 元的高价，2010 年后开始逐渐回落到每千克 40 元、2011—2014 年初一直在每千克 30 元左右。

其 25 年价格变化详见表 1-2-5。

表 1-2-5 1990—2014 年菊花市场价格走势表

（元/千克）

月份\年份	1	2	3	4	5	6	7	8	9	10	11	12
1990	10	10	10	10	11	11	11	11	10	10	10	12
1991	12	14	13	13	13	13	13	13	13	12	12	12
1992	14	16	15	16	17	17	15	10	10	9	9	9
1993	17	5	5	5	5	6	6	5	4	3	3	3
1994	3	3	2	3	3	4	3	4	3	4	5	5
1995	9	9	9	9	9	9	11	11	11	12	12	12
1996	12	12	12	12	12	12	12	12	12	14	12	12
1997	13	13	13	13	13	12	12	12	12	10	10	10
1998	9	8	9	9	9	9	9	9	9	8	8	7.5
1999	7.4	7.4	7.4	7.4	7.4	7.5	7.5	7.5	7.5	7	7	7
2000	7	7	7	6.8	6.8	6.8	6.9	7	7.0	7.2	7.2	7.0
2001	7.0	7.0	7.0	6.5	6.2	6.2	6.2	8.0	9.4	11	11.5	15
2002	16	18	18	18	18	18	17	15	15	13	16	16
2003	16	30	40	40	20	20	20	21.5	19.5	18	17.2	16
2004	14.5	13.2	13	12	10.8	10.9	10.8	11.5	12	13	13	12
2005	12	12	11	9	11.5	10.5	10.9	11	11	12.5	12.5	15
2006	17	17	16.5	16	17	17.5	18.5	18.5	18.5	16.5	19.5	19.5
2007	14	15	16	18	20	24	24	23	22	22	21	20
2008	22	23	25	35	40	45	50	45	40	38	36	35
2009	35	36	36	38	38	40	42	43	45	46	47	47.5
2010	47.5	47	46	45	45	44	43	43	42	41	41	40
2011	40	40	38	36	34	30	28	26	25	24	23	22.5
2012	22.5	23	24	25	26	27	28	30	32	33	34	35
2013	35	34	34	34	33	33	33	33	33	32.5	32.5	32.5
2014	32.5											

三、果实种子类

（一）连翘

1. 概述　连翘 [*Forsythia suspensa*（Thunb.）Vahl] 又名青翘，为木犀科连翘属植物。以果实供药用，有清热解毒、利尿排石等功效。连翘喜温暖、干燥和光照充足的环境，耐寒，耐旱，怕水涝。连翘繁殖力强，对土壤要求不严，耐瘠薄，在排水良好的砂质地里生长良好。主产河北、山西等省（图1-3-1）。

2. 栽培技术

（1）繁殖方法　以种子繁殖和扦插繁殖为主，亦可压条繁殖和分株繁殖。

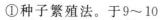

图1-3-1　连　翘
1. 果枝　2. 果实

①种子繁殖法。于9～10月摘取成熟的果实，晒干后脱出种子，净选后砂藏。北方于4月上旬，南方于3月上旬进行播种。按行距25厘米、深2～3厘米开沟，均匀播种，覆土2厘米，踏实，约20天出苗。当苗高7～10厘米时，间苗，株距以6厘米左右为宜。培育1年，苗高50～70厘米时，可进行移栽。

②扦插育苗法。选择优良母株，剪取1～2年生的嫩枝，截成长30厘米的插穗，每段留3～4个节，用生根粉或吲哚丁酸浸泡插口，随即插入苗床。行距为10厘米，株距5厘米左右。约1个月左右可生根发芽，当长到高50厘米时可移栽。

③压条繁殖。连翘为落叶灌木，下垂枝较多，于春季3～4

月将母株下垂枝弯曲压入土内，在入土处用刀刻伤，埋些细土，刻伤处即可生根成苗。加强管理，当年冬季至第二年早春，可割离母体，带根挖取幼苗，栽植于大田。

④分株繁殖。连翘萌发力极强，在秋季落叶后或早春萌芽前，挖取植株根际周围的根蘖苗，另行定植。

(2) 定植 将上述育好的苗，按行距 2 米、株距 1.5 米、深 70 厘米挖穴栽植，穴内填些农家肥，每穴栽苗 1 株，覆土，浇透水。定植时将长、短花柱的植株相间种植，才能开花结果。

(3) 除草追肥 根据田间的杂草情况及时除草，连翘每年要追肥，农家肥每株施 10 千克左右。

(4) 整形修剪 树高 1 米左右时，茎叶生长特别茂盛，此时应剪去顶梢，修剪侧枝，有利于通风透光，对衰老的结果枝也应剪除，促进新结果枝的生长。

(5) 病虫害防治 钻心虫为害植株茎秆，可用敌敌畏液喷雾防治。

3. 采收加工 连翘定植后 3～4 年开花结果。霜降前后，果实由青变为土黄色、果实即将开裂时采收。将采收的果实晒干，除去杂质，筛去种子，再晒干即得商品连翘。中药将连翘分为青翘、黄翘、连翘心三种商品。

青翘于 8～9 月采收未成熟的青色果实，用沸水煮或蒸后，再晒干即可。

黄翘为 10 月份采收成熟的黄色果实，晒干即成。

连翘心是将果壳内的种子筛去，晒干即可。

4. 市场分析与营销 连翘为 40 种常用大宗品种之一，药用量巨大，主治痈疽、乳痈、丹毒、风热感冒、温病初起、高热烦渴、神昏发斑等症。连翘也有一定数量的出口，同时，随着国内医疗卫生事业的迅速发展，连翘的年销售量超过 4 000 吨。连翘资源丰富，受自然因素影响较小，价格一直趋于平稳，一般产新后落价。以黄翘为例，1988—1991 年价格多在每千克 3～4 元间，以后价格有所上升，但波动不大。1997—1998 年，由于市场需求量大，价格升到每千克 7 元左右。2001 年受到灾害，产量下降，价格上涨到每千克 12 元左右，此后价格比较稳定。2006—2009 年上升到每千克 20 元左右；2010 年上涨到每千克 40 元，之后开始回落，到 2012 年基本在每千克 30 元左右，2013—2014 年初又回升到每千克 45 元左右。连翘多系野生，山西南部、河南、陕西大部，占连翘产量的 85%。野生资源逐年减少，用量逐年递增，价格逐步走高，可以利用山区发展种植。

其 25 年价格变化详见表 1-3-1。

表 1-3-1　1990—2014 年连翘（混等）市场价格走势表

（元/千克）

年份 \ 月份	1	2	3	4	5	6	7	8	9	10	11	12
1990	3.5	3.5	3.5	3.5	3.5	3.5	3.5	3.5	3.5	3.5	3.5	4
1991	3.4	3.2	3.5	3.5	3.5	3.5	3.5	4	4.2	4.2	4.2	4.2
1992	4	4.3	5	5.2	5.2	5.2	5	5	5	5	5	5.2
1993	5.3	5.3	5.5	5.5	5.2	5.2	5	5	5	5	5.2	5.2
1994	4.5	4.5	4.5	4.5	4.5	4.5	4.5	4.3	4.3	4.3	4.5	4.5
1995	4.5	4.7	4.9	5.5	5.5	5.5	5	5	5	5	5	5.2
1996	5.3	5.5	5.5	5.5	5.5	6	8	9	9	7.5	7.5	7.5
1997	7.5	7.5	7.5	7.5	7.5	7.5	7.5	7	7	7	6.5	6.5
1998	7	7	8	8	8	8	7	7	7	7	6.5	6.5
1999	6.5	6.5	6	5.5	5.5	5.5	5.5	5.2	5.2	5.2	5.2	5.5
2000	5.5	5.5	5.5	5.5	5.5	6	6	6	6	6	7	7
2001	6.5	6	6.5	6.5	6.5	6.5	6.5	6.5	9	13	13	14
2002	13	13	15	18	16	13	13	10	12	13	14	14
2003	14	20	50	50	20	20	18	18	17	16.5	15.5	15.5
2004	14	14	13.5	13	12.8	11	11	10	10	10	10	10
2005	12	13.5	13.5	13.5	11	11	11	10.5	12.5	11	14.5
2006	14.5	15	14.5	13.7	15	16.5	17.5	19	19	19	19	19
2007	22	22	22	23	23	23	20	20	20	20	20	20
2008	17.7	17.7	18.2	18.2	18.2	18.2	18.2	18	18	17.8	17	15.5

(续)

月份 年份	1	2	3	4	5	6	7	8	9	10	11	12
2009	14	14	14	14	14	14.5	14	14	14	18	18	27
2010	24	20	20	21	24	24	28	38	38	38	40	40
2011	38.5	37.5	37.5	37.5	39	39	35	34	30	30	27	29
2012	29	27	27	27	32	32	30	30	30	30	30	30
2013	30	34	34	34	35	40	45	50	48	45	45	45
2014	45											

（二）罗汉果

1. 概述 罗汉果（*Momordica grosvenori* Swingle）又名拉江果、假苦瓜、白毛果等，以果实入药，有消暑润肺、清热消炎、润肠通便、益肝健脾的功效。罗汉果喜温暖凉爽多雾的气候和半阴半阳的环境。罗汉果对土壤要求不严，以土层深厚、疏松肥沃、排水良好、富含腐殖质的壤土为好。

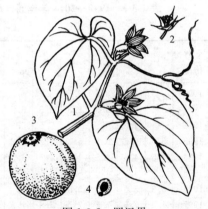

图 1-3-2 罗汉果
1. 果枝 2. 花萼 3. 果实 4. 种子

罗汉果最适温度为 25℃左右，当气温低于 15℃时，植株停止生长。罗汉果为雌雄异株植物，而花粉有黏性，难以借风媒、虫媒传粉，必须进行人工授粉，才能结果。生长 2 年以上的植株藤茎可以开花结果。主产于广西、广东、贵州等地（图 1-3-2）。

2. 栽培技术

（1）繁殖方法 以种子繁殖和压蔓繁殖为主，亦可扦插繁殖。

①种子繁殖。9～10 月，当果皮由嫩绿变成青色时采集果

实，放置后熟 15 天左右，待果皮变为黄色后，切开果实，漂出种子并晾干，用砂藏法处理种子。第二年 3～4 月份播种。分直播与育苗移栽两种方式。直播法按行距 2 米、株距 1.5 米穴播，约 20 天出苗。育苗移栽法按行距 20 厘米开沟条播，覆土 2 厘米，培育 1 年后，挖出粗壮地下块茎定植。

②压蔓繁殖。在秋季选择 1～2 年生植株上生长粗壮、节间长、叶片小，下垂而未结果的徒长蔓作压条材料。在秋分前后，温度在 25℃左右的阴雨天就地压蔓。约 10 天左右生根，1 个月后地下块茎逐渐膨大，当茎蔓枯萎时，将块茎挖出窖藏，次年春挖出定植。

③扦插繁殖。在 6～9 月采用半木质化的侧蔓剪成 20 厘米长的插条，每 30～50 根捆把，将下端近节处放入生根粉液中浸泡 1 分钟，按行距 20 厘米、株距 10 厘米扦插，适当遮阴，40 天左右生根，翌年春季定植。

(2) 定植　按行距 2 米、株距 1.5 米、深 0.3 米挖穴，施入些农家肥，将小块茎 2～3 个栽入穴中，盖土 5 厘米左右。定株时，每 100 株雌株应配置 3～5 株雄株，以利授粉。

(3) 搭棚　罗汉果为攀援草本植物，定植后应搭高 1.7 米的棚，每株旁插一竹竿，以利茎蔓攀援到棚架上。

(4) 中耕除草及追肥　要经常除草、松土。同时，每年应追肥 4～5 次，以农家肥为主。

(5) 人工授粉　开花季节，将开放的雄花摘下，用竹签刮取雄花粉，然后用毛笔蘸雄花粉轻轻地抹到雌花柱头上。授粉时间以上午 7～10 时进行为好，当天采集的花粉应当天使用。

(6) 越冬防寒　罗汉果在低于 15℃的情况下停止生长，地上茎叶逐渐枯萎。立冬以后，在根部培土 20 厘米左右，上盖稻草，以防霜冻。第二年清明前后，除去覆盖物及培土。

(7) 病虫害防治　罗汉果受根际线虫病危害严重，防治方法：
①选无病虫害的块茎作种栽。

②对块茎及土壤消毒。

③轮作。

3. 采收加工 罗汉果定植 2 年后开花结果，一般授粉后 60～75 天可成熟。当果皮毛变硬、果皮呈老青色、果柄枯黄时采收。采收后置阴凉处，发汗 10～15 天，待果皮呈黄色时加工。

将果实按大、中、小分级，分别装入烘果箱内，每次4～5 箱放在炕灶上面，箱上盖麻袋，第一轮温度在 40～50℃时烘 24 小时；第二轮温度升至 60～70℃时烘 2～3 天；第三轮温度降至 40℃时烘 2～3 天，烘时要每天翻果，当果色转黄，用食指一弹，有声时即可。每 667 米^2 产 4 000 个果左右，以身干、形椭圆、个大、坚实、不破皮、色青黄为佳品。

4. 市场分析与营销 罗汉果果实药食两用，在国际市场被誉为"东方神果"、"长寿神果"，出口量很大。药用，具有清肺利咽、化痰止咳、润肠通便；主治痰火咳嗽、咽喉肿痛、伤暑口渴、肠燥便秘。罗汉果它含有大量葡萄糖及一种比蔗糖甜 300 倍的低热量配糖体——三萜甙新甜味素（罗汉果甜甙），其维生素 C 的含量比中华猕猴桃还要高。罗汉果甜甙具有降血糖的作用，为糖尿病、高血压、高血脂和肥胖症患者之首选天然甜味剂。罗汉果所含有新甜味素在保健饮料、食品、糖果、调味品工业中将代替蔗糖。罗汉果味甘性凉，有清热凉血、清肺、润肠排毒、消除面疮作用，也是美容、减肥保健佳品。在提取原料、提取甜甙之外，以该品为主要原料的中成药、保健品，如罗汉果冲剂、罗汉果止咳糖浆、罗汉果品、罗汉果茶等销量逐渐增长，加上出口，罗汉果年用量达 3 亿～3.5 亿个。

1990—2002 年，罗汉果的市场价格相对稳定，它的中个价格在每个 1 元左右。2003 年非典时期短时间上涨至 4～6 元，2004 年回落到 1.8 元，2005 年到 0.4 元左右，2005—2014 年初，在 0.5～0.9 元之间。

罗汉果属于区域性植物，主要产于广西桂林的永福、临桂、兴安、融安等县，是桂林珍贵的土特产之一。近年来，罗汉果主产区种植应用先进的栽培技术，实施规范化种植，采用当年种当年收、一年一换的方式，不但减轻了病虫害的发生，每株结果120～150个。亩产有了很大提高，价格在低位徘徊。

其25年价格变化详见表1-3-2。

表 1-3-2　1990—2014 年罗汉果（中个）市场价格走势表

（元/个）

月份 年份	1	2	3	4	5	6	7	8	9	10	11	12
1990	0.9	0.9	0.9	0.9	1.0	1.0	1.2	1.2	1.2	1.0	1.0	1.0
1991	0.9	0.8	0.8	0.8	0.8	0.8	0.8	1.0	1.0	1.0	1.0	0.9
1992	1.0	1.2	1.2	1.2	1.2	1.2	1.4	1.4	1.4	1.4	1.2	1.1
1993	1.3	1.3	1.3	1.3	1.3	1.3	1.4	1.4	1.4	1.3	1.3	1.3
1994	1.4	1.5	1.5	1.5	1.5	1.5	1.5	1.5	1.4	1.4	1.4	1.4
1995	1.2	1.2	1.2	1.2	1.2	1.2	1.2	1.1	1.1	1.1	1.1	1.1
1996	1.1	1.1	1.1	1.1	1.1	1.2	1.2	1.2	1.2	1.2	1.1	1.1
1997	1.1	1.1	1.2	1.2	1.2	1.2	1.2	1.5	1.5	1.5	1.5	1.5
1998	1.5	1.5	1.6	1.6	1.6	1.6	1.6	1.4	1.4	1.4	1.4	1.3
1999	1.3	1.3	1.3	1.2	1.2	1.2	1.2	1.2	1.3	1.2	1.2	1.1
2000	1.1	1.2	1.2	1.2	1.2	1.1	1.1	1.2	1.2	1.2	1.2	1.1
2001	1.0	1.0	1.0	1.0	1.0	1.0	1.0	1.0	1.0	1.0	1.2	1.2
2002	1.2	1.2	1.2	1.0	1.2	1.2	1.2	1.2	1.2	1.2	1.2	1.2
2003	2	4	2	2	6	4	1.45	1.45	1.52	1.52	1.5	1.6
2004	1.6	1.65	1.7	1.8	1.8	1.8	1.8	1.8	1.8	1.8	1.8	1.8
2005	1.2	0.75	0.45	0.45	0.35	0.35	0.32	0.32	0.35	0.35	0.35	0.38
2006	0.45	0.45	0.45	0.45	0.5	0.52	0.58	0.58	0.58	0.58	0.58	0.58
2007	0.5	0.5	0.5	0.5	0.5	0.5	0.5	0.5	0.5	0.5	0.5	0.5
2008	0.75	0.7	0.6	0.6	0.55	0.55	0.6	0.65	0.65	0.65	0.65	0.7
2009	0.75	0.75	0.75	0.75	0.7	0.7	0.75	0.75	0.75	0.75	0.75	0.8
2010	0.8	0.8	0.8	0.8	0.95	0.95	0.84	0.84	1.4	0.9	0.95	0.95
2011	0.9	0.9	0.9	0.9	0.9	0.9	1.0	1.0	0.65	0.58	0.58	0.65
2012	0.65	0.65	0.6	0.6	0.6	0.6	0.6	0.6	0.6	0.6	0.6	0.6
2013	0.6	0.6	0.7	0.55	0.7	0.75	0.75	0.55	0.55	0.55	0.65	0.9
2014	0.9											

（三）急性子

1. 概述　凤仙花（*Impatiens balsamina* L.）又名指甲花、透骨草，为凤仙花科凤仙花属植物。其种子，中药材名急性子，有软坚消积、降气行淤等功效。凤仙花喜温暖湿润气候。它生命力强，对土壤要求不严，南北均可种植，主产于山东、河南、四川、安徽、广西等省、自治区（图1-3-3）。

图 1-3-3　凤仙花
1. 花枝　2. 旗瓣　3. 翼瓣
4. 唇瓣　5. 雄蕊　6. 蒴果　7. 种子

2. 栽培技术

（1）选地整地　种植凤仙花黏土、砂土等都适宜，其喜肥，耐高温，怕霜冻。选地后，深翻土地，整地做畦，并施足基肥。

（2）繁殖方法　分直播与育苗移栽两种。

①直播。在 4 月中下旬，按行距 30～40 厘米、深 2～3 厘米开沟撒播，然后覆土、踏实、浇水。约 20 天左右出苗。苗高 7～10 厘米时间苗一次。苗高 15 厘米，按株距 25～30 厘米定苗。每 667 米² 用种量约 1 千克。

②育苗移栽。选向阳、温暖的地块，于春分时做好苗床，开深 2～3 厘米沟撒播，盖土，搂平，浇水。当苗高 10 厘米时移栽到大田。

(3) 田间管理 苗成活后，要常松土除草，小水勤浇。苗高 30 厘米左右，可把地下茎的老叶去掉，摘去顶尖，促其分枝，并应追肥，每 667 米² 施饼肥 40～50 千克。雨季要及时培土，防止倒伏。

(4) 病虫害防治 主要有白粉病，可用粉锈宁喷治。虫害有粉蝶，可用敌敌畏防治。

3. 采收与加工 果实八成熟时采收，因果实易自行开裂。采收后，去净杂质，晾干装袋即可。

4. 市场分析与营销 急性子是传统中药，主治噎嗝、胃痛、腹部肿块、闭经等症。另外。凤仙花的花也能药用，能活血、消积、通经、解毒；凤仙花的全草也可供药用。凤仙花还是庭院栽花的常用品种。急性子为小品种，市场销量相对不大，因此目前并没有形成集中的产区，多是农民分散种植。

急性子 1992 年以前多在 10 元/千克以下，1993 年达到 10 元/千克，1994—1995 年到 15 元/千克、1998 年到 17 元/千克，1999 年开始回落，2000—2002 年在 9 元/千克左右，2003—2008 年又升到 10 元/千克以上，2009 年上涨到 27.5 元/千克，2010—2011 年涨到 62 元/千克，2011、2012 年种植面积增大，2012—2013 年降到 30 元/千克左右，2014 年初为 27 元/千克。小品种市场专营性较强，经营者少，市场的存量并不多，种植简单，投资也较低，后市价格变化不大，看准市场，可以种植。

其 25 年价格变化详见表 1-3-3。

表 1-3-3　1990—2014 年混等急性子市场价格走势表

(元/千克)

年份＼月份	1	2	3	4	5	6	7	8	9	10	11	12
1990	7	7	7	7	7	7	7	6	6	6	5	5
1991	5	5	5	5	5	6	6	6	6	6	5	5
1992	7	7	7	7	7	7	9	9	9	9	9	10
1993	10	10	10	10	10	10	10	10	12	10	10	9
1994	12	13	14	14	14	14	14	15	15	13	12	12
1995	13	13	13	13	14	14	14	14	15	14	13	13
1996	12	12	10	10	9	9	11	11	11	10	10	
1997	12	13	13	13	13	13	13	13	13	14	14	12
1998	14	14	16	16	16	17	17	17	15	15	15	15
1999	15	13	13	13	13	13	10	10	10	10	9	9
2000	9	9	9	9	8	8	8	8	8	8	7	7
2001	7	7	7	7	8	8	9	9	9	9	8	8
2002	8	8	8	9	8	8	8	8	8	8	9	9
2003	9	9.5	10	12	10	10	10	10	10.5	10.5	11.2	11.2
2004	11.5	12	12	11.5	11.5	11.5	11.5	11.5	11.5	11.5	11.5	11.5
2005	11	11	11	11.5	11.5	11.8	11.8	11.5	11.5	12	12	12
2006	11.5	11.5	11.2	11.2	11.2	11.2	11.5	11.5	11.8	11.8	11.5	11.5
2007	11	12	11	12	11	11	11	11	10	9	10	10
2008	9	9	9	10	11	12	12	13	14	14.5	14.5	14.5
2009	14.5	15	16	17	19	20	22	23	24	25	26	27.5
2010	27.5	28	30	32	34	40	45	50	55	60	60	62
2011	62	62	61	60	58	56	55	50	45	44	43	42
2012	39	39	39	39	39	38	35	34	32	30	28	28
2013	27	27	28	28	28	28	28	28	28	30	30	30
2014	27											

(四) 补骨脂

1. 概述　补骨脂 (*Psoralea corylifolia* L.) 又名黑故子、川故子、破故纸等,为豆科补骨脂属植物。以果实入药,具有补肾温脾、补精益髓、健脾散寒等功能。补骨脂喜温暖气候，较耐旱，喜阳光充足，怕寒冷，怕荫蔽。对土壤要求不严，以选择土层深厚、排水良好、疏松肥沃的土壤种植为好，砂地、黏土地、低洼地及寒冷地区不宜种植。主产于四川、河南、陕西、山西、安徽等省（图1-3-4）。

图1-3-4　补骨脂
1. 果实侧面　2. 果实正面

2. 栽培技术

（1）整地　选地后，于播前整地，每 667 米² 施农家肥 3 000 千克，加磷酸二铵 10 千克，施后翻耕，把细整平做畦。

（2）播种　在清明至谷雨间播种，分平作与间作。平作：在整好的畦内开沟条播，沟距 30 厘米，沟深 3 厘米，将种子撒播，盖土压实，并浇水。约 10 天出苗，每 667 米² 播种量约 2 千克；间作：在低秆作物行内条播，方法同上。

（3）田间管理　当苗高 10 厘米左右时间苗，以株距 16 厘米定苗。适时中耕除草。补骨脂喜肥，幼苗期浇一次粪肥或硫酸铵每 667 米² 25 千克，苗高 45 厘米时，结合中耕除草施肥，每 667 米² 施过磷酸钙 25 千克。

补骨脂幼苗喜湿润环境，前期适时浇水，后期可控制水分。7～9 月果实自下而上陆续成熟，可分批采收。为了提高产量和种子质量，8 月下旬或 9 月上旬，将上端果穗剪掉，使养分集中，有利于中、下部果实成熟。

（4）病虫害防治　补骨脂易受褐斑病、灰斑病、根腐病等为害，可用常规方法防治。地下害虫可用锌硫磷浇灌防治。

3. 采收加工 补骨脂7～9月间自下而上陆续成熟，要及时分批采收，否则荚果自行开裂，种子散落地上，无法收集。采收后脱粒，除杂，用清水洗后，加5％的盐水搅拌，至干燥发香为好，筛去末子入药。每667米² 产量200千克左右。

4. 市场分析与营销 补骨脂为常用中药，温肾助阳，纳气止泻。用于治疗阳痿遗精、遗尿尿频、腰膝冷痛、肾虚作喘、五更泄泻。外用，治白癜风、斑秃。经研究，还对银屑病、支气管哮喘、白细胞减少等症有疗效。补骨脂除药用外，还可用于保健食品。20世纪80年代以前，补骨脂的年纯销量为2 300余吨，目前大约在3 000吨。中成药有近70个品种中有补骨脂的成分，如有补骨脂为原料的"尪痹冲剂""三鞭振雄丹""龟龄集""强力男宝""妇宝金丸""乌金丸""汇仁肾宝"等保健中成药，畅销市场。兽药、饲料添加剂也在大量使用补骨脂。

20世纪80年代初价格30元，刺激国内种植积极性高涨，产大于销，价格一路下滑到每千克2～3元，一直徘徊到1999年左右。1995年以前，河南、四川有大量种植。1995年已经开始从缅甸进口，1997年后国内基本都是进口货，年进口量大约1 000～1 500吨。2000年进口量大约3 000吨、2006—2007年进口2 000吨、2008年1 500吨、2009年不足1 000吨。1998年补骨脂的价格略有上涨，由以前的每千克2～3元，升到每千克4～5元，2000年由于以汇仁肾宝为代表的补肾药非常畅销，补骨脂用量大增，价格也上升为每千克5元左右。但是，2002—2007年下半年由于大量进口，又回落到每千克3元左右。

国内补骨脂长期依赖缅甸进口，由于近年缅甸政府鼓励农民开荒土地属于个人，免费提供种子，种植豆类、花生、蓖麻等经济作物力度很大，相对补骨脂价格多年很低，大面积的补骨脂被铲除开荒，缅甸的补骨脂资源遭受到灭绝性的毁坏，进口量减少。国内由于长期价格低、产量低、费工、费时，已经有近20

年没有种植，基本绝产。再加上物价总体上升，2010—2011 年涨到每千克 30~40 元。2011 年下半年开始回落，到 2014 年初在每千克 8 元左右。该品种以后还得靠国内种植。

其 25 年价格变化详见表 1-3-4。

表 1-3-4　1990—2014 年补骨脂（混等）市场价格走势表

（元/千克）

年份＼月份	1	2	3	4	5	6	7	8	9	10	11	12
1990	2.0	2.0	2.0	2.1	2.1	2.1	2.1	2.0	2.2	2.2	2.0	2.0
1991	2.1	2.2	2.2	2.3	2.3	2.3	2.3	2.0	2.2	2.2	2.2	2.2
1992	2.2	2.2	2.2	2.3	2.3	2.3	2.2	2.0	2.0	2.0	2.0	2.1
1993	2.1	2.1	2.1	2.1	2.1	2.1	2.1	2.1	2.0	2.0	2.0	2.0
1994	2.0	2.2	2.2	2.2	2.2	2.2	2.2	2.1	2.1	2.6	2.4	2.7
1995	3.0	3.0	3.0	3.2	3.2	3.2	3.2	3.1	3.1	3.1	3.1	3.1
1996	3.1	3.3	3.3	3.2	3.3	3.3	3.3	3.2	3.2	3.2	3.2	3.2
1997	3.2	3.2	3.3	3.3	3.3	3.3	3.3	3.2	3.2	3.2	3.2	3.0
1998	2.8	2.8	2.8	2.9	2.9	2.9	3.0	3.0	3.4	3.9	3.9	4.9
1999	5.0	5.0	5.0	5.0	5.0	5.3	5.2	5.0	4.9	4.9	4.9	5.0
2000	5.2	4.8	4.8	4.5	4.5	4.5	4	5.0	4.5	4.7	4.7	4.7
2001	4.8	5.0	5.0	5.3	4.7	4.2	4.2	4.0	4.4	4.5	4.5	4.5
2002	4.2	4.2	3.7	3.7	3.6	3.5	3.4	3.4	3.0	3.0	3.0	3.0
2003	3.0	3.5	4	4	3.5	3	3	3.5	3.5	3.7	3.7	3.5
2004	3	2.8	2.8	3	3	3	2.9	2.9	2.9	2.9	2.9	2.9
2005	2.9	2.7	2.7	3	3	3	2.8	2.5	3.8	2.8	3	3.2
2006	3.2	3.5	3.8	3.8	3.5	3.5	3.2	3.2	3.5	3.7	3.5	3.5
2007	3	3	3.5	3.5	3.5	3.5	3.5	3.5	3.5	3.5	3.5	4
2008	4	4.8	5	5.5	6	5.5	5.5	5.5	5.5	5	4.3	4.2
2009	4	4	4	4.2	4	3.9	4.3	4	4.3	5	6.5	8.5
2010	8.7	9.7	19	28	28	26	25.5	30.5	32.5	36	37	38.5
2011	38.5	38.5	35	35	24.5	18	18	15	12	9.5	11.5	10
2012	10	10	8.5	8.5	7.5	7.5	7.5	7.5	7.5	7.5	7.5	7.5
2013	7.5	9	10	9	8.3	8.3	8.5	8	7.5	7.5	7.5	7.5
2014	7.5											

（五）银杏

1. 概述　银杏（*Ginkgo biloba* L.）又叫白果树、鸭脚子树、灵眼等。果实称白果，是一种食药兼用、营养丰富、价值很高的果实。为银杏科银杏属落叶乔木。主治肺虚咳嗽、慢性气管炎、肺结核、遗精、白带等症。外用可治疥疮、粉刺。银杏为喜光性树种，耐旱，又耐寒，但不能低于－20℃。宜选择地势高、光照充足、土层深厚、肥沃的砂质壤土栽培。主产于广西、四川、河南、山东、湖北、安徽、辽宁、江苏等省、自治区（图1-3-5）。

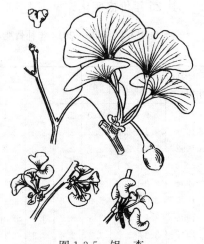

图1-3-5　银　杏

2. 栽培技术

（1）选地整地

①银杏播种育苗时，宜选择土层深厚、疏松肥沃、地势高、排水好的砂质壤土。

②银杏扦插育苗时，宜选择黄松土、壤土为好。将地整平耙细，开厢，做成龟背形畦面，宽1.2米，高25厘米，中间稍高，四边略低，四周开好排水沟，防止积水。并提前做好水利配套设施，以便灌溉。

③移栽地，要选择地势高、日照时间长、阳光充足的地方，土壤要求深厚、肥沃、排水良好的砂质壤土或壤土，以微酸性至中性的壤土生长茂盛，长势快，成林早。

（2）定植方法　于冬季或春季进行。按行株距5米×4米，每 667 米² 35 株银杏苗，挖穴栽植，穴直径和深度为 50 厘米，穴底挖松 15 厘米土，整平。每穴施入腐烂有机杂肥和磷饼肥混合堆沤的复合肥 20 千克，与底土掺和均匀，上盖细土厚 10 厘米。最后，挖取银杏栽入穴内，使根系舒展伸平，盖土稍高于原土平面，栽直、栽稳、踩实，并浇一次定根水。因为银杏为雌雄异株，定植时，每 667 米² 应搭配 5％的雄株，以利授粉开花结果。

（3）田间管理

①中耕除草与追肥。定植后，初期行间可套种豆类、薯类及其他矮秆农作物或草本中药材。适时松土除草。树冠郁闭前，每年施肥 3 次，第一次在春初，施催芽肥；第二次在夏初，施壮枝肥；第三次于冬季，封冻前，重施腊肥。肥料以有机肥为主，适当配合氮、磷、钾等化肥。施肥方法：在树冠下，开环状沟或放射状穴施入，施后盖土压肥、浇水。到结果期，于花期开始时，每隔 1 个月，进行根外追肥 1 次，用 0.5％的尿素，加 0.3％的磷酸二氢钾肥，配制成水溶液，选晴天傍晚或阴天喷施在叶片上。

②人工授粉。银杏为风媒植物，在雌株开花前，采集雄花枝，将其挂在雌株上，借风力进行辅助授粉，以便提高坐果率和结实率。

③整枝修剪。于每年冬季，剪除枯枝、细枝、弱枝、重叠枝和伤残枝、病枝等。夏季进行摘心处理，促进养分集中。同时抹除赘芽和剪除根部萌蘖，促进植株生长发育。

3. 收获与加工

（1）采收果实与加工　在 9～11 月进行，当外种皮呈橙黄色时，或自然成熟脱落后，采集果实，采后堆积或在缸中浸泡至果肉腐烂。然后取出，于清水中搓去肉质外种皮，洗净，晒干，打碎外壳，剥出种仁，称为生白果仁。若经熏、炒、煨等加工法处理，再打碎外壳，取出种仁，即为熟白果仁。

（2）采银杏叶　在 10～11 月收集经秋霜打后的叶片，晾干并去杂，可为药用。

4. 市场分析与营销　　银杏为国家Ⅰ级重点保护野生植物，果实即白果，是药用历史悠久的中药材，药食两用。药用主治肺虚咳嗽、慢性气管炎、肺结核、遗精、白带等症。外用可治疥疮、粉刺。中国白果产量占世界总产量的 90％，银杏叶、果是出口创汇的重要产品，尤其是防治高血压、心脏病重要的医药原料。白果的药用主要体现在医药、农药和兽药 3 个方面。

银杏在宋代被列为皇家贡品。日本人有每日食用白果的习惯。西方人圣诞节必备白果。就食用方式来看，银杏主要有炒食、烤食、煮食、配菜、糕点、蜜饯、罐头、饮料和酒类。

银杏叶也是重要的药用、保健品原料，从银杏叶中提取有效成分，大量出口。20 世纪 70 年代后期，欧洲较早研制出银杏叶口服和注射剂在内的多种银杏叶提取物制剂，先后在心脑血管疾病和神经内科多种疾病的临床应用上有了较大突破。目前全世界有 130 多个国家在销售银杏叶制剂，全球各种银杏叶制剂的药品、保健品、化妆品的销售额已超过 65 亿美元。近年来全球每年消耗的银杏叶量已达 10 多万吨，其中 80％～90％的原料来源于我国。国内 80 年代后期才有第一个银杏叶口服药品——天保宁。到 2008 年国家药监局已经批准生产的银杏叶提取物和中成药产品有 160 多个。银杏叶饮料、银杏桃果汁、银杏啤酒、银杏茶等保健品也已在市场上流通。

银杏果的市场价格波动不大，1992—1995 年市场价格偏高，每千克 15 元左右，自 1996—2002 年，每千克一直在 12 元左右，2003 年非典时期达到每千克 20 元高价，2004—2007 年又回到每千克 8～10 元之间。2008—2014 年初，更是降到每千克 8～6 元之间。这与银杏种植面积、用量相对稳定、结果周期长有关。

银杏叶价格波动不大，基本比较稳定。可利用荒山闲地发展种植。

其 25 年价格变化详见表 1-3-5、表 1-3-6。

表 1-3-5　1990—2014 年混等白果市场价格走势表

（元/千克）

月份 年份	1	2	3	4	5	6	7	8	9	10	11	12
1990	9	9	9	9	9	10	10	9	9	9	10	10
1991	11	11	11	10	10	10	11	13	13	13	14	15
1992	15	16	17	17	17	17	17	15	15	15	15	15
1993	16	16	16	16	16	16	16	15	15	15	15	16
1994	16	16	16	16	16	19	19	18	18	18	18	18
1995	18	18	15	15	15	15	15	13	13	13	12	12
1996	12	12	13	13	12	12	13	13	12	13	13	14
1997	14	14	14	14	14	13	12	12	12	12	12	12
1998	11	12	12	12	12	12	12	12	12	11	11	11
1999	12	12	11	11	11	11	11	11	13	13	13	13
2000	14	14	15	15	16	14	14	14	14	13	13	13
2001	13	12	12	12	12	10	10	10	10	10	10	10
2002	10	11	11	11	11	11	11	11	11	11	12	13
2003	13	15	20	20	15	14	14	12	10.5	10	10	10
2004	9	9	9	8	8	8	8	8	7.5	7.5	7.5	7.5
2005	7.5	7.5	8.2	8.2	8.5	9.5	9.5	10.2	10.2	10.5	10.5	9.8
2006	4.2	11	11	10.5	10.8	10.8	11.5	9.5	10.5	10.5	10.5	10.5
2007	8	9	10	10	11	13	13	12	11	11	12	12
2008	5.5	5.5	5.5	5.3	5.3	5.3	5.3	5.3	5.3	5.3	5	4.3
2009	7	7	7	6	6	5	5	5	4.5	4.9	4.9	5
2010	5	5	5	5	7	8.5	6.5	6.5	6	6	6.5	6.6
2011	6.6	6.6	7.2	7.2	7	7	7	7	7	7	7	7
2012	7	7	8	7	8	8	8	8	8	8	8	8
2013	8	7	7	7	7	7	6	6	6	6	6	6
2014	6											

表 1-3-6　1990—2014 年混等银杏叶市场价格走势表

（元/千克）

月份 年份	1	2	3	4	5	6	7	8	9	10	11	12
1990	6.2	6	6	7	7.3	7.5	8	7.8	7.5	7	6.5	6
1991	6	7	7.3	7.5	7.8	8	7.8	7.5	7.3	7.3	7	6.5
1992	6	6	7.5	8	8.2	8.3	8	7.5	7	6.5	6.5	6

(续)

月份\年份	1	2	3	4	5	6	7	8	9	10	11	12
1993	5	6	6.5	6.8	6.8	7	6.9	6.8	6.5	6.3	6	6
1994	6	6.1	6	6	6.3	6	5.9	5.8	5.8	5.5	5	5
1995	5	5.2	5.3	5.5	5	5.2	5	4.8	4.7	4.5	4.3	4
1996	4.8	5	5.14	5.2	5	5	4.8	4.8	4.8	4.7	4.5	4.3
1997	4	4	4.5	4.3	4.2	4	3.8	3.8	3.5	3.5	3.5	3
1998	3	3.5	3.8	3.8	4	3.8	3.8	3.8	3.7	3	3.8	2.6
1999	2.8	2.8	2.8	2.8	2.8	3	3.2	3.5	3.3	3	2.8	2.7
2000	2.7	2.7	2.8	2.8	3	3	3	2.8	2.8	2.6	2.5	2.4
2001	2.4	2.5	2.6	2.6	2.7	2.8	2.9	2.8	2.8	2.5	2.3	2.1
2002	2	2	2	2.5	2.4	2.4	2.3	2	2.1	2	2
2003	2	2	3	3	1.7	1.7	1.8	1.9	2.1	2.3	2.5
2004	2.8	3.1	3.3	3.6	4.2	4.4	4.4	4.2	4.5	4.8	4.8	4.2
2005	4	3.8	3.8	3.8	3.8	3.8	3.5	3.5	3.5		4	4
2006	3.7	3.7	3.7	3.7	4.3	4.5	4.9	4.9	4.9	4.9	5.1	4.8
2007	4.5				5.5	5.5	5.0	4.5	4.5	5.5	5.5
2008	3.5	3.5	3.5	4.7	4.7	5.5	5.5	5.5	5.5	5.5	5.5
2009	4		4	3.5	4.5	4	4	4.5	4.5	4.5	4.8	4.8
2010	4.8	4.8		5.5	5.5	5.5	5.5	5.5	5.5	4.8	5.5
2011	5.5		5.5	5.5	5.5	5.5	5.5	6	6	5.3	5.3	5.7
2012	7.2	4.5	4.5	4.5	7	7	12	12	12	12	6	6
2013	6	6	6	6	6	6	6	6	6	6	6	6
2014	6											

(六) 栀子

1. 概述 栀子 (*Gardenia jasminoides* Ellis) 别名黄果树、山栀子、山枝等，为茜草科栀子属植物。以果与根入药，有泻火解毒、清热利湿、凉血散淤的作用。分布于浙江、江西、福建、湖北、四川、贵州等省。喜温暖湿润气候，不耐寒冷，在北方不能自然越冬。成株较能耐旱，但种子播种后及幼苗期，必须有充足的水分，幼苗期宜稍荫蔽。土壤以排水良好、微酸性至中性的夹砂泥土或黄泥土较好，凡寒冷多风或过于干旱地区以及盐碱地和涝洼地均不宜种植（图1-3-6）。

2. 栽培技术　可用种子、扦插、分株繁殖。

（1）种子繁殖　分大、小两个栽培品种，主要是果实大小不同，一般大果栀子的果实比小果栀子的果实大 1/3～1/2 左右，栽培时应选择大栀子为好。由于栀子的种子发芽率不高，故应选饱满、色深红的新鲜果实，连壳晒至半干作种，于播种前剥开果皮取出种子，

图 1-3-6　栀　子
1. 果枝　2. 花

泡在清水中2～3小时后揉搓，去掉浮在水面的杂质及瘪籽，将沉于水底的饱满种子捞出后稍晾干，拌上细砂，以备播种。春、秋两季均可播种，以春播为好，春播在2月下旬，秋播在9月下旬进行。播种时，先将选好的土地深翻，每667米^{2}施基肥约2 500千克左右，耙平，做成高畦，按25厘米的距离开沟条播，播种后覆盖焦泥灰和细土2～3厘米，上面盖草保墒，每667米^{2}用种量2～3千克，出苗后应将盖草及时揭去，如阳光过烈，可于每日早晚浇水，以免影响秧苗生长，幼苗若生长过密，应分次匀苗，最后按株距10～13厘米定苗。还须除草、追肥。苗高30厘米以上时可行定植。

（2）扦插繁殖　南方于秋末（9月下旬至10月）或春初（2月下旬至3月）选择生长健壮的植株上2～3年生的枝条，剪成15～20厘米长，上端平，下端斜的插条，按行距25厘米、株距10～13厘米，微斜插入苗床上，插条入土2/3，上端留一节露出土面，经常保持床土潮湿，成活后加强管理，1年后定植。

（3）分株繁殖　栀子根茎部发生的幼株较多，可于早春或秋

季，刨开土表面，将母树周围 20 厘米长的嫩枝从母株相连处分出，单独栽植，以后浇淡粪水，促进成活。种子育苗或扦插育苗 1 年后，苗高 30 厘米以上即可定植，行株距 15～20 厘米。土壤肥沃时行株距可稍大，土壤瘠薄则可适当缩小行株距。定植时先刨直径 50 厘米、深 33 厘米的穴，每穴施堆肥 1.5～2.5 千克作底肥，每穴栽壮苗 1 株，栽后若遇天旱，应浇水抗旱，保证植株成活。

定植后每年 4 月中旬追施人畜粪肥，每 667 米^2 2 000 千克，或每 667 米^2 施硫酸铵 10～15 克，于株旁开浅穴施下，以供植物抽生新枝和孕蕾的需要，5 月间可再施人畜粪每 667 米^2 1 500 千克或厩肥、堆肥等，以促进开花。若在开花前再施草木灰、人畜粪、磷酸二铵等肥料，可壮大果实。

3. 采收加工 种子育苗定植后 3～4 年开花结果，扦插繁殖定植后 2～3 年即可结果，每年 10 月上旬以后，果实陆续成熟，外果皮呈现红黄色时，即可采摘。采收过早或过迟，对品质均会有影响。采摘后，除去果柄等杂物，放入罐中微蒸或放明矾水中微煮，取出晒干或烘干。亦可将直接摘回的栀子，及时晒干或烘干，因栀子果实不易干燥，故在烘晒时应随时轻轻翻动，火势宜先大后小，免伤果皮，及防止外干内湿，而致发霉变质。

4. 市场分析与营销 栀子具有泻火解毒、清热利湿、凉血散瘀的功效。栀子我国南部各省，江西、湖南、湖北、福建、浙江、安徽、四川、贵州等地都有种植，且各地也均有野生资源补充。江西为栀子主产区，最高产量接近 3 000 吨，可达到全国产量 60%。福建、浙江为所产仅次于江西产区，正常干货产量在 1 100 吨左右。河南产区栀子，正常年份在 1 000 吨左右。近年供需较为平衡。栀子广泛用于中药配方，同时也常被色素厂用以提取天然染料和使用食用色素，用量正逐年增加，年用量大约在 6 000～7 000 吨之间。

1990—2001 年代初期，其价格长期在每千克 6 元左右，

2002 年升到每千克 10 元、2003 年到每千克 15 元、2004 年又回落在每千克 10 元一下，一直到 2009 年。主要是栀子生长在南方，每年都有一些或大或小的自然灾害，使栀子的种植面积一直不大而造成的。栀子作为易受虫害品种，受人工管理影响较大，多年低迷行情促使农户积极性受挫，无心管理栀子生长，加之各产区普遍出现植株老化亩产下滑现象，以至于 2010 年开始高价上涨，在 2013 年一度涨至每千克 35 元左右，2014 年初在每千克 30 元附近。

近 25 年小栀子的价格变化详见表 1-3-7。

表 1-3-7　1990—2014 年（小个）栀子市场价格走势表

（元/千克）

年份＼月份	1	2	3	4	5	6	7	8	9	10	11	12
1990	5	5	5	4.5	4.5	4.5	5	5	5	5	5	5
1991	5	6	6	6	6.5	6.5	6.5	5	5	5	5	5
1992	5	5	5	4.5	4.5	5	5	5	5	5	5	5.5
1993	5.5	5.5	6	6	6	6	6.5	7	7	7	7	7
1994	7	6	6	6	6	6	6	6	6	6	6	6
1995	6	5.5	5.5	5	5	5	5	5	5	5	5	5
1996	5	5.5	5.5	5.5	5.5	6	6	6	6	6	6	6
1997	6	6	6.5	6.5	6.5	6.5	6.5	7	7	7	7	7
1998	7	7	7	7	6.5	6.5	7	7	7	7	7	7
1999	7	7	7	7.5	7.5	7.5	8	8	8	8	8	8
2000	8	8	7	7	7	6.5	6.5	6.5	6.5	6.5	7	7
2001	7	8	9.5	9.5	9.5	9.5	9.5	9	9	9	9	10
2002	10	10	10	10	10	10	10	10	10	10	10	10
2003	10	12	14	15	14	12	12	12.5	12.5	12	11.5	11.5
2004	12	12	11.5	11.8	11.2	10.8	10.8	10.8	10.8	10.7	10.7	9.3
2005	9.3	9.2	8.7	8.3	8	8.3	9.2	8.2	8.2	10	9	9
2006	8.8	9.7	9.7	9.7	9.6	9.5	9.4	9.5	9.5	9.5	9.8	9.8
2007	8	9	9	9	9	9	9	9	9	9	8.5	8.5
2008	7.5	7	7	7	7	7	7	6.5	6.5	6.5	6.5	6.5
2009	6.3	6.5	7	8	10	12	14	15	16	16	16	16
2010	16	18	18	20	22	24	24	26	26	28	28	29

（续）

月份 年份	1	2	3	4	5	6	7	8	9	10	11	12
2011	29	29	29	29	29	28	29	29	29	29	29	29
2012	28	25	28	30	28	28	27	27	27	27	30	34
2013	35	35	35	35	35	35	35	35	35	30	30	30
2014	30											

（七）砂仁

1. 概述　砂仁（*Amomum villosum* Lour.）别名阳春砂仁，为姜科植物，以果实或种子入药，有温脾健胃、消食安胎的作用，主产于广东及广西等省、自治区，云南、福建也有栽培。喜高温，但遇短暂的低温及偶尔的短期霜冻仍能越冬生长，花期气温在22～25℃以上时才有利于授粉结实，若低于20℃则花朵不张或虽开放，但不散粉而干枯。春季气温低时，花芽分化显著推迟，遇连绵阴雨及低温则烂花严重。喜湿怕旱，需要一定的荫蔽环境，土壤以富含腐殖质、中性或微酸性、疏松的黑色砂质壤土为佳。遇砂土或瘦薄的土壤，植株生长瘦弱，产量低，寿命短（图1-3-7）。

2. 栽培技术　有种子繁殖和分株繁殖两种繁殖方法。

（1）种子繁殖　选择红褐色、粒大饱满的成熟鲜果留种，将鲜果日晒1～2次，晒果温度保持在35～40℃之间，再放在室内沤3～4天，捏破种皮，洗净种子，晾干待播。不能日晒，播种期分秋播和春播。秋播在8～9月，春播在3月进行，通常以秋播为主。种子新鲜，气温较高，出苗率高。选背阴湿润、肥沃疏松，排水良好的土壤做畦，畦高10厘米，宽1.0～1.3米，播前施足基肥，深耕细耙，平整畦面，按10厘米行距开沟点播，播深1～1.5厘米，播后20天出苗，出苗率可达60%～70%，每667米² 播种量3～3.5千克，每千克种子可育出供大田种植2.67公顷的种苗，苗期施肥宜勤施薄施，用肥量逐渐加大，当幼苗长出2片真叶后开始施肥，以后每半月或每月施

图 1-3-7 阳春砂仁

1. 花枝 2. 幼果 3. 果实 4. 示雄蕊和雌蕊

肥一次，每次开沟施尿素 2～3 千克，至幼苗长出 10 片叶、高约 10～15 厘米时，按行株距 20 厘米×20 厘米移植，待苗高 50 厘米以上便出圃定植，方法同分株繁殖。

（2）分株繁殖 选生长健壮、开花结果多的株，截取带 1～2 个嫩根状茎的壮苗为种苗，春植或秋植，春植在 3 月底至 4 月初，秋植于 9 月进行，以春植为好，选择阴雨天，按行株距 67 厘米×67 厘米或 1.33 米×1.33 米栽植，每 667 米² 用苗 400～1 500 株，种时将老根状茎斜埋入土，深 7～10 厘米，压实，而嫩的根状茎用松土覆盖，不用压实，种后淋定根水及用草覆盖地面，天气干旱应及时淋水以保成活。

对新种植的春砂仁要促使分株繁殖，生长健壮，除施磷、钾肥外，适当增加氮肥，从 2 月至 10 月施肥 3～4 次，施以灰粪、绿肥、厩肥、化肥等，化肥宜在雨季时混细土撒施，每 667

米²2.5～5 千克。待植株开花结果时，每年施肥 2～3 次，第一次在 2 月，主要施磷、钾肥及适量氮肥，每 667 米² 施用拌土沤过的磷酸二铵 10 千克，尿素 1.5～2.5 千克，第二次在秋季采果后，每 667 米² 施堆肥及熏土 750～1 000 千克或绿肥1 500～2 000千克，尿素 5 千克，以利恢复群体生长势，为花芽分化创造条件，第三次在 11 月，每 667 米² 施牛粪或熏土1 000千克，以防寒保暖。春砂仁喜湿怕旱，根系浅，要经常保持土壤湿润，定植后第三年的秋季要求水分较多，以促进笋生长。冬春花芽分化期要求水分较少，在花果期要求空气相对湿度 90％以上，但雨水过多易造成烂花烂果。

春砂仁自然结实率低，一般为 5％～8％，低者仅 1％～2％，故在自然环境较差的地方可进行人工辅助授粉。人工授粉分抹粉法和推拉法两种：抹粉法是用一小竹片将雄蕊挑起，用食指或拇指将雄蕊上的花粉抹到柱头上，再往下斜擦，使大量花粉塞进柱头孔上；推拉法是用中指和拇指横向夹住唇瓣和雄蕊，进行反复推拉，使大量花粉塞进柱头孔。

3. 采收加工 定植后 2～3 年便开花结果，成熟时果实为紫红色。种子褐色或黑色，有浓烈辛辣味。一般在 7 月底至 8 月初收获，注意勿踩伤匍匐茎和碰伤幼笋，用剪刀剪断果柄，把鲜果进行烘焙，以免因遇连日阴雨，引起发霉，影响质量，火培法是用砖砌成 1.33 米长，高、宽各 1 米的灶，三面密封，前留灶口，灶内 80 厘米高处横架竹木条，上放竹筛，每筛放鲜果 75～100千克，顶用草席盖好封闭。从灶口送入燃烧的木炭，盖上谷壳防火过猛。每 2 小时将鲜果翻动一次，待焙至五至七成干时，把果取出倒入桶内或麻袋内压实，使果皮与种子紧贴，再放回竹筛内用文火慢慢焙干即成，鲜果 50 千克可得干果 10～12.5 千克。

4. 市场分析与营销 砂仁为姜科阳春砂的成熟果实，种子团分 3 瓣，每瓣种子 5～9 枚，种子气味芳香而峻烈，用作香料，稍辣，其味似樟。在东方是菜肴调味品，特别是咖喱菜的佐料。也是中医常用的一味芳香性药材。具有化湿开胃、温脾止泻、理气安胎的功效。目前市场上的砂仁分国产砂仁和进口砂仁两种。国内砂仁主要分广东阳春砂仁、云南西双版纳，海南壳砂（主产于海南）。进口砂仁（缩砂密），主要来自印尼、马米西亚、泰国、柬埔寨、越南、老挝、缅甸等国。砂仁中以阳春砂仁质量为最佳，其中，春砂（果实）入药的疗效比较显著，品质也比较好，在国际药材市场上享有比较高的声誉。2009 年数据，全国砂仁仅药用每年大约在 1 000 吨左右，国内当年产量只有 700～800 吨，尚需进口 200～300 吨。

20 世纪 90 年代初，砂仁价格在每千克 30 元以上，之后开始上升。1996 年达到历史最高点，为每千克 170 元左右，之后又开始逐年下滑，到 2000 年降到每千克 100 元左右，2003 年末又降到每千克 40 元左右的低价。原因为砂仁的新功效被开发，而使砂仁的用量上升，价格上涨，于是农民开始大量种植，市场的供大于求，再加上种植技术不过关导致的质量下降，为砂仁降价的主要原因。经过持续几年的低谷期后，2004 年砂仁开始回升，2006 年达到每千克 110 元左右、2007 年到达每千克 150 元、2008 年 11～12 月随进口货源大量上市冲击和受市场整体低迷影响，价格随之大幅度回跌（进口壳砂降至每千克 33 元左右，产区春砂每千克 70～80 元），市场行情很快转入低迷，又降到每千克 100 元左右、2009 年降到每千克 70 元左右、2010 年又升到每千克 175 元。2010 年国外一般亩产 20 千克左右，认为砂仁且费工费时，加上劳动力成本提高，大部分产区改种价格比较高且容易管理的橡胶树了，少数地方，无人管理，砂仁家种变野生了。另外加上干旱十分严重导致砂仁收成下降。国内春砂，广西、云南产区也是天气异常，开花时受干旱影响、严重减产。进口砂仁在价格上低于国产的阳春砂仁，因此销量大，往往成为药厂投料首选原料，近年来进口货用量明显增多，但是，现在国外比国内旱情还要严重，进口货源偏紧。2012 年末到达每千克 260 元、2013 年下半年加速上涨到

2014 年初，已到每千克 400 元高位。砂仁产区应该改善管理措施、提高产量、稳定生产面积。其 25 年国产砂仁价格变化详见表 1-3-8。

表 1-3-8 1990—2014 年国产砂仁市场价格表

(元/千克)

月份 年份	1	2	3	4	5	6	7	8	9	10	11	12
1990	37	37	40	37	37	40	40	40	40	37	37	35
1991	35	37	37	37	37	40	40	40	40	45	45	45
1992	45	50	50	50	50	60	60	65	70	70	75	80
1993	80	80	77	80	80	85	85	85	90	90	95	95
1994	95	95	100	100	100	102	102	105	105	105	105	110
1995	110	110	115	120	120	120	130	130	130	130	130	150
1996	150	160	160	160	165	175	175	170	170	160	160	160
1997	160	150	150	150	147	147	147	145	140	140	130	130
1998	130	130	127	127	120	120	110	110	110	110	105	101
1999	101	101	101	101	100	97	97	100	100	100	102	102
2000	102	100	102	104	104	104	104	104	100	90	80	80
2001	72	72	72	70	64	64	64	64	64	60	56	53
2002	53	50	50	49	49	49	46	46	46	44	37	37
2003	37	48	80	60	45	45	40	42.5	42.5	44	45	46.5
2004	47	48.5	49.5	51.5	51.5	51	52.5	55.5	58	59	59	59
2005	58	56.5	58	59	60	60	60	59	61	67	65	65
2006	66	66	67.5	72	72	73.5	73.5	82.5	102.5	117.5	110	110
2007	105	110	120	130	140	140	140	140	145	145	150	150
2008	100	102	103	105	100	100	100	98	95	87	85	80
2009	80	75	73	65	67	67	67	65	63	63	68	68
2010	68	68	68	110	115	120	130	150	175	175	170	175
2011	175	185	180	165	165	165	165	165	140	115	107	115
2012	115	110	110	130	130	129	145	145	200	205	205	260
2013	260	260	260	260	280	280	280	320	380	380	400	400
2014	400											

（八）山茱萸

1. 概述　山茱萸（*Cornus officinalis* Sieb. et Zucc.）别名枣皮、萸肉。为山茱萸科植物。以除去种子的果实入药。有补益肝肾、涩精止汗的作用。分布于浙江、山西、陕西、山东、安徽、河南、四川等省。喜温暖湿润气候。但开花期遇冻害会严重减产。在土壤肥沃、土层深厚的砂质壤土或壤土都可栽培，要求排水良好（图1-3-8）。

图 1-3-8　山茱萸
1. 花枝　2. 果枝　3. 花序　4. 花

2. 栽培技术　采用育苗移栽，秋季果实成熟时，选籽粒丰满无病虫害的果实，剥去果肉，水洗后用湿砂藏或人尿浸种，掺牛、马粪层积。经处理后的种子，第一年出苗率60％～70％，第二年陆续出齐。也有的地区采用湿砂层积处理法，冬季获得种子后，在向阳、排灌方便的地方挖长方形的土坑，坑深25～33厘米，将坑底捣实整平后，铺细砂一层，每1份种子掺3份细砂，均匀混合后，放入坑内，经常保持潮湿，冬季盖一层草并覆土33厘米左右，以防受冻，第二年3月下旬至4月上旬条播，行距33厘米，开沟深3～5厘米，将处理过的种子均匀播入沟内，覆土搂平，稍镇压，上盖一层草，保持畦面湿润，4月下旬即可出苗。第三年春继续出苗。

当年育苗，水肥供给及时，加强田间管理。幼树可长67～100厘米高，当年就能定植。如生长不好，2～3年定植。在山东地区于 11 月间封冻前进行，浙江在春节期间定植。北京地区小苗定植多在春季。按 2.7 米×2 米或 3.3 米×3.3 米的行株距挖穴。穴内放入土杂肥，再填少许熟土，稍加混合后定植，起苗最好选阴天。挖苗带土团定植，成活率高，根在穴内应舒展，埋土深度不超过原来苗床种植深度，定植后浇水，水渗下后，将四周土培到根际用脚踩实。定植后将茎基部丛生的枝条剪去，只留中间主枝，如地干还要浇一次水，然后培土。

移栽时如施底肥多，在当年可不追肥，以后每年春、秋两季各追肥一次，施肥量根据树龄而定，小树少施，大树多施，10 年以上的大树每株可施人畜粪 5~10 千克，在树四周开沟，将肥料施入后浇水，待水下渗，将沟盖平。定植后第一年和进入结果期应注意浇水，如花期和夏季遇旱，会造成落花落果，栽后第二年 2 月上旬前将顶枝剪去，促进侧枝生长，幼树期每年早春将树基部丛生的枝条剪去，促进侧枝生长，幼树期每年早春将树基部丛生的枝条剪去，促进主干生长，树冠的整修和下层侧枝适当疏剪，使树冠枝条分布均匀，以利通风透光，也是提高结果率的途径。培土：幼树每年应进行 1~2 次培土，成年树可 2~3 年培土一次，如发现根部露出地表，应及时用土壅根。

3. 采收加工 山茱萸定植后 4 年可开花结果，树龄在 10~20 年以下者产量极低，20~50 年进入结果盛期，能结果 100 多年，果熟期 9~11 月，果实红色即可采收，四川产区 7~8 月即可采收，采下后去掉枝梗和果柄，再经加工去种子，干燥后即为成品。加工方法在主产区有以下几种：火烘，将果实放到竹筐内，用文火烘（防止烘焦），烘到果皮膨胀，冷后捏去种子，将果肉晒干或烘干即成。水煮，将鲜果放入沸水中煮 10~15 分钟，注意翻动，到能用手捏出种子为度，再将果实从水中捞出，放在冷水中，捏出种子，将果肉晒干或烘干。水蒸，将果实放入蒸笼内以蒸汽蒸 15 分钟，取出稍凉后，捏去种子，将果肉晒干或烘干。

4. 市场分析与营销 山萸肉又名枣皮，由山茱萸果实去核加工而成。药用具有补益肝肾、涩精固脱的功效。山茱萸主要分布于伏牛山区、秦岭山区和天目山区。河南西峡、浙江淳安、陕西佛坪是山萸肉的主产区，其中以河南产区产量最大，浙江质量最佳。山萸肉的年用量大约在4 000～5 000吨。

山茱萸在1998年前价格基本平稳，每千克在20～30元之间，由于生产过剩，导致市场不景气，连续10年价格无大的起色。随后，由于用量的上升，再加上从1998年以后，产区干旱、倒春寒、虫灾自然灾害、价格长期偏低，导致农民弃采或伐树有关，造成1999—2001年的高价位，2000年加上物价上涨，更是达到每千克320元的高位。2001年随后降至每千克20元左右，直到2009年没有大的起伏变化。2010—2011年随物价上涨到每千克30～40元。

山萸肉2012年情况，陕西山茱萸的年产量要占全国的30%～40%左右，约3 000吨。因当年行情不好，农户对山茱萸的管理松懈，甚至出现了砍伐现象。河南产区年产量在3 000～4 000吨左右。河南产区有冷库储藏，产区山茱萸生产影响不大。浙江也是山茱萸的主产区之一，由于当地土地资源较少，加上浙江普遍经济水平较高，现在该产区山茱萸的产量也开始逐年减少。

由于2012年还有大量库存，2013—2014年初，价格稳定在每千克30元附近。

其25年山萸肉价格变化详见表1-3-9。

表1-3-9　1990—2014年山萸肉市场价格走势表

（元/千克）

年份 月份	1	2	3	4	5	6	7	8	9	10	11	12
1990	20	20	20	24	25	25	25	25	26	26	28	28
1991	28	30	35	40	40	40	38	35	35	38	35	32
1992	35	33	30	30	30	32	32	30	33	32	35	32

（续）

月份 年份	1	2	3	4	5	6	7	8	9	10	11	12
1993	28	24	18	14	12	15	14	12	10	15	14	16
1994	20	18	18	16	15	15	15	14	12	14	15	15
1995	15	17	18	20	18	20	20	18	20	20	18	22
1996	18	18	20	16	20	18	18	18	20	20	20	15
1997	18	18	18	20	19	18	20	19	20	20	20	22
1998	20	18	22	21	24	25	25	25	26	28	30	35
1999	55	60	60	65	65	60	55	60	65	65	70	75
2000	120	140	160	180	200	220	280	320	260	190	150	140
2001	110	90	110	120	140	160	170	150	130	90	47	37
2002	35	31.5	30	30	25	22.5	22.5	22	21	21	20.5	18
2003	18	18	20	20	18		18	18.5	19.5	21	22.5	22.5
2004	23	24.5	24	25	23.5	23.5	19.5	19.5	19.5	21.5	21.5	16.5
2005	16.5	15	15	16	15.5	14.5	14.5	15	15.6	15.5	19.5	17.5
2006	16	16		15	15.5	17.5	17.5	21	21.2	22	22	22
2007	23	23	25	28	28	30	28	26	26	25	25	25
2008	24	23	23	22	21	21	21	21	20	20	19	18
2009	17	16	16	16	15	16	15	16	16	16	16	20
2010	22	24	26		30	30	31	31	32	34	36	38
2011	40	40	41	41	41	41	41	38	36	34	32	32
2012	28	28	28		28	25	25		24	23	23	23
2013	23.5	24	21	21	25	25		25	24	24	28	28
2014	37											

（九）白花菜子

1. 概述 白花菜（*Cleome gynandra* L.）别名羊角菜，为白花菜科植物，以种子入药，有通血脉、消肿止痛作用，全草可散寒止痛。分布于我国河北、河南、安徽、江苏、广西、台湾、云南、贵州等省、自治区。喜温暖潮湿环境，对肥、水要求较高，幼苗期若缺肥缺水生长瘦弱，即使后期精细管理，也不易恢复正常。对土壤要求不严，以酸性至微酸性的黏壤土、壤土或砂质壤土生长最好，砾土及盐碱土不宜栽种（图1-3-9）。

2. 栽培技术　用种子繁殖，北方于 4 月下旬至 5 月上旬播种，不宜移苗，一般用直播，多用条播，行距约 50 厘米，划沟深度 1～1.5 厘米；种子均匀播入后覆土，稍镇压，然后浇水，小面积栽培可用穴播，播种后 1 周左右出苗，如 7～8 天后尚未出苗则应进行补种。

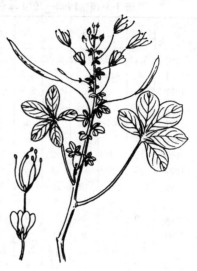

图 1-3-9　白花菜

幼苗有 2～3 片真叶间苗一次，播种半月后，按株距 33 厘米定苗，如定苗过晚，幼苗细弱，影响后期发育，在苗高 20 厘米及 30 厘米时，分别培土一次，以免被风吹倒，花穗抽出后不再中耕。为了提高种子产量，现蕾期应进行追肥，每 667 米^2 追施饼肥 40～50 千克，结合中耕除草，将肥料施入土中。

3. 采收加工　播种当年 8～9 月种子成熟时，割取全株，晒干，打下种子，除净杂质即可药用。

4. 市场分析与营销　白花菜子具有通血脉、消肿止痛的作用。1990—1995 年，其价格在每千克 10 元以下，1996 年升到每千克 10 元、1997 年到 1998 年初最高价涨到每千克 19 元左右。由于白花菜容易种植，扩大种植后价格也随之下跌，到 2002 年年末白花菜子售价已跌至每千克 10 元以下。种植减少，2004 年又升到每千克 10 元以上，2005 年后白花菜子市价开始上涨到每千克 19 元，此后一直保持在每千克 20 元以上，2012—2014 年年初稳定在每千克 28 元。白花菜子属于用量不大的小品种，可以适当种植。

其 25 年价格变化详见表 1-3-10。

表 1-3-10 1990—2014 年白花菜子市场价格走势表

月份 年份	1	2	3	4	5	6	7	8	9	10	11	12
1990	3.5	3.5	3.6	3.6	3.8	3.8	3.8	3.8	3.8	3.8	3.8	4
1991	4	4.5	4.5	4.5	4.5	4.5	4.5	5	5	5	5	6
1992	6	6	6.5	6.5	6.5	6.5	6.5	6.5	6.5	6.5	6.5	7
1993	7	6.5	6.5	6.5	7	7	7	6.5	6.5	6.5	6.5	6.5
1994	6.5	6.5	6.5	5	5	5	6.5	6.5	6.5	6.5	6.5	6.5
1995	6.5	6	6	6	6	6	8	8	8.5	8	8	10
1996	10	10	10	12	12	12	12	12	14	12	15	15
1997	15	15	17	17	17	17	19	19	19	19	19.5	19.5
1998	19.5	19.5	19	19	19	15	15	12	12	12	10	9
1999	9	9	9	9	9	9	9	9	9	9	9	10
2000	10	9	9	9	9	9	9	9	9	9	9	9
2001	9	9	9	9	9	7.5	7.5	7.5	7.5	7.5	7.5	7.5
2002	7.5	7.5	7.5	7.5	7.5	7.5	7.5	7.5	7.5	7.5	7.5	7.5
2003	7.5	8	10	10	9	8	7	7	7.5	8	8	8.6
2004	9.2	9.5	9.5	10.3	10.3	10.3	10.3	10.3	9.6	9.3	9.3	9.3
2005	10.2	11	12	12.5	19	19.5	19.5	18	17	17	17.5	17
2006	16.5	16	16	15.8	16	16	16.8	17.5	17.5	17.5	17.5	17.5
2007	16	19	19	20	21	22	22	22	22	22	22	22
2008	22	22	22	22	22	22	22	22	22	22	22	22
2009	24	24	24	24	24	24	24	24	24	24	24	24
2010	23	23	23	23	23	23	23	23	23	23	23	23
2011	27	27	27	27	27	27	27	27	27	27	27	27
2012	28	28	28	28	28	28	28	28	28	28	28	28
2013	28	28	28	28	28	28	28	28	28	28	28	28
2014	28											

（十）栝楼

1. 概述 栝楼（*Trichosanthes kirilowii* Maxim.）为葫芦科植物。以果实、果壳、种子和块茎入药。果实中药名全栝楼，果壳中药名栝楼皮，种子中药名栝楼仁，块茎中药名天花粉，均为常用中药。果实含皂甙、有机酸等，具有润肺祛痰、滑肠散结的作用。果壳具有利气宽胸的作用，果仁具有润燥滑肠的功效。

块茎具有生津止渴、排脓消肿的功效。美国用天花粉蛋白治疗艾滋病获良好疗效（图1-3-10）。

栝楼喜温暖潮湿的环境，较耐寒，不耐干旱，故宜选择雨量较多、灌溉方便的地区栽培。栝楼为深根植物，应选择土层深厚、肥沃的砂质壤土为好。房前屋后也可种植，水浇地、盐碱地不宜种植。

图1-3-10 栝 楼

2. 栽培技术

（1）品种 栝楼有野生种和栽培种之分。栽培种可分为仁栝楼和糖栝楼。以仁栝楼为优良品种。另外还有双边栝楼、川贵栝楼、南方栝楼等。

（2）繁殖方法 用种子繁殖、分根或压条繁殖。种子繁殖生长年限长，容易退化，开花结果晚。生产上多采用分根繁殖为主。

①种子繁殖。选成熟的果实，取出种子，于清明前后将选好的种子用40～50℃温水浸泡一夜，取出稍凉，用湿砂混匀，放在20～30℃的温度下催芽。当大部分种子裂口时，按1.5～2.0米的穴距，挖5～6厘米深的穴，每穴播种子4～5粒，覆土3～4厘米，保持土壤湿润，15～20天左右出苗。

②分根繁殖。北方在3～4月，南方在10月下旬至12月下旬，将块茎和芦头全部挖出，选择无病虫害、直径3～6厘米、断面白色新鲜者作种。将其切成7～10厘米的小段。注意多选用雌株的根，适当搭配部分雄株的根，以利授粉。按行距160～200厘米开沟，沟宽30厘米，深10厘米，按株距30厘米将种根平放在沟里，覆土4～5厘米厚，压实，1个月左右幼苗即可

长出。

(3) 田间管理

①中耕除草、施肥。出苗后要及时除草、追肥。

②搭架。当茎蔓生长至 30 厘米时，用竹竿作支柱搭架，棚架高 150 厘米左右，也可用自然的树木作架子。

③修枝打杈。将多余的茎藤去掉，每株只留壮蔓 2～3 个，第二年修枝打杈，以免茎蔓徒长，有利于结果。

④越冬保护。栝楼在南方可安全越冬。在华北、东北地区在上冻前要培土，防止地下根冻坏，翌年 3 月下旬开冻前将培土扒开，以利次年出苗。

栝楼丰产的关键技术综述如下：选好品种，雌雄株合理搭配，重施基肥，人工授粉，结果期加强田间管理。

⑤病虫害防治。栝楼适应性强，病害发生较少，虫害主要有蚜虫、青虫、黄守瓜、黑守瓜、透翅蛾等，用常规方法防治即可。

3. 采收加工　栝楼栽后 2～3 年后开始结果，因开花期较长，果实成熟不一致，需分批及时采摘。然后将果实悬于通风处晾干，即为全栝楼。将鲜栝楼果实用刀切开，将种子取出晾干，即为栝楼种子，皮为栝楼皮，将根挖出，晒干即为天花粉。

4. 市场分析与营销　栝楼以果实和地下茎（天花粉）入药。果实具有润肺止咳，理气化痰的功效，天花粉具有生津止渴、排脓消肿的功效，都是常用中药。主产我国山西、江苏、河北、安徽、山东、浙江、等地。安徽种植栝楼 7 万～8 万亩，大都是炒食瓜蒌仁食用。栝楼易碎、发霉、生虫，且保存占用空间大，很少有大户商家操作该品种。多年来产销平衡，价格基本稳定。

1990—1992 年每千克在 6～8 元，1993—1996 年每千克在 10 元左右，1997 年涨到每千克 16 元，1998—2002 年又回落到每千克 6～8 元，2003—2007 年，随着用量增加，加上低价、种植减少，价格又回到每千克 10 元以上，2007 年达到每千克 16

元。2008 年金融危机，游资流入药材市场，到处囤积居奇、压货成风，整体药材市场价格一路飙升，同时 2009、2010 年栝楼由于气候因素，连年减产，造成总产量下降。所以价格也翻番上涨，由 2009 年由每千克 10 元又回到每千克 20 元以上，到 2011年涨到每千克 27 元、2012 年到每千克 30 元，2013 年后逐渐回落至 2014 年年初的每千克 17 元。2010 年的价格上涨各主产区扩大了种植，货源充足，价格回落。栝楼结果期长，一次种植多年收获，地力肥沃的土壤可以适当发展。

其 25 年来价格变化详见表 1-3-11、表 1-3-12。

表 1-3-11　1990—2014 年全栝楼市场价格走势表

（元/千克）

年份＼月份	1	2	3	4	5	6	7	8	9	10	11	12
1990	6	6	5.7	5.5	5.5	5.5	5.7	5.7	6	6	6	6
1991	6	6	6.5	6.5	6.5	6.5	6.5	7	7	7	7	7
1992	7.5	7.5	7.5	7.5	7.5	8	10	10	10	10	10	10
1993	10	10	11	10.5	10.5	10.5	11	11	12	12	12	12
1994	12	12	11	11	12	11	12	12	11	11	12	12
1995	12	12	12	11.5	11.5	11	11	11	11	11	11	10
1996	10	10	9	9	9	8	9	10	10	10	10	12
1997	12	12	14	14	15	15	16.5	16.5	15	15	15	14.5
1998	14.5	14.5	14.5	10	10	10	9	9	8	8	8	7
1999	7	7	7	7	7	7	7	7	5.5	5.5	5.5	5.5
2000	5	5	5	5	4.7	4.7	4.5	4.3	4.3	4.3	4.3	4.3
2001	4.3	4.3	5	6.3	6.3	5	5	4.7	4.7	4.7	5	
2002	8	8	10	10	8.5	7.2	7	6.7	6.7	7.5	8	10
2003	10	11	12	12	11	10	11	11.5	11.5	11.5	12	
2004	11	11	10.5	10	11	11	11	11	11	10.5	12	
2005	12	12	16	20	15	15	16	15	15.8	16	16	16.5
2006	15	15	14.8	14.8	15	15	15.5	15.5	14	14	14	14
2007	12	15	15	16	15	14	15	15	14	13	12	12
2008	11	11	10	10	9	9	9	9	9	9	9	9
2009	9	7	8	8	9	8.5	8	8	8.5	14	14	14

（续）

月份 年份	1	2	3	4	5	6	7	8	9	10	11	12
2010	14	14	14.5	18	18.5	20	18	18	20	27.5	24.5	28
2011	28	28	27.5	27	27	27.5	27.5	27.5	28	28	20	20
2012	25	25	23	22	22	22	22	22	22	22	30	30
2013	30	30	30	18	18	18	18	17	17	17	17	17
2014	17											

表1-3-12　1990—2014年混等天花粉市场价格走势表

（元/千克）

月份 年份	1	2	3	4	5	6	7	8	9	10	11	12
1990	4	4	3.5	3.5	4	4	2.5	3	3.5	3.5	3.6	3.7
1991	3.8	3.9	4	4.2	4.5	4.5	4.3	4.5	4.5	4.6	4.8	4.7
1992	4.5	4.6	5	5.2	5.5	5.6	5.7	5.5	5.6	5.8	5.6	5.7
1993	5.5	5.6	5.8	6	5.8	5.7	6	6	5.8		5.6	4.8
1994	4.5	4.5	4.6	4.8	4.5	4.5	4.5	4.8	4.8	5	5.8	6
1995	6		5.5	5.6	5.3	5.3	5	5	5.5	5.5	6	6
1996	6	6	6.6	6.5	6.8	6.8	7	7	7.2	8	7.6	7.8
1997	7.5	7.6	7.6	7.6	7.5	8	8	7.8	7.5	7.5	7.8	7.8
1998	7.6	7.8	7.8	7.8	7.8	7.8	8	12	13	14	14	13
1999	12	12	11	10.5	10.5	10.5	10.5	10.5	10.5	10.5	7.5	8
2000	7	7	10	11	11	13	14	12	12.6	13.2	13.2	13.44
2001	13.89	13.8	13.7	13.4	13.2	13	12	12	12	12	12	14
2002	14	14	14	14	14	12	12	12	12	12	12	12
2003	12	16	25	25	16	14	14	13	12.5	12.5	11	10
2004	9.5	8.4	8	7.8	7	6.2	5.7	5.7	5.5	5.5	5.5	5.1
2005	4.6	4.3	4.7	5.8	5.2	5.2	5.2	5.8	5.8	6.5	7.5	8
2006	9.5	9.5	9.5	9.5	9.2	8.5	8	8	9	9	9	9
2007	10	9	10	9	8	9	9	8	9	9	9	10
2008	14	14	17	20	19	19	19	22	22	22	16	15
2009	15	15	16	17	15.5	15	15	14	14	14	14	12.5
2010	12.5	12.5	12.5	12.5	20	20	20	18.5	18.5	18.5	21	18
2011	18	18	19.5	19.5	19.5	20.5	20.5	17	16.5	17.5	16.5	16.5

（续）

年份 \ 月份	1	2	3	4	5	6	7	8	9	10	11	12
2012	16.5	16.5	16	16	16	16	16	16	16	15	14	13
2013	15	15	15	15	15	15	15	15	15	15	15	15
2014	15											

（十一）薏苡

1. 概述 薏苡（*Coix lachryma-jobi* L.）　别名薏苡仁、苡米、薏仁米、沟子米、六谷子、菩提珠，为禾本科植物，有去湿利尿、清热排毒的作用，全国各地均有栽培，喜温暖而湿润的气候，但适应性很强，南北各地均可种植。怕干旱，尤其抽穗期受干旱后植株矮小，结实少而且不饱满，影响产量。对土壤要求不严，一般土壤均可种植，但以向阳、肥沃的砂质壤土为宜，干旱无水源的地方不宜种植（图 1-3-11）。

图 1-3-11　薏　苡
1. 植株　2. 雌小穗　3. 种仁

2. 栽培技术 薏苡主要用种子繁殖，但在温暖地区也可用分株法繁殖。播种分条播、穴播两种，以条播为主。播期在 4 月下旬，不能过迟，尤其北方，过迟秋后不能成熟，影响产量。在准备好的土地上，按 50～60 厘米的行距，开 5～7 厘米深的沟，将种子均匀撒入沟内，覆土 3～4 厘米后镇压，播种时若土壤干旱，要先灌水后播种，避免播种后浇水，造成土壤板结，影响出苗。每 667 米² 播种量 2.5 千克左右，穴播按行距 40 厘米、穴距 20～25 厘米，开 3～4 厘米深的穴，每穴放种子 3～4 粒，覆土后踏实，播后 10～15 天出苗。

苗高 7～10 厘米时，结合松土除草进行间苗、定苗，条播的按株距 20～25 厘米定苗，穴播的每穴留 2～3 株，在苗期要勤松土除草，苗高 30 厘米时，每 667 米² 追施尿素 15 千克加磷酸二铵 20 千克，把肥料混合均匀撒在距植株 7～10 厘米处，结合中耕培土，把肥料埋入土中，通过向根部培土，变成高垄，既防止倒伏又便于以后浇水，封垄后不宜再松土除草，开花前，用 2% 过磷酸钙溶液施一次根外追肥，可促进开花结果，使籽粒饱满，提高产量，也可施一次人粪尿。在拔节、抽穗、开花期需要有充足的水分，若气候干旱需及时浇水，尤其在抽穗前后，如缺水，会造成穗小、结籽少。因此，必须浇两次大水，不然即使后期水分充足也会影响产量。若水过大，应及时排水，勿使地内积水。

薏苡为单性花，是雌雄同序，借风媒传授花粉，如花期雄花少或无风，雌穗未全部授粉易出现空壳，为提高产量，在花期可每 3～4 天，在行间顺行用绳子振动植株上部，进行人工授粉，使花粉飞扬，便于传粉，提高结实率。

3. 采收加工　南方种植薏苡，果实在 9 月上中旬成熟，北方薏苡果实 10 月初成熟。当叶呈枯黄色，果实呈黄色或褐色时，大部分已成熟，即可收割。收割过早，不成熟，空壳多，产量低；收割过迟籽粒脱落造成丰产不丰收。割后晒干脱粒，每 667 米² 产量一般 200～300 千克，高产可收 500 千克，脱粒后晒干，去掉外皮，再行晾晒，即可药用。

4. 市场分析与营销　薏苡仁能利湿、健脾除痹、清热排脓，除药用外还广泛应用于食品、保健品等行业，是药食兼用的中药材。还有薏苡仁为原料开发的美容护肤等系列产品。另外，薏苡仁还大量出口到我国香港、澳门、台湾市场。薏苡仁的销量呈逐年增长之势，年需求量大约20 000吨左右。

20世纪90年代初种薏苡收益较大，到1992年时达到种植热，生产过剩，产品积压，种植面积急剧减少。库存经几年消耗，1994年底价格开始回升，1995、1996年价格暴涨，又引起了种植热潮，因种子制约，难以大面积扩种。但是，随着种植面积的逐步加大，价格在后几年下跌，2000—2002年价格达到谷底，市价只有每千克4元左右，2003年后价格回升，每千克保持在5元以上，2006—2009年升至每千克7~10元，2010年大涨至每千克32元，之后回落至每千克20元左右，2014年年初在每千克18元。

现在人越来越重视养生，虽薏苡仁产量增加，需求亦在增加，加之近期粮食价升、薏苡仁产量低、需脱壳、价位低、劳动工值费提高、物价上涨等因素，供求虽没有缺口，价格将稳中有升。

其25年价格变化详见表1-3-13。

表1-3-13 1990—2014年混等薏苡仁市场价格走势表

（元/千克）

年份\月份	1	2	3	4	5	6	7	8	9	10	11	12
1990	4	4.2	4	4.3	4.5	4.8	5.1	5	5.2	5	5.3	5.5
1991	5.8	5.5	5.8	5.8	5.8	5.8	5.8	5.5	5.3	5	4.5	4
1992	4	4	4	4	4.2	4.3	4	3.8	3.5	3.2	3	3
1993	3.2	3.3	3.1	2.9	2.8	3.1	3.3	3.5	2.6	2.5	2.3	2.8
1994	3	4	3.2	3.5	3.8	3.8	3.9	3.8	4	4.5	4	4.5
1995	4	4.5	4.5	4.8	5.2	5.8	6	6.5	7.5	12	13	14
1996	18	17.5	17.5	17.5	17.5	17.5	17.3	15	14	13	10	9
1997	8.6	8.9	8.5	8	8.2	8.3	8.5	8.3	8.2	5.3	5.5	4.2
1998	4.5	4.3	4.2	4.3	4.5	4.7	4.3	4.2	4.1	4	4	4
1999	4	4	4	4.2	4.3	4.2	4.2	4.2	4	4	4	4
2000	3.8	3.7	3.8	3.8	3.8	4	4	4.2	4	4	4	4
2001	4.2	4.3	4.2	4.3	4.1	4.5	5	4.8	4.4	4.3	4.5	4.5

（续）

月份 年份	1	2	3	4	5	6	7	8	9	10	11	12
2002	4.5	4.3	4.2	4.8	4.8	4	4.2	4.3	4.2	4.2	4.2	4
2003	4	6	10	10	8	6	6	5.5	5.5	6	6.2	6.5
2004	6	6	5.5	5.5	5.4	5.4	5.4	5.4	5.4	5.4	5.7	5.4
2005	5.4	4.9	4.9	4.9	4.9	4.9	5	4.8	5	5.2	6.5	6.7
2006	6.5	6.6	6.6	6.5	6.6	6.6	6.6	7.2	7.6	4.6	7.5	7.5
2007	6.5	7	7	7	8	10	10	9	9	8	8	8
2008	7.1	7	7	7.2	7.4	7.1	7	7	7	7	7	7
2009	5.5	5.5	6	7	7	7	9	9	9	11	12	13
2010	13	13	32	28	28	22	19	20	22	20	17	16
2011	15	15	16	16	16	16	18	18	16.5	16.5	18	18
2012	15	16.7	19	19	18	17	17	17	17	11	11	8
2013	8	9	9.5	9.5	9.5	10	10	14	14	15	18	18
2014	18											

（十二）枸杞子

1. 概述　枸杞子（*Lycium barbarum* L.）别名茨果子、明目子，为茄科植物，以果实入药，有补肾强腰膝、滋肝明目等作用。主产于宁夏、甘肃、青海、新疆、山东、山西、河南等省、自治区，适应性强，耐寒，对土壤要求不严，耐碱、耐肥、抗旱、怕渍水（图 1-3-12）。

2. 栽培技术　用种子、扦插和分株繁殖。种子繁殖，用水把干果泡软后，洗出种子，晒干利用。播种期西北和东北地区多在 5 月上旬，山东分春播和夏播。播种前用 40℃ 温水浸种一昼夜，可促进出苗快而整齐，播种时，开浅沟条播，沟深 1～2 厘米，沟距 30 厘米，种子掺些砂混匀，撒入沟内，覆土 1.5～2 厘米，轻踏后浇水，每 667 米² 播种量 0.5～1.5 千克。7 月以前灌水，可加速幼苗生长。为了加速幼苗生长，可以适当追肥，追肥时间宜在 7 月以前，可分两次施入，每次每 667 米² 用尿素 5～

7.5 千克，施肥后立即灌水。扦插繁殖，多于春季树液流动后，取 1 年生的徒长枝，截成 10 厘米长的短枝，上端剪成平口，下端削成楔形，按行株距 33 厘米×15 厘米斜插苗床内，保持土壤湿润，成活率达 95％以上。分株繁殖，直接挖取枸杞根部萌发的小植株移栽即可。

图 1-3-12　枸　杞
1. 果枝　2. 花

　　春季解冻后，枸杞萌芽前定植最好，按行株距 2～2.5 米×2 米挖宽、深各 30 厘米的穴，每穴施入腐熟的有机肥与表土混匀，把苗栽放入穴内，使根部舒展，先填表土，后填心土，埋土至半穴时，将苗轻轻向上提一下，使根部舒展，分层踏实，并立即浇水。

　　每年进行两次翻园晒土，以增强土壤通透性，促进根系发育。第一次初春解冻后，浅挖 10 厘米，第二次灌冻水前，深翻 20 厘米。此外，生长期注意中耕除草、追肥灌水，中耕深度 7～10 厘米，10 月下旬至 11 月中旬施一次有机肥，秋季时再施一次，开春后必须灌头水，地冻前灌地冻水。

　　3. 采收加工　当果实变红，果蒂软松时就可采收，采下的鲜果及时摊在草席上晾晒，厚度不超过 3 厘米，经日晒或烘烤成干果。注意鲜果不宜在午后的阳光下曝晒，不能用手翻动。干果的标准是含水量 10％～12％，果皮不软不脆。

　　4. 市场分析与营销　枸杞子具有滋补肝肾，益精明目的作用。用于治疗虚劳精亏、腰膝酸痛、眩晕耳鸣、内热消渴、血虚萎黄、目昏不明、阳痿早泄、遗精、白带过多及糖尿病等症。此外，枸杞子对迁延性肝炎、慢性肝炎、肝硬化有较好的治疗作用。现代医学研究证明，枸杞子具有降低血压、降低胆固醇、软化血管、降低血糖、保护肝脏、提高人体免疫功能等作用。因此，枸杞子还是一味预防动脉硬化、糖尿病、肝硬化以及增强机体抗病能力的良药。

枸杞子以食用为主、药用为辅，是卫生部第一批公布的药食两用中药材。商品几乎涵盖了饮品、保健品、食品以及出口等多个领域，需求量逐年增加。一般年需求量都在8万～9万吨上下。近年来，枸杞的种植面积不断扩大。目前，主产区已经扩展到宁夏、甘肃、内蒙古、新疆、青海、河北、山西等十多个省份。据统计，2013年全国枸杞种植总面积180万亩，预计产量将达到30万吨左右。枸杞子以宁夏、青海枸杞子质量好。枸杞树盛果期长达15年，在目前种植面积过剩的情况下，短期内产量不会明显降低。但从中长期来看，枸杞价格将有可能继续回落。

其25年价格波动详见表1-3-14。

表1-3-14　1990—2014年混等枸杞子（宁夏）市场价格走势表

（元/千克）

年份＼月份	1	2	3	4	5	6	7	8	9	10	11	12
1990	11	12	13	13	14	15.5	17	17.5	17	15	13	12
1991	12	13	13.5	13.5	14.5	15	16	17.5	18	19	20	21
1992	21	30	31	31	32.5	35.5	33	32	25	20	20	16
1993	15	14.5	14	11.5	12	12.5	13	13.5	13	13	12	11
1994	12	13	14	14	16	15.5	14	14	13	13	13	13
1995	17	17.5	17.5	17.5	18	18	18	18.5	18	17	15	13
1996	11	12	12	12	13	13.5	14	14.5	13	13	12	12
1997	13	15	21	22	23.5	24	24.5	24	23	23.5	22	21
1998	21	21.5	21	20	21.5	22	22	21.5	18	15	12	12
1999	12	12.5	12.5	12	13.5	13.5	14	14	13	12	12	11
2000	11	11	11.5	11	12	12	12.5	11	10.5	10.5	11	11.3
2001	11.7	11.5	11	11	11	11	11.5	11.5	11	11	11	10
2002	10	10	10	10	10.5	10.5	10.5	10	11	12	12	12

（续）

月份 年份	1	2	3	4	5	6	7	8	9	10	11	12
2003	12	15	20	20	12	12	12	13.5	13.5	14.2	15	15
2004	16.5	16.5	17	17.3	15.3	15.3	15.3	16.5	16.5	17	17	17
2005	16.2	15.8	15.8	15.8	14	14	13.7	15	14.8	15.2	15.2	15.8
2006	15	15	14.8	15.2	16.2	16.2	18	22.5	22.5	23.7	24	24
2007	25	27	27	25	34	34	35	35	35	38	38	40
2008	38	36	34	32	28	24	22	20	18	16	14	14
2009	13	12	17	19	18	17	15	14	14	14	15	15
2010	15	15	15	22	26	26	28	31	38	35	35	35
2011	33	33	40.5	42	42	42	42	42	35	35	35	35
2012	35	35	32	28	28	27	27	27	27	26	26	26
2013	26	37	33	35	35	35	24	24	30	30	30	30
2014	30											

（十三）酸枣

1. 概述　酸枣［*Ziziphus jujuba* Mill. var. *spinosa*（Bunge.）Hu ex H. F. Chou］别名山枣、棘，为鼠李科植物，以种仁入药，有补肝胆、宁心敛汗的作用，主产于河北、河南、陕西、辽宁等地，喜温暖干燥的环境，低洼水涝地不宜栽培，对土质要求不严，播后一般 3 年结果（图 1-3-13）。

2. 栽培技术　用种子和分株繁殖。种子繁育可先行育苗再去定植，此法适合大面积栽培。春播解冻后，秋播 10 月下旬进行，春季播种种子须经冷冻处理后再播。播种前翻地 30 厘米左右，做垄或 1 米宽的畦，按 33～60 厘米的行距或垄距开沟条播，覆土 3 厘米，育苗 1～2 年定植于大田，可按行距 1～1.65 米、株距 0.67～1 米，挖 33 厘米深的穴栽苗，第一次培土一半深，边踩边提苗，再继续填土踏实、浇水。因为酸枣植株有刺，不便于栽植，可以直播，在春、秋两季进行。也可用分株繁殖法，即将酸枣老株根部发出的新株连根劈下栽植，按前定植法进行。

育苗期要注意间除病弱及过密的苗，及时除草，苗高7～10厘米时，每667米^{2}追施硫酸铵15千克，苗高33厘米时每667米^{2}追施过磷酸钙12.5～15千克，定植后每年剪针刺一次，以防风吹枝条摇动碰伤果实。

3. 采收加工 9～10月，当果实呈红色时摘下，除去果肉，碾破枣核，掏取枣仁晒干，如果不用果肉，可堆积腐烂，用水洗出果核，分离出种仁晒干。

图 1-3-13 酸 枣

4. 市场分析与营销

酸枣仁为常用中药，除配方外还是医药工业的原料和出口品种。酸枣树皮、叶、花粉均有药用价值。果肉有开胃、养阴、生津壮阳、补血宁心等功效，以酸枣制成的保健饮料显示出广阔的市场前景。酸枣仁野生资源蕴藏量约17 000吨，但开发利用率仅占10%。据全国中药资源普查统计，酸枣仁正常年需求量约1 500吨，但近几年年用量已增加到2 000吨左右。2006年后，酸枣在新疆、内蒙古等西北地区被大面积引种发展，其目的是培育种苗，嫁接高品味优质枣树，如此既可改善生态环境，也可致富当地百姓。据了解，年用种量达数百吨。充分利用荒山坡地种植酸枣，一年种植多年受益，管理省工、成本低、收入高，是创造效益的好门路。2003年以前多在30元/千克以下，2003年以后稳步上升，2006年达到76元/千克的高价。2007—2009年回落到30元/千克左右，到2010、2011年更升到95元/千克的高位，到 2014 年年初已稳定在 50 元/千克左右。其 23 年市价变化详情见表 1-3-15。

表 1-3-15　1990—2014 年混等酸枣仁市场价格走势表

（元/千克）

年份＼月份	1	2	3	4	5	6	7	8	9	10	11	12
1990	18	18	18	19	19	19	18	15	13	12	15	16
1991	14	15	15	15	15	17	18	19	20	21	22	23
1992	29	28	30	35	35	35	35	35	35	33	32	32
1993	33	32	30	31	31	31	31	31	30	30.5	29	28
1994	28	27	27	26	26	27	27	27	27	28	28.5	29
1995	30	29	29.5	30	31	31	31	30	29	28	26	25
1996	23	23	23	23	24	25	25	25	25	24	25	25
1997	27	27	28	29	31	30	31	32	30	30	25	22
1998	23	23	22	20	21	22	23	24	23	22	22	22
1999	25	24	23	23	25	25	24	24	25	26	27	28
2000	31	32	32	33	33	35	37	35	30	28	27	22
2001	20.5	22	23	25	24.5	24	24	24	24	24	24	24
2002	23	23	22	23	23	23	24	24	23	23	30	30
2003	30	32	35	35	32	32	32	33.5	34	35.5	38.5	40
2004	41.5	42	42.5	43.5	43	43	43	48	48	50	50	50
2005	55	61.5	64	75	75	70	73.5	68	66.5	46	52	58
2006	45	46	46	76	76.5	47.2	48.5	48.5	46.5	44.5	44.5	44.5
2007	40	42	42	50	52	52	50	50	50	50	48	48
2008	26	25	25	25	25	25	25.5	26	26.8	26.8	26	25
2009	27	23	23	26	37	33	36	36	47	53	60	60
2010	50	50	72	75	80	80	75	75	80	95	95	95
2011	95	95	95	95	77	73	65	60	54	53	40	40
2012	45	47	57	57	57	57	57	57	57	55	64	64
2013	64	64	68	70	51	51	51	52	52	52	50	50
2014	50											

（十四）决明子

1. 概述　决明子（*Cassia tora* L.）别名草决明、马蹄决明，为豆科植物，以种子入药，有清肝、明目、润肠的作用，分布较广，主产贵州、广西、安徽、四川、浙江、广东等省、自治区，北方各地也有种植。决明喜温暖湿润的气候，不耐寒，怕冻害，故北方栽培宜选早熟品种。对土质要求不严，但以排水良好、土层深厚疏松肥沃的砂质壤土为宜（图1-3-14）。

图 1-3-14　决明子
1. 果枝　2. 花　3. 种子

2. 栽培技术　用种子繁殖，选籽粒饱满的种子，用50℃的温水浸种一昼夜，使其吸水膨胀后，捞出晒干表面，即可播种，或用干籽播种，但不如浸种的出苗快。北方春天旱，必须灌水后播种，避免播后再浇水，以免土表层板结，影响出苗，播种期以4月中旬为宜，过早播种，因地温低，浸泡过的种子易在土中腐烂，过晚播种种子不成熟，产量低，品质差。因此，适时播种是很重要的措施。播种以条播为宜，行距50厘米，开2～3厘米深的沟，将种子均匀撒入沟内，然后覆土3厘米，稍加镇压，播后约10天左右出苗。

苗高5～7厘米时，进行间苗，将弱苗或过密的苗拔去，当苗高10～15厘米时，结合松土除草，按株距33厘米左右定苗，如遇干旱，适当浇水。待植株封垄前，每667米² 施硫酸铵7.5千克加过磷酸钙15千克。

决明子种植中应注意防止灰斑病发生，应于发病前或初期喷50%多菌灵800～1 000倍液或50%甲基托布津1 000倍液。

3. 采收加工　当年9～10月果实成熟，荚果变成黄褐色时采收，将全株割下晒干，打下种子，去净杂质即可入药。

4. 市场分析与营销　决明子清肝，明目，利水，通便。主治风热赤眼，青盲，雀目，高血压，肝炎，肝硬化腹水，习惯性便秘。现代药理研究，决明子有抗菌、抗真菌作用、降压、降血脂、抗血小板聚集、增强免疫力、保肝、促进缓泻、促进胃液分泌、使利尿作用延长等作用。近年来其保健功能日益受到人们的重视，临床实验证明，喝决明子茶可以清肝明目、防止视力模糊、降血压、降血脂、减少胆固醇等，对于防治冠心病、高血压、大便燥结也有不错的疗效。现决明子已广泛应用于食品，药品，保健，饮料中。如保健茶，保健药枕等。

　　华北以南大部分地区有决明子栽培。国外主产越南、老挝、印度、印尼、泰国等国。2010年后各种药材大都涨价，只有决明子价格一直低迷，加上草决明产值低，不能机械采收，生长季节超过黄豆15～20天，采收过草决明种小麦稍晚。影响草决明种植，面积逐步减少。国内2010年种植面积不足1万亩，产量大约1 600吨。而年用量大约在4万吨。基本全靠进口。国外一年可种两季亩产200多千克，2011年国内优质统货每千克6元，统货每千克4元左右、进口统货只有每千克3.8元左右，当地收购价不超过每千克2元，近年不如大米等其他农作物收入高，也影响了种植积极性。今后价格应该适当回升，可以适当发展。

　　其25年价格变化详见表1-3-16。

表1-3-16　1990—2014年混等决明子市场价格走势表

（元/千克）

年份＼月份	1	2	3	4	5	6	7	8	9	10	11	12
1990	1.3	1.4	1.5	1.8	1.5	1.3	1.2	1.5	1.7	1.6	1.8	1.8
1991	1.5	1.5	1.5	1.3	1.5	1.5	1.5	1.8	1.9	1.9	1.8	2.3
1992	3	3.1	3.2	3.5	3.5	3.5	3.5	3.5	3	2.5	2.5	2
1993	1.8	1.9	1.9	1.9	2	2	2	2	1.9	1.8	1.7	1.6
1994	1.5	1.6	1.7	1.7	1.8	1.8	1.8	1.8	1.8	1.7	1.7	1.7

（续）

年份＼月份	1	2	3	4	5	6	7	8	9	10	11	12
1995	1.8	1.7	1.7	1.7	1.8	1.8	1.8	1.8	1.7	1.7	1.6	1.6
1996	1.5	1.5	1.6	1.8	1.8	1.8	1.8	1.8	1.6	1.6	1.6	1.5
1997	1.7	1.7	1.7	1.6	1.8	1.8	1.8	1.8	1.6	1.6	1.6	1.6
1998	1.8	1.8	1.8	1.6	1.7	1.8	1.7	2.3	1.6	1.7	1.7	1.8
1999	2	2	2	2	2	2.1	2.2	2.4	2.2	2.2	2.1	2
2000	2.3	2.2	2.3	2.4	2.3	2.4	2.4	2.2	2.3	2.2	2.1	2
2001	2	2.1	2.2	2.2	2.3	2.3	2.3	2.8	2.2	2.2	2.3	2.4
2002	2.8	2.8	2.8	2.8	2.7	2.7	2.7	2.8	2.8	2.8	2.6	2.6
2003	2.6	3	4	4	3	2.8	2.8	3.6	2.8	2.9	3	3
2004	3.1	3.3	3.5	3.6	3.6	3.6	3.6	4.2	3.6	3.6	3.1	3.1
2005	3.1	3.1	3.1	3.1	3.6	3.8	4.2	4.5	4.2	4.6	3.8	3.6
2006	4.1	4.1	4	4	4	4.5	4.5	4	4.5	4	4	4
2007	3	3.5	4	4	4	4	4	4	4	4	3.5	3.5
2008	3.5	3.5	3.5	3.7	3.7	3.7	3.6	3.3	3.3	3.3	3.3	3.3
2009	3.3	3.3	3.3	3.3	3.3	3.3	3.3	3.3	3.3	3.3	3.4	3.4
2010	3.4	3.4	3.4	3.4	3.6	3.6	3.3	3.4	4.2	4.2	4.5	4.8
2011	4.8	4.3	4.2	4.2	4.3	4.3	4.4	4.4	4.5	4.5	4.2	4.2
2012	4.2	4.3	4.6	4.3	4.3	4.5	4.5	4.5	4.5	4.5	4	4.5
2013	4.5	4.5	4.5	4.5	4.5	4.5	4.5	4	4	4	4	4
2014	4											

（十五）沙苑子

1. 概述　沙苑子（*Astragalus complanatus* R. Br.）别名白蒺藜、扁茎黄芪、沙苑蒺藜，为豆科植物，以种子入药，有补肝肾、固精、明目的作用，分布于吉林、辽宁、河北、山西、内蒙古、陕西、甘肃、宁夏等省、自治区，适应性强，喜温暖通风透光的环境，能耐寒、耐旱，但怕涝，对土壤要求不严，一般砂质壤土、壤土、黏壤土均可栽培，忌连作，前作以玉米为好（图1-3-15）。

2. 栽培技术　用种子繁殖，于秋季8月或春季4月播种。条播，按行距33厘米，顺畦划2～3厘米深的小沟，将种子均匀

图 1-3-15　扁茎黄芪

1. 植株上部　2. 花冠解剖，示旗瓣、翼瓣、龙骨瓣
3. 子房　4. 种子

播入沟内，覆土 2 厘米，播后稍加镇压，然后浇水，每 667 米² 播种量 1～1.5 千克，在 11～17℃的温度下约 2 周开始出苗。

当苗高 7～10 厘米时，按株距 10～13 厘米定植，留壮苗 2～3 株，随即扶苗培土。出苗前适当的灌水以利出苗，出苗后勿使水分过多，以免徒长影响产量，雨季注意排水，在生长期间和孕蕾期间，结合松土除草并追施人粪尿或尿素 2 次，每年在植株未返青时，每 667 米² 施厩肥 3 000～4 000 千克，在地化冻前将大块厩肥砸碎，使粪与土混合，盖于地面，促进植物返青生长。北方地区于地冻前浇冻水，以后每年收获后，都要中耕除草，追肥过冬，可连续收获 3～4 年。

3. 采收加工　在北京地区于 10 月收获，当荚果 80%以上呈紫黑色时，在离地面 6.7 厘米处将全株割下，晒干，打出种子，除净杂质。

4. 市场分析与营销 沙苑子具有补肝、益肾、明目、固精的作用。主治肝肾不足，腰膝酸痛，目昏，遗精早泄，小便频数，遗尿，尿血，白带等症。全国总用量大约150吨左右，属于小品种。主产陕西大荔县，正常年产量150吨左右，丰收年180～200吨，基本供需平衡。其他地区很少种植。

20世纪80年代以来，沙苑子的价格走势出现了3个周期，一是1988年年初的每千克1.2元升至5元，之后几年持续上升至1993年5、6月的每千克11元，达到第一个高峰。在1994年4月降至每千克3～8元，1年多的低价期，1995年8月陡升至每千克13元，此价位持续了1年多。1997—1998年初又上升到每千克17元，形成了第二个周期。随后又进入下降阶段直至1999年8月的每千克8.5元的低位，维持了2个多月，之后一直上升至2001年7月的每千克20元，种植扩大，2003—2006年市价一直在每千克10元左右。2007年后价格回升2009年达到每千克28元，由于2009年陕西产区暴雪低温影响，减产60%，质量下降。2010、2011年暴涨至每千克70元左右，极高价甚至到了每千克105元。2012—2013年又回到每千克20元左右，2014年年初在每千克46元。

沙苑子用量不大，全国大部分地区均可种植，但真正连年种植的仅为陕西的几个区县。

其25年市场价格详见表1-3-17。

表1-3-17　1990—2014年混等沙苑子市场价格走势表

（元/千克）

年份＼月份	1	2	3	4	5	6	7	8	9	10	11	12
1990	5	5.5	5.5	6	6	6	6	6	6	6	6	6
1991	4.8	4	4	4.5	5.8	5.8	5.8	5.5	5.5	5.3	5.3	6.3
1992	5.8	6.5	6.5	6.5	8	7.5	7.5	7.5	7.5	6.5	7.5	5

（续）

月份 年份	1	2	3	4	5	6	7	8	9	10	11	12
1993	9	9.3	9.3	9.5	11	11	10	9.5	6	6	6	5.5
1994	5	4.5	4	3.8	3.8	3.8	3.8	3.8	3.8	3.8	3.8	3.8
1995	3.8	3.8	3.8	4.5	5.5	5.5	6	13.5	13.5	12.5	12.5	12.5
1996	12.5	12.5	12.5	12.5	12.5	12.5	12.5	12.5	12.5	12.5	13	15.5
1997	16	16.5	16.5	16.5	16.5	16.5	16.5	16.5	16.5	17.5	17.5	17
1998	17	17	17.5	17.5	17.5	17.5	17	15	12	12	12	12
1999	12	12	10	10	10	8.5	8.5	11.5	13.5	13	14	13
2000	12	12	12	15	14	13	13	13	13	14	14	14
2001	15	16	22	22	22	20	20	18	18	18	18	18
2002	16	16	15	15	14	13	12	10.5	10	11	10	10
2003	10	11	15	15	12	11	11	9.8	10.5	10	11	11.5
2004	11	10	10	9.8	9.8	9.8	9.8	9.5	9.8	9.3	9.3	9.3
2005	9.3	10.2	10	9.8	9.8	9.8	9.8	12.5	9.5	9.8	9.8	10
2006	8.5	10.8	10.8	12	12	12.1	12.1	15	12.5	12.5	12.8	12.8
2007	13	14	15	15	14	14	15	15	17	16	16	17
2008	15.7	15.8	16	16.3	16.7	17	16.5	16	15.5	14.5	14	12.5
2009	12	12	11	14	15	18	18	18	23	28	28	27
2010	45	45	51	56	56	65	67	70	70	80	105	68
2011	68	68	70	70	65	65	65	68	67	64	62.5	50
2012	20	20	18	18	18	18	18	18	18	18	20	20
2013	20	20	20	20	20	20	20	20	26	26	28.5	46
2014	46											

（十六）五味子

1. 概述　五味子 [*Schisandra chinensis*（Turcz.）Baill.] 为木兰科植物，以果实入药，有敛肺、滋肾、止汗、止泻、涩精作用，主产于东北及河北、山西、山东、湖北等地，喜湿润的环境，但不耐低洼水渍，耐寒，需适度荫蔽，幼苗期尤忌烈日照射，喜腐殖质土或疏松肥沃的土壤（图1-3-16）。

2. 栽培技术 五味子主要用种子繁殖，8～9月将果实采下后，去掉果肉，洗出种子。直接播干种子不出苗，因种皮坚硬，光滑有油层，不透水，播前需进行种子处理方可出苗。通常于早春或晚秋育苗条播，每667米^{2}用种5千克左右，覆土2～3厘米，浇透水，并盖草，保持土壤湿润，出苗后撤去盖草，搭架遮阴，保持少量阳光。第二年或第三年早春即可定植。山楂是五味子的一种理想天然支

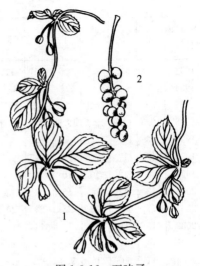

图 1-3-16 五味子
1. 花枝 2. 果序

架，可按行株距3米×3米规格先栽上山楂树苗，然后在每树下栽2株五味子苗，距离树蔸67厘米左右，一边栽1株。若用人工支架，可按大行距1米、小行距67厘米、株距50厘米的规格栽植五味子苗，行向南北向，以利通风透光。五味子是喜肥植物，定植时要施足基肥，先挖深宽各约33厘米的穴，将肥料和土混合填入穴内，栽苗时要使根系伸展，有利于成活和生长，栽后踏实灌水。幼苗期间生长缓慢，注意锄草和松土，适当浇水，第二年以后立支架供其攀援，使通风透光，促进生长。除施足基肥外，每年春季进行追肥，每667米^{2}施厩肥或堆肥1 500～2 500千克，磷酸二铵15～20千克。生长期间还要注意剪枝，每年冬季植株休眠以后、春季萌发前为修剪季节。

3. 采收加工 五味子栽后4～5年大量结果，秋季8～9月果实呈紫红色时摘下，晒干或阴干。若遇阴雨天微火烘干，但温度不能过高，防止挥发油挥发，变成焦粒。

4. 市场分析与营销　五味子为常用中药，具有收敛固涩，益气生津，补肾宁心作用。主治久咳虚喘，梦遗滑精，遗尿尿频，久泻不止，自汗，盗汗，津伤口渴，短气脉虚，内热消渴，心悸失眠等症。近年已开发出护肝片、复方肝益片、五味子素片、五味子糖浆等药品。五味子又有很好的保健作用，还是五味子酒、五味子饮料、果茶、果汁、果酱等食品、保健品的原料。国内年总需求量在6 000吨以上，其中国内葵花、修正、华宇、白云山、吉林通化、天津天士力、西安制药、三精药业等年需求就在2 000吨以上。国际年需求在1 200吨以上。

五味子过去主要靠野生供应。近十几年来，由于国内外需求增加，连年无序的滥采滥砍，导致野生资源日渐枯竭，据有关部门估算，2005年东北三省年野生总产量1 500吨、到2009年已下降到不足1 000吨。由于产量缺口逐年加大和市场需求不断升温，导致2005年产新后价格一路攀升，尤其是进入2006年后，价格逐月迈上新台阶，一级品由去年8月的55元/千克，飚升到了2007年7月份的140元/千克，涨幅为上年同期的2倍。随后人工种植的成功，弥补了野生资源短缺不足，价格出现了翻天覆地的变化。在1999年以前，野生资源的产量基本能够满足市场的需求，价格始终徘徊在12元/千克上下。2000年后随着新用途的增加，供求矛盾初现，同时受价格上涨刺激，人工种植加快。由于人工种植已形成规模，供求关系基本平衡，未来几年内，价格不会出现大的波动。

东北三省是人工栽培北五味子的主要产地，产量约占全国总产量的90%以上，2009—2011年东北三省北五味子的在地面积保守估算至少30万亩，年总产量已达3万吨。主要分布在15个主产地：如辽宁的本溪、凤城、鞍山、清原、宽甸；吉林的靖宇、长白、通化、抚松、辉南；黑龙江的无常、阿城、尚志、庆安、伊春等地。短期供大于求。

其25年的市价详见表1-3-18。

表 1-3-18　1990—2014 年混等五味子市场价格走势表

(元/千克)

月份 年份	1	2	3	4	5	6	7	8	9	10	11	12
1990	16	16	16.5	16	17	17	17.5	18	17.5	17	17	16
1991	17	19	18	20	21	22	25	23	20	15	13	12
1992	13	14	15	15.5	16	15.5	16	15.5	13	12	11	10
1993	12	13.5	13.5	14	14.5	15	16	15.5	15	14	13	12
1994	11	11.5	12	12.5	12.5	13	13.5	13.5	13.8	13	13	13
1995	14	14	14.5	15	15	15	15	15.5	15	14	13	12
1996	11	11.5	11.5	11.5	12	12	12.5	12	11.5	11	11	10.5
1997	10	11	10	10.5	10	10	11	11.5	11	12	12.5	12.5
1998	13.5	14	14.5	15	15.5	16	16.5	17	16	15	14	12
1999	10.5	11	11	12	12.5	13	13.5	14	14.5	12	11	10
2000	10	10.5	11	11.5	11	12	13.5	14	13	15	19	20
2001	30	35	40	45	48	50	62	35	25	50	20	20
2002	23	27	27	28	28	30	23.5	23	23	25	33	36
2003	36	40	55	55	50	40	40	42	42.5	42.5	43.5	43.5
2004	44	44	44	45	45	45	45	45	45	40.5	41	41
2005	41	40	39	38.5	38.5	38.5	38.5	36.5	44	55.5	56	56
2006	56.5	56.5	58	80	92	107	115	105	117	135	135	135
2007	120	130	130	130	130	140	130	130	120	120	110	110
2008	75	90	85	85	85	85	70	62	60	47	35	27
2009	27	19	23	28	26	26	30	30	25	23	20	25
2010	25	28	28	26	26	27	27	32	48	42	45	44
2011	44	42	42	44	41	41	36	32	25	22	22	20
2012	21	21	24	24.5	23	23	22	22	22	23	23	25
2013	25	25	25	25	25	28	27	27	27	27	29	32
2014	32											

四、树皮及根皮类

（一）肉桂

1. 概述　肉桂（*Cinnamomum cassia* Presl）别名玉桂、桂

树、桂皮，本种为樟科植物，以干燥树皮（称桂皮）、树枝（称桂枝）和幼果（称桂子）入药。桂皮有温肾补阳、散寒止痛的作用，桂枝有发散风寒的作用，桂子有温中散寒的作用，喜温暖湿润的气候，能耐－20℃的短期低温，生长和开花结果正常。属半阴性树种，常野生在疏林中。幼苗喜阴，忌烈日直射，高2米的幼树能耐受较多的光照，成龄树在阳光充足的条件下生长，桂皮油分足，质量佳。在黄泥土上生长的桂皮质软，有油分，质优。砂砾土上生长的桂皮质硬，又称沙底桂，质差（图1-4-1）。

图1-4-1　肉　桂
1. 果枝　2. 桂皮药材

2. 栽培技术

(1) 繁殖　以种子繁殖为主，亦可用压条（高压）和扦插繁殖。

①种子繁殖。桂树通常种植6～8年后开花结果，选10～15年生以上的母株留种，需选味甜辣、气香浓、皮厚、健壮的母株留种，当果实变紫黑色、果肉变软时，及时采收，随熟随采。采后除去果皮，洗净果肉，摊放在室内阴干，肉桂种壳薄，极易干缩，故阴干不宜过久，更不能日晒，因种仁含油分高，容易变质，最好随采随播。如不能及时播种，可用有潮气的细砂贮藏或堆积于室内阴凉处，并注意防鼠。在2～3月，气温20～30℃时，贮放1个月，便现芽点，如气温低，细砂较干时，贮藏时间可以延长。

为加速种子发芽、出苗整齐和管理方便，可催芽后播种，方法用清洁的干细砂5千克，加水1.5千克，用手捏砂不滴水亦不松散为宜，种子与湿砂比例为 1∶3～4，混匀，放入盆中，底垫 2～3 厘米厚的细砂，再放入混有湿砂的种子，上盖砂 2 厘米，加盖，放在室内或室外阳光下。一般经 9～11 天种子开始萌芽，如种子量多时，宜选地势高、向阳、排水良好的地方挖坑，坑的大小视种子量而定，将湿砂和种子混合后倒入坑内，厚不超过 15 厘米，盖砂后覆草，经常保湿。约 15 天陆续发芽，当种子出现芽点时即可播种，如发芽过长，不但操作不便，且易伤害幼芽，降低出苗率。育苗宜选近水源、荫蔽、排水良好的肥沃疏松土壤，并开好排水沟，耕翻整地做高畦，施足基肥。条播，行距 20 厘米，种间距约 5 厘米，播深 2 厘米，覆土、盖草、浇水。每 667 米^2 播种 25～30 千克，在 3～4 月气温23～24℃时，经8～10 天出苗，若不经催芽处理，出苗一般需25～30 天，出苗率 90%。出苗后将盖草拨向行间，如育苗地无荫蔽条件，需搭设荫棚，荫蔽度50%～60%。

当幼苗长至 7～10 厘米时，间苗移植。因幼苗主根长，幼苗过大移植易伤根。行株距以 20 厘米×15 厘米为宜，每 667 米^2 幼苗约可供移植 0.33 公顷大田，每667 米^2 育苗 1 万余株，可供造纯桂林5.33～6.67 公顷。幼苗喜荫蔽，日晒生长缓慢，叶色黄绿，枯斑多。有荫蔽的幼苗，生长快，叶色浓绿肥大，随幼苗长大，行间郁闭，荫蔽度可逐渐减小，幼苗移植后 20 天可施稀人尿或尿素，以后每半月或每月施肥一次，半年后每隔 2～3 个月施肥一次，并在株间撒一层熏土或堆肥。要及时除草、松土，适当修去下部侧枝及叶片，有利通风，提早行间郁闭，提高耐旱和耐阳光能力。

②高压繁殖。在 3～4 月新梢尚未长出、树干营养较集中时，结合修枝整形，选过密的及有碍田间管理的、直径1～1.5 厘米的下部侧枝，距树干10～15 厘米处，用芽接刀环状剥皮 2～4 厘米长（长度视枝条粗细而异），切口要整齐干净，勿过深伤及木质部而折断，切口的皮层不要破裂或松脱而影响发根，用刀轻轻

刮去切口段的残留皮层，用湿椰糠敷于切口，要紧贴不漏空隙，稍用力从两端向中间挤压，用塑料薄膜包扎，两头绑紧，包裹物的多少，看枝条粗细而定，由于塑料薄膜保水力强，水滴反复流回椰糠内，除天气特别干旱外，一般不用浇水，亦可用稻草拌塘泥或黄泥加羊骨粉拌和作敷料，用布料包扎，由于水分容易蒸发，须定期检查淋水。一般以采用塑料薄膜包裹为佳，在 3～4 月，处理后 10～15 天切口愈合，30～40 天即露新根，生根率可达 80％以上，待新根长满椰糠时，即可移植，贴枝平齐锯下，除去塑料薄膜，栽植在苗床上或盛有营养土的小竹笋内，四周泥土要压实，浇水，成排放置荫蔽处，经常施肥、淋水、除草、松土及防虫。

③扦插繁殖。扦插时期与高压繁殖法同。为充分利用繁殖材料，粗枝可行高压法繁殖，细枝可用扦插法繁殖。选无病虫害、组织充实的青褐色细枝，粗 0.4～1 厘米，剪取 15～18 厘米长一段，具 2～3 个节的插条，将梢尖幼嫩部分剪去，上端截口靠节上部 1～2 厘米处剪成平口，下截口紧靠节的下面或离节 0.5 厘米处截成楔尖形，近节截取较易生根，剪口要平滑，皮层与木质部不要松动脱出。剪好的插条放在阴凉处，暂时浸于清水中或用湿草、湿布敷盖，以免切口干燥影响生根。如若次日再行扦插，则应埋入湿砂中，用时取出。扦床用清洁的细砂铺 30 厘米厚，按行株距 15 厘米×16 厘米斜插，插入 1/2，上切口与砂面平贴，稍压插条附近的砂，扒平砂面，浇水至湿透为止，经常保持湿润和荫蔽。插条最忌干燥，如上面盖上塑料薄膜，既保温也保湿，成活率高，在春季约 40～50 天即生根，当插条生根较多时应行移栽，方法与压条苗同。

(2) 定植 苗高 0.5～1 米时即可定植。定植期随各地气候而定，海南宜秋植，往后气候逐渐下降，蒸发量减少，地温高，时有小雨，利于苗木萌发新根，提高成活率，西双版纳于 6～7 月雨季初定植。当年生长季节较长，幼苗扎根较好，有利于度过冬春的旱季，行株距可为 2 米×2 米，每 667 米² 栽 167 株，或 3 米×3 米，每 667 米² 栽 74 株，亦可 2 米×3 米。山区可密，平原宜稀，易受风害地区宜密，可采用 2～3 米×2 米的宽窄行种植，以利抗风，留种地宜稀，一般株距不应少于 2 米。

定植后 2～3 个月内必须定期淋水，保证幼树成活，以后浇水可结合施肥进行，每年施肥 3 次，第一次在春季 2～3 月抽芽现蕾前，施促芽催花肥，以氮肥为主，可用 1∶8 的稀尿水或每 25 千克水加尿素 50～100 克施下，施用饼肥亦可。第二次施肥在 7～8 月青果期，以氮、磷肥为主，施以熏土、磷酸二铵及人粪尿，也可用有机肥 40～50 千克加过磷酸钙 250～500 克掺混沤熟，每株施 5～10 千克。第三次施肥在 11～12 月施养果和过冬肥，施有机肥及磷、钾肥，可用每 50 千克厩肥加 1.5～2.5 千克磷矿粉，经沤 1 个月，每株施 10～15 千克，另施草木灰或氯化钾，每株 50～150 克，水肥及速效肥可松土后开浅沟浇入或撒入，有机肥及磷肥开 15 厘米深的环状沟施入，施后覆土。肥料施于齐树冠外缘，量随树龄而增加，干肥施后无雨时要浇水，每年修枝 1～2 次，把靠近地面的侧枝、多余的萌蘖剪去，使茎干直而粗壮。采果后，成龄树的病虫枝、弱枝、过密的侧枝，亦需进行修剪，使通风透气透光，如要进行高压或扦插繁殖，修剪时适当留下繁殖用的侧枝。

3. 采收加工

(1) 桂皮 当树龄达 10 年以上，即可采收，采收期宜在树液流动、皮层容易脱落时进行，以秋季 7～8 月采收质量好，春季 2～3 月采收质量较差。在离地面 20～30 厘米处环状剥皮，长 33～43 厘米，在两切口间纵切一刀，慢慢掀动，使皮层与木质部分离干净而成整块皮层。主干皮层剥完后，然后砍倒树干，取侧枝的皮和细枝，将桂皮晒干即可，16 年生的肉桂树，其主干可剥取干桂皮 3.75～4.25 千克，干鲜比约 1∶2，砍伐后 2～3 个月树桩即萌发长新枝，选留正直粗壮的新枝，将其余剪除，过

10 年再次采收。肉桂树皮再生能力强，今后可考虑在树干上间隔取皮，涂以生长激素，让其再生，每年在不同部位轮换取皮，加以保养，不行砍伐。

（2）桂枝　桂树砍伐后，将不能剥皮的上部细枝梢，砍断长约 40 厘米，约筷子粗，晒干即可，亦可结合桂树修剪，将筷子粗的桂枝收集晒干供药用。

（3）桂子　将幼果，果托（宿萼）采下，或收捡青果期中的落果，晒干即得。

4. 市场分析与营销　肉桂药用具有暖脾胃、散风寒、通血脉的功能。主治腹冷胸满、呕吐噎膈、风湿痹痛、跌损瘀滞、血痢肠风等症。肉桂皮除了药用，还是最早被人类食用的香料之一，是五香粉的主要原料。作为辛香料，主要用作肉类烹饪调味料，亦用于腌制、浸酒及面包、蛋糕、糕点等焙烤食品。肉桂的枝叶、皮均可提取精油。肉桂油在调香时常与丁香酚合用成香石竹和风信子花的主要香气，并常用于调配香薇型、薰衣草型、檀香玫瑰型等香精。肉桂油，是珍贵香料和多种有机香料的合成原料，并可药用，在许多饮食业也大量地使用桂油。

2009 年数据，我国肉桂保有面积约为 33 万公顷，桂皮年产量 4 万多吨，桂油产量 1 000 多吨。广西是肉桂的重要产区，广西肉桂的中心产区为西江沿岸的桂平、平南、藤县、苍梧、岑溪、容县等，称西江桂，以及十万大山附近的防城、东兴、上思等，又称东兴桂。广西肉桂保有面积 16.7 万公顷，桂皮产量 2 万～3 万吨，桂油 600～700 吨，桂皮产量约占全国总产量 50％，桂油产量约占全国的 60％。广东德庆县是德江肉桂的传统产区，生产基地有 30 万亩，年产肉桂皮 2 万吨，桂油 50 吨，每年出口桂皮 500 吨，其中日本 200 吨。

斯里兰卡是世界主要桂皮生产国，年产量约为 1.1 万～1.2 万吨，占世界总产量的 86％，其中约 1 万吨用于出口，正准备打入中国和印度市场。和中国交界的越南北部地区也出产肉桂。

20 世纪 90 年代初，肉桂价位在每千克 14 元左右。1995 年肉桂价格涨至每千克 18 元。但从这之后其价格就开始一直下跌，2002 年末已降至每千克 6 元左右，此价位维持到 2009 年。2010 年回升到每千克 10 元左右，2014 年年初每千克 9.5 元。

其 25 年肉桂（统货）的价格详见表 1-4-1。

表 1-4-1　1990—2014 年肉桂（筒）市场价格走势表

（元/千克）

月份 年份	1	2	3	4	5	6	7	8	9	10	11	12
1990	14	14	14	15	15	15	15	14.1	14	14	14	12
1991	12	14	14	14	15	15	15	5	14	14	12	12
1992	12	12	11	11	11	11	11	11	11	11	11	11
1993	11	11	12	12	12	12	12	12.5	12.5	12.5	12.5	12.5
1994	12.5	14	14	14	15	15	15	16.5	16.5	16.5	16.5	18
1995	18	18	18	18	18	18	17	17	17	16	16	
1996	16	16	15	15	15	15	15	15	14	14	14	14
1997	14	14	11	11	13	13	12	12	12.5	12.5	12.5	12.5
1998	12.5	12.5	12.5	12	12	12	12	12	12	12	11.5	11.5
1999	11.5	11.5	11.5	10	10	12	12	12	12	12	12	12
2000	12	12	12	12	11.5	11.5	11.5	11.5	11.5	11.5	11.5	11.2
2001	11.2	11.2	11	9.2	8.7	9.2	9.2	9	8.5	8.5	8.5	8
2002	8	7.5	7.5	9.2	7.2	7.2	6.5	5.8	6.1	6.5	7.5	7.5
2003	7.5	8	9	9	8	8	8.5	8.5	7.8	7.2	6.5	
2004	6.5	6	6.2	6.2	6.2	6.6	7.2	7	6.6	6.6	6.6	7
2005	6.5	6.5	6.5	6.6	6.6	6.6	6.8	6.6	6.6	6	6	6
2006	6.5	6	6	6	6.2	6	6.2	8.1	9.2	9.1	8.5	8.5
2007	7.6	7.6	7.6	7.6	7.6	7.6	7.6	7.6	7.6	7.6	7.6	7.6
2008	7.2	7.2	7.2	7.2	67.2	7.2	7.2	7.2	7.2	7.2	7.2	7.2
2009	6.5	6.5	6.5	6.5	6.5	6.5	6.5	6.5	6.5	6.5	6.5	6.5
2010	9.2	9.2	9.2	9.2	9.2	9.2	9.2	9.2	9.2	9.2	9.2	9.2
2011	10.2	10.2	10.2	10.2	10.2	10.2	10.2	10.2	10.2	10.2	10.2	10.2
2012	10	10	10	10	9	9	9	9	9	9	9	9
2013	9	9.5	9.5	9.5	9.5	9.5	9.5	9.5	9.5	9.5	9.5	9.5
2014	9.5											

（二）厚朴

1. 概述　厚朴（*Magnolia officinalis* Rehd. et Wils.）为木兰科植物，以干燥的树皮及根皮入药，有温中理气、燥湿消积作用。厚朴分为川朴和凹叶厚朴。川朴主产四川、湖北等省，陕西、甘肃等省也有分布。凹叶厚朴分布于浙江、江苏、福建、江西、安徽、湖南等省，有野生和栽培种。厚朴喜凉爽湿润的气候，高温不利于生长发育，且多病害，故多栽种于海拔800～1 700米左右的山区，幼苗期喜半阴的环境，成年树喜阳光，土壤以疏松肥沃富含腐殖质的中性至微酸性的夹砂土为好，黏重、排水不良的土壤不宜栽种（图1-4-2）。

图 1-4-2　厚　朴
1. 厚朴　2. 厚朴药材

2. 栽培技术　以种子繁殖为主，也可用压条繁殖。种子繁殖，选健壮母树，在10月，当果鳞露出红色种子，将果实采下，选果大、种子饱满、无病虫害的作种。由于种子外皮含蜡质，水分较难渗入，播后不易发芽，浙江省等地多进行脱脂处理。即将种子放于冷水中浸泡1～2天，捞出放在竹箩里，置于浅水里，用脚在箩中踩擦，一边踩擦，一边洗去油蜡物，除净后，将种子放在温水中洗净，捞出晾干以备播种。四川省等地在收获种子时立即用粗砂混合，多次揉搓，除去蜡质。如种子外运，不宜脱蜡，以免降低发芽能力。

育苗地选向阳高燥、微酸性而肥沃的砂质壤土，其次为黄壤土或轻黏土，忌积水和黏重的土壤，先做1～1.65米宽的苗床，施足底肥，条播，在畦面按 25 厘米行距横开浅沟，深约 3 厘米，每隔 7～10 厘米左右播种 1 粒，浙江在 10～12 月立冬前后为好，四川一般在 2 月下旬播种，经试验证明，用新采的种子及时冬播，出苗率高，播后盖细土 3 厘米左右，再盖薄层稻草、幼苗出土后，立即揭去盖草或除草，苗高 7～10 厘米时，可施淡人粪尿或硫酸铵催苗，干旱时浇水，雨季注意排水，以免发生根腐流。

压条，生长 10 年以上的厚朴树，树干基部常长出枝条，在 11 月上旬或早春选长 67 厘米以上的枝条，挖开母树基部的泥土，从枝条与主干连接处的外侧用刀横割一半，握住枝条中下部，向切口相反方向扳压，使树苗从切口裂开，裂口不宜太长（约 6.7 厘米左右），然后在裂缝中放一小石块，并把土堆盖在老树根和枝条周围，高出土面 15～20 厘米，稍加压紧，施人畜粪，以促进发根生长，到秋季落叶后或第二年早春，把培土挖开，如枝条裂片上长出新根，形成幼株，即可用快刀从幼苗或母树基部连接处切开，即可定植。由上法所得幼苗，在定植时斜栽土中，使基干与地面呈 40 度角，到次年或第三年则可从基部垂直生出许多幼枝来，在枝高 33～67 厘米时，按上法压条（留一健壮的枝不压），到了当年秋季，幼苗新的根系又已形成，翌年春天又可进行分栽；未压的一株，则留着不动，同时将最初斜栽的老株齐地剪去，以促进新标更苗壮成长。还可在采收厚朴时，只砍去树干，不挖树桩，冬季盖土，第二年也可长出小苗，苗高 67 厘米时，用同样方法进行压条。

厚朴造林一般不施肥，但有条件的地区停止套种后可在春季结合压条，冬季结合培土，左株旁开穴，施人畜粪、堆肥或厩肥，施肥后并在根际培土，移栽时如遇干旱，应抗旱保苗，确保成活。间作耕地时，勿将树根挖断或翻出影响生长，成林前禁止放牧、砍柴、割草等，以免损害苗木。浙江省对于 15～20 年生以上、树皮较薄的厚朴，在春季可在树干上用快刀将树皮斜割 2～3 刀，使养分积聚，以促进树皮增厚，经过 4～5 年即可采收。

3. 采收加工 厚朴主要采收树皮，一般生长正常的厚朴，栽种 20 年左右，开始收获，年限愈长，皮愈厚，质量越好，各地收获季节不甚一致，总的来说，收获范围在 4～8 月内，多在5～6 月，这时形成层细胞分裂快，皮层与木质部接触较松，树皮最易剥落。过早收获，树皮内油分差，过迟收获，剥皮困难。由于规格不同，四川先用尺从树基部 10～15 厘米处向上量40～80 厘米，用刀把上下两处树皮割断，并纵向割破树皮，再用竹刀把树皮剥下，称为蔸朴，然后砍倒树身，剔去分枝，用尺从下至上，依次量 80 厘米长，把树皮一段一段地剥下，剥完树干，再剥分枝，自然成卷筒形，以大筒套小筒，每 3～5 筒套在一起，横放器皿内，以免树液流出，称为筒朴。如不留蔸，萌蘖更新，可挖起全根，把根皮剥下，称为根朴。浙江采收在离地面 67 厘米高处，用锯先将树皮横向锯断，并从地面向树根挖 3～6 厘米，再将树皮横向锯断，然后用利刀顺树干垂直割一刀，用小刀起开皮口后，用双手剥下树皮，称为脑朴，然后将树砍下，按 40 厘米长，用上述方法一段一段剥下筒朴，最后用锄头挖起树根，按67 厘米长剥下树皮根朴，脑、筒、根朴剥下后，将其卷紧，用绳扎住，置室内干燥。厚朴花的采收，3～5 月蕾将开未开时采下，过迟花瓣脱落，采时注意勿伤枝条。采种，选 10 年以上的健壮无病虫害树作种株，开花时每株只留 4～5 朵花，其余摘下供药用，这样养分充足，种子饱满，当果皮现紫红色，果鳞微裂露出红色种子时，即可采收。

4. 市场分析与营销 厚朴具有温中、下气散满、燥湿、消炎、破积的功效。年需求量约 4 000 吨。20 世纪 70 年代，国家在厚朴主产区建立了湖北恩施（双河）、四川都江堰、广西资源、浙江景宁 4 个万亩厚朴基地。目前，全国四川、湖北、湖南、浙江、福建主产区种植面积已达 100 万亩以上，年产量将在 1.4 万吨左右。

厚朴主产区湖北恩施的生产模式具有参考性：当地 500 年前

就有代代种植厚朴以备婚嫁用物的习惯，近十年来，已建成了厚朴规范化基地5 000亩，同时建成了良种繁育基地。年提供优质厚朴种子10 000千克，苗木 400 万株。辐射周边厚朴种植近 30 万亩。还提出厚朴立体种植模式：厚朴种植到采收需要 15 年，单一种植厚朴前期投入较大，回收期较长，企业和农民都难以承受，而且基地空间也没有得到立体的充分利用。提出了"紫油厚朴、竹节参、金银花、菜豆"，"厚朴、马铃薯、高山蔬菜、烟叶"，"前期厚朴、马铃薯、高山蔬菜等喜光作物，后期厚朴、贝母、竹节参、重楼等喜阴植物"的立体栽培模式。这种对于山区耕地资源有限，又能增加单位面积收益的模式，提高了农民种植厚朴的积极性。当地政府还打造"恩施紫油厚朴百里长廊"，建立"厚朴主题公园"，形成了紫油厚朴旅游区。

1990—1996 年厚朴发展较为缓慢，价格一直在 16～17 元/千克。1997 年至今由于退耕还林和调整产业结构，各地大面积恢复和发展种植，货源充足，其价格除 2003 年非典和 2011 年涨价外，一直稳定保持在 12 元/千克左右。

其 25 年价格变化详见表1-4-2。

表 1-4-2 1990—2014 年厚朴（川朴）市场价格走势表

（元/千克）

年份＼月份	1	2	3	4	5	6	7	8	9	10	11	12
1990	14	14	14	14	14	14	14	14	15	15	15	15
1991	15	16	16	16	16	16	17	17	17	17	17.5	17.5
1992	17.5	17.5	17.5	17.5	17	17	17	16	16	17	17	
1993	17	17	17	17	16.5	16.5	16.5	16.5	16.5	16.5	16	
1994	16	16	16.5	16.5	16.5	16.5	16.5	16.5	16.5	16.5	16	
1995	16	16	16	16	16	15	15	15	15	16		
1996	18	16	16	16	16	16	16	16	16	16		
1997	16	16	16	16	16	16	24	15	15	15		
1998	15	14	14	14	14	14	12	13	12	11	11	

（续）

月份 年份	1	2	3	4	5	6	7	8	9	10	11	12
1999	11	11	11	11	11	11	12	12	11	11	11	11
2000	11	11	11	11	11	11	11	11	11	11	11	11
2001	11	11	11	11	11	12	12	12	12	12	12	12
2002	12	12	12	12	12	12	12	12	12	12	12	12
2003	12	14	20	20	16	15	15	14.5	14.5	14	13	13
2004	12	11.8	12	12.5	12.5	12.5	12.5	12.5	12.5	12.5	12.5	12.5
2005	12.5	12.5	12.5	12.5	13.5	13.5	13.5	12.5	13	13.5	14	14
2006	15	15	15	16	16	15.8	14.5	14.5	14.5	14.5	14.8	14.8
2007	14	14	14	14	14	14	14	14	14	14	14	14
2008	11	11	11	11	11.2	11.3	11.5	11.5	11.5	11.5	11.5	10
2009	9.5	9.5	9.5	11	11	11	11	11	11	11	13	13
2010	13	13	13	14	14	14	14	14	14	15	15	15.5
2011	16	15	15	15	15.5	15.5	15.5	15	15.5	15.5	14	14
2012	14	13	12.5	12	11.5	11.5	11.5	11.5	12	12	12	12
2013	12	12	12	12	12	12	12	12	12	12	12	12
2014	12											

（三）丹皮

1. 概述　丹皮为牡丹（*Paeonia suffruticoas* Andr.）的根皮，别名粉丹皮，牡丹为毛茛科植物。丹皮有清热凉血、散淤通经的作用，主产于安徽、山东、河北、河南、四川、甘肃、陕西、湖北、湖南等省。喜温和气候，较耐寒，耐旱，怕高温、酷日烈风和积水涝渍。由于根深，宜种在土层深厚、排水良好、土质疏松肥沃的砂质壤土或粉砂土，盐碱地不宜栽种（图1-4-3）。

2. 栽培技术　牡丹品种较多，由于品种和栽培目的不同，繁殖方法也不一样，分有性（种子）繁殖和无性（分株、嫁接、扦插）繁殖。

（1）种子繁殖　7月底8月初种子陆续成熟，分批采收，为果实呈蟹黄色时摘下，放室内阴凉潮湿地上，使种子在壳内后熟，经常翻动。以免发热，待大部分果实开裂，种子脱出，即可进行播种，或在湿砂中贮藏。晒干的种子不易发芽。选粒大饱满者作种子，安徽在 8 月上旬至 10 月下旬播种，山东 8 月下旬至 9 月上旬播种，不可晚于 9 月下旬，过晚当年发根少而短，第二年出苗率低，生长差。播种前，施足基肥，山东每 667 米² 施干粪或厩肥 5 000 千克以上。将土地深耕

图 1-4-3 牡 丹
1. 花枝 2. 根皮

细耙，做成 1.33～1.65 米宽的平畦，或高 16.5～20 厘米的小高畦，畦间距离 33 厘米，选当年采收的新鲜种子，用湿草木灰拌后播下，条播或撒播，条播行距 6.7～10 厘米，沟深 3～4 厘米左右，将种子每隔 2～3 厘米 1 粒均匀播子沟内，然后覆土盖平，稍加镇压，每 667 米² 用种量 25～35 千克，撒播时先将畦面表土扒去 3～4 厘米，再将种子均匀地撒入畦面，然后用湿土覆盖 3～4 厘米，稍加镇压，每 667 米² 用种量约 50 千克左右。为了防止冬季干旱，可在覆土后，用高粱秆顺畦放 2 根作标记，在上面再加覆土 6.7 厘米厚，或盖 2～3 厘米厚的牛马粪或厩肥。安徽省铜陵县多选荒地育苗，做 1.32～1.65 米宽高畦，以 20～30 厘米穴距挖穴，穴深 20 厘米、宽 15～20 厘米，穴底平如不碟子，穴内施入粪稀水或饼肥碎末，上盖一层土，每穴均匀播下 20～40 粒种子，覆土 3～4 厘米厚，畦面再盖层茅草，以防寒保湿。

翌年早春，扒去保墒土、牛马粪或茅草，幼苗出土前浇一次水，以后若遇干旱亦需浇水。雨季排除积水，并经常松土除草，

松土宜浅。出苗后于春季及夏季各追肥一次，追腐熟的饼肥或人粪尿，并注意防治苗期病虫害，管理好的小苗，当年秋季（9月间）可行移栽，春栽不易成活。生长不良的小苗须 2 年后移栽，移栽地须施足底肥，按行株距 50 厘米×33～50 厘米刨坑，深25～30 厘米，每坑栽大苗 1 株，或小苗 2 株，填土时注意使根伸直，填一半时将根轻轻往上提一下，使根舒展不弯曲，顶芽低于地面 2 厘米左右，将周围泥土压实，并在芽顶上培土 7～10 厘米，使成小堆，以防寒越冬。

（2）分株繁殖 于 9 月下旬至 10 月上旬收获丹皮时，将刨出的根，大的切下作药，选部分生长健壮无病虫害的中小根，根据其生长情况，从根状茎处劈开，分成数棵，每棵留芽 2～3 个。在整好的土地上，按行株距 67 厘米×67 厘米刨坑，坑深 33 厘米左右，坑径 20～25 厘米，栽法同小苗移栽，并用土将保留的枝条埋住，最后封土成堆，高 15 厘米左右。天旱时，栽后半月浇水，不宜立即浇水，嫁接、扦插繁殖，多用于观赏牡丹品种，药用牡丹不用此法繁殖。

生长期中经常松土除草，每年 7～10 次。牡丹喜肥，除施足底肥外，每年春秋季各追肥一次，每次每 667 米^2 可施土杂肥2 500～3 000 千克或粪土1 000～1 500 千克，也可施饼肥 150～250 千克，在行间开 15 厘米左右深沟，将肥料撒入沟内，松土盖好，如天旱施肥后浇水一次，浇水应在傍晚进行，雨季注意及时排除积水，每年春季现蕾后，除留种子者外，及时摘除花蕾，使养分使根系生长发育，秋后封冻前可培土 15 厘米左右或盖茅草，防寒过冬。

3. 采收加工 分株繁殖生长 3～4 年，种子播种生长4～6年，9 月下旬至 10 月上旬将根部深挖起，去净泥土，去掉须根，用手握紧鲜根，抽出木心，按根条粗细分成 3 级，晒干，用竹刀或碎碗片割去外皮，即成刮丹皮（粉丹皮）。每 1.5 千克鲜根可加工 0.5 千克丹皮，正常产量每 667 米^2 收丹皮 200～350 千克，高产可达每 667 米² 500 千克以上。

4. 市场分析与营销 丹皮具有清热凉血、活血化瘀、散瘀通经的功能。主治热病吐血、血瘀经痛、闭经腹痛、高血压、中风、急性阑尾炎、神经性皮炎、过敏性鼻炎等症。丹皮又是六味地黄丸等中成药的主要原料。丹皮国内年需求 4 000 吨，出口800 吨。我国丹皮主要出口日本、韩国，以未脱皮的黑丹为主。

1996、1997 年，丹皮价格达到每千克 20 元以上，最高价为27 元。1994—1998 年大发展，到 1999 年种植面积达到 8 万亩，按采收 1.6 万亩计算，年产约 6 400 吨。供过于求，价格降为每千克 10 元上下。2003—2005 年采收的应该是 1999—2001 年种植的，由于当时价格低迷，不足每千克 9 元，全国不足 1 万亩。2006—2009 年又回升到每千克 15 元左右。因面积减少，2008 年主产区铜陵在地面积已经不足 2 000 亩，而 1999 年高峰时曾经种植 15 000 亩。2010 年后上涨到每千克 20 元以上，2011 年最高价达到每千克 38 元。

其 25 年价格变化详见表 1-4-3。

表 1-4-3 1990—2014 年丹皮（粉）市场价格走势表

（元/千克）

月份 年份	1	2	3	4	5	6	7	8	9	10	11	12
1990	8	8	8	8	7.5	7	7	8	8	8	7.5	7.5
1991	7.5	7.5	7.5	7.5	8	9	9	10	10	10	10	10
1992	11	10	13	15	14	14	13	13	13	13	12	12
1993	12	13	14	14	15	15	18	20	17	16	16	16
1994	15	16	17	17	18	18	18	19	20	20	20	20
1995	20	20	21	21	21	21	21	23	24	24	24	23
1996	23	24	25	23	23	23	27	27	26	24	23	22
1997	22	22	22	23	24	24	23	23	21	19	17
1998	17	16	17	18	18	18	18	17	16	16	14	12
1999	11	10	11	11	12	12	9	9	11	11	8	8.5
2000	9	9	9	8.5	9	10	10.2	10.5	10.5	10.5	10.5	10.5

（续）

月份 年份	1	2	3	4	5	6	7	8	9	10	11	12
2001	10.5	10.7	10.7	10.7	10.7	10	8.7	8.7	9	9	9	8
2002	8	8	8	8	8	8	8.2	8.5	8.5	8.5	8	8
2003	8	8.5	10	10	10	8.5	8.5	8.7	9	9	9.5	9.5
2004	9.5	10.2	10.2	10.7	10.7	10.7	10.7	10.7	10.4	10.4	10.4	10.4
2005	9.9	9.9	9.9	10	10	10	9.9	9.9	10.5	11	11.5	11.5
2006	11	11	11.2	11.4	11.4	11.4	12	13.7	14.5	15.7	15.8	15.8
2007	13	13	14	14	14	14	14	15	15	15	16	16
2008	16	15.7	16.2	16.4	15.5	15.3	15.3	15	15	15	15	15
2009	15	13	14	14	13	13	14		15.5	16	17	25
2010	25	23	20	22	30	25	24	22	38	33	33	33
2011	28	34	38	36	36	36.5	36	33	31.5	30	28	29
2012	29.5	29.5	30	28	25	23	22	22	22	23	23	23
2013	24.5	25	27.5	28	27	27.5	27	27	27	25	25	25
2014	25											

（四）杜仲

1. 概述　杜仲（*Eucommia ulmoides* Oliv.）别名丝绵皮、玉丝皮、丝连皮，为杜仲科植物，以树皮入药。有补肝肾、强筋骨、安胎、降压等作用，主产于四川、贵州、云南、陕西、湖北、河南等省，此外，河北、江西、甘肃、湖南、广西、广东、浙江等省、自治区也产，杜仲对气候和土壤要求不严，抗寒能力较强，中性、微酸性和微碱性的砂质壤土或黏壤土均可栽种，但适于生长在土层深厚、疏松肥沃、排水良好的壤土中。土壤过黏、过湿或过于贫瘠均生长不良，也可利用零星土地栽植（图1-4-4）。

2. 栽培技术　用种子繁殖或育苗移栽，由于杜仲果皮含有胶质，妨碍种子吸水，若种子不经处理，发芽率低，为使果皮软化，提高发芽率，宜采用湿砂处理。将清洁湿润的河砂与杜仲果实混合存放于木箱里，如数量多可采取露地挖坑、湿砂层积，经常保持砂子湿度（手捏成团而又不滴水），干湿过度均为不利。用此法处理的种子，经过 15～20 天，开始萌芽，即可播种。若播期已到，多数种子仍未露出白点，可采用 20℃ 的温水浸种 36 小时，每隔 12 小时换水一次，随时搅拌，浸后捞出，晾干，第二天即可播种。播种期浙江在 11～12 月，北京多在 4 月中下旬，按行距 25 厘米开沟，沟深 2～3 厘米，将种子均匀撒入沟内，覆细土 2 厘米，进行浇水，播后畦面盖草，播种量每 667 米²3.5～6 千克。

图 1-4-4　杜　仲

　　播后保持土壤湿润，待苗出齐后，将覆盖物逐渐去掉，幼苗期间要经常松土除草和浇水，苗高 10 厘米许，可行间苗，将弱苗、病苗拔去，为使幼苗生长得迅速健壮，苗期追肥 3 次，第一次在苗高 10～15 厘米时，第二次在 6 月，第三次在 8 月，每次施肥结合松土除草，每 667 米² 用尿素 3～4 千克，人粪尿 1 000 千克。当年冬季或翌春树叶未开放之前，苗高 1 米以上定植，苗小可留在苗床里，再培育 1 年。定植后按行株距 2 米×1.33 米挖穴，每穴施以底肥，将苗栽入穴内，使根舒展，栽后踏实周围土，每年冬季可适当的将侧枝及根部幼芽剪去，使主干生长健壮。

　　成株每年春季结合松土盖草，每 667 米² 追施圈肥 1 000～1 500 千克，南方多用人粪尿 2 500 千克左右，适当的加磷酸二铵及 15～25 千克的草木灰。北方引种，幼苗冬季需要保护防寒，是引种成功的关键，在沈阳，1～3 年生苗冬季上冻前根部培土，植株用稻草包扎，防止冻害。

3. 采收加工 定植 15 年以上的杜仲，开始剥皮，常在 4～6 月进行，用锯子齐地面处，锯一环状口至木质部，向上量至 80 厘米处，再锯第二道环状口，并在两环状口之间纵割一切口，用竹片刀从纵切口处轻轻剥动，使树皮与木质部脱离。第一筒剥下后，把树砍倒，再按上述长度剥取第二筒、第三筒，依次剥完，不够长度的和较粗树皮，可剥下作碎皮药用，采伐后的树兜，仍可发芽更新，培育新树，剥下的树皮可用开水烫后，层层压实重叠平放在稻草垫底的平地上，上盖木板，加重物压实，四周加草围紧，使其发汗，1 周左右，内皮呈暗紫褐色，取出晒干，割去粗皮即成。杜仲叶采收，浙江、陕西等省近年来将定植后 4～5 年的杜仲，于 10～11 月间落叶前采摘叶子，去其叶柄，捡去枯叶，晒干药用。

4. 市场分析与营销 杜仲具有补肝肾、强筋骨、安胎、降血压的功效。用于治疗肾虚腰痛，筋骨无力，妊娠漏血，胎动不安；高血压等症。现代研究杜仲有降压、降血脂、提高免疫力、抗衰老、抗肿瘤、促进骨质细胞增生、安胎等作用。杜仲除药用外，还大量用于保健食品。市场上有复方杜仲片、杜仲冲剂、杜仲茶、杜仲酒等，日本有杜仲面条、杜仲可乐、杜仲酱油等。

杜仲树是我国特有的珍贵植物，野生杜仲属珍稀濒危物种，国家已列为二类保护树种。国外 100 年前从我国引种。建国后国内大规模引种杜仲，杜仲的老主产区为四川、重庆、贵州、湖南、湖北等省份，新主产区为湖北西部、河南西部、陕西南部。以四川、重庆所产质量最优，为地道药材，称为"川杜仲，川仲"。目前以家种为主，野生的很少。生产周期一般 10～30 年。据 1987 年全国中药资源普查数据，全国野生杜仲皮资源蕴藏量 350 吨，杜仲家种面积为 200 多万亩，年收购量约 1350 吨，当时杜仲皮国内年需要量 1 800 多吨，出口 1 600 多吨，供不应求。

杜仲种子还有 27％以上，其中亚麻酸 67.4％，亚油酸 10.0％、油酸 15.8％、硬脂肪 2.2％、棕榈酸 4.7％，有望成为我国新的高级食用油来源。

杜仲还是温带最好的胶源植物，杜仲树皮、根皮和叶中均含有杜仲胶。杜仲胶是一种天然高分子材料，它既具橡胶、塑料二重性，又有橡胶、塑料都没有的特性。杜仲胶具有绝缘性强、抗酸碱、耐水湿、热塑性好和形状记忆等特性，是一种重要的工业原料，还可用作新型的医用材料，同时在军工、国防、海底电缆等特种工业中都有广泛的应用。国际胶业发展会上把杜仲胶列为战备物质、稀贵物资。我国每年需进口 100 万吨。

杜仲木材坚实，洁白光滑，有光泽，纹理细腻，无边材、心材之分，干后不翘不裂，不受虫蛀，是高档家具、枕木、农具、车、船及装饰品和工艺品的优质原料。

20 世纪 90 年代初期，价格在每千克 30 元左右，并有一些上涨的趋势。1995 年产区存货最多。但从 1993 年至今，市场价格却不停的下降。2004—2009 年价格下降至每千克 9 元左右。2000 年老库存货卖的差不多了，但 90 年代大量种植的杜仲树，到 2003—2006 年大量产新上市。2010—2011 年上涨为每千克 16 元，2014 年初又重回到了每千克 11 元。

其 25 年混等杜仲的价格详见表 1-4-4。

表 1-4-4　1990—2014 年混等杜仲市场价格走势表

（元/千克）

年份＼月份	1	2	3	4	5	6	7	8	9	10	11	12
1990	28	28	28	30	30	32	32	32	32	30	30	30
1991	30	32	32	34	34	35	35	35	35	36	36	36
1992	36	36	37	37	37	37	37	40	40	40	37	37
1993	37	37	35	35	35	32	32	32	32	32	32	32
1994	32	32	30	30	30	31.5	31.5	31.5	31.5	31.5	31.5	31.5

（续）

年份＼月份	1	2	3	4	5	6	7	8	9	10	11	12
1995	31.5	31.5	31.5	31.5	32	32	32	32	32	32	30	30
1996	30	30	30	30	30	30	30	29	27	27	27	27
1997	27	27	27	25	25	25	25	22	22	22	22	20
1998	20	20	20	15	15	15	15	15	12	12	12	12
1999	12	12	12	12	12	12	12	12	12	12	12	12
2000	12	12	12	12	12	12	12	12	12	12	11.5	11.5
2001	11.5	11.5	11.5	11.5	11.5	11	11	11	10.5	10.5	10.5	10.5
2002	10.5	10.5	10.5	10.5	10	10	10	10	10	10	10	10
2003	10	12	20	20	15	14	14	13	12.5	11	10.2	10.2
2004	9.5	9.2	9	8.4	8.4	8.4	8.4	8.4	8.4	8.4	8.4	8.4
2005	7	7	7	7.5	8.4	8.4	9	9.2	9.5	8.5	8.5	8.9
2006	8.8	8.8	9.2	9.2	9.5	8.6	8	7.8	8.5	9.2	9.4	9.4
2007	9	10	10	10	10	10	10	10	10	10	11	11
2008	8.7	8.7	8.9	9	9.2	9.2	9.5	9.3	9.3	9.3	9.3	9.3
2009	9	9	9	9.5	9.5	9.3	9.3	9.5	9.5	9.5	9.5	9
2010	9	9	9	9.5	13.5	13.5	11	14	18	18	16
2011	16	16	16	16	16	14	14.5	13.5	14	14	12	11.5
2012	12	12	12	12	11	11	11	11	11	11	11	11
2013	11	11	11	11	11	11	11	11	11	11	11	11
2014	11											

五、全草类

（一）穿心莲

1. 概述 穿心莲 ［*Andrographis paniculata* （Burm. f.） Nees］为爵床科穿心莲属植物，以全草入药，具有清热解毒、抗菌消炎、消肿止痛等功效。主治尿路感染、急性扁桃体炎、肠炎、感冒等，主产于我国湖南、广东、福建等省，现全国各地均有引种栽培。

穿心莲原产于东南亚各国热带地区，喜温暖湿润、向阳的环境，宜种植在土壤肥沃、疏松、排水良好的土壤中。尤其是生长前期喜氮肥（图1-5-1）。

2. 栽培技术

（1）选地整地 因穿心莲的种子细小，选地时应选择土壤疏松、肥沃、排水良好、背风向阳的地块，要有浇水的条件。尤其要将土地整平耙细，施足基肥，做高畦种植。

（2）直播方法 春季4月中旬至5月下旬进行。穴播，穴行株距30厘米×25厘米，穴内施入适量人畜粪水，然后将种子拌上草木灰，播入穴内，

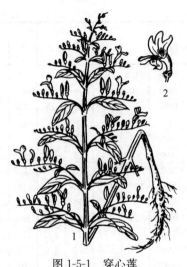

图1-5-1 穿心莲
1. 全株 2. 花

再覆盖少许细土，以不见种子为度，用脚踩实，畦面盖草保温保湿，7～10天即可出苗，每667米^{2}播种量250克左右。

（3）播种育苗移栽法

①采种与种子处理。9～10月当果壳由青变黄时可分批采收种子。除去杂质，再晒干，扬净，装入布袋，置通风处保存。穿心莲种子外皮较硬，表皮外有一层蜡质，妨碍种子吸水，难以发芽。因此，应在播种前将种子拌细砂擦伤种皮，去掉蜡质层；再将种子放入45℃左右的温水中浸种24小时，有利发芽。

②播种育苗。育苗地应选地势平坦、阳光充足、灌溉方便的地块。3～4月间播种。将种子与草木灰混匀，撒入地面，覆盖一层1厘米厚的土，每667米^{2}播种量6～7千克，播后浇水施肥，在地温20℃时15天苗出齐。幼苗长出4～5对真叶时，即可出圃定植。

③移栽。一般在6月底7月初定植。选阴雨天气移栽成活率

较高，晴天移栽，应先将地浇透水。定植行株距 30 厘米×20 厘米，每穴栽入壮苗 1 株，每 667 米² 约栽苗 1.2 万株左右。栽后立即浇一次稀人粪水，覆土压实，成活率在 80％以上。

（4）田间管理

①松土除草追肥。幼苗移栽成活后，进行第一次中耕除草，中耕宜浅，避免伤根。然后每 667 米² 浇施稀薄人粪水 1 500 千克，以后每半个月除草追肥一次。封行以后不再进行。

②排灌水。遇到干旱天气，应及时浇水，保持土壤湿润；雨季要及时排水，防止烂根。

③病虫害的防治。

立枯病：在 4～5 月育苗期发生，在幼苗 1～2 对真叶时发病尤为严重。在幼苗茎基部产生病变，使茎基部失水干缩，幼苗枯萎，成片倒伏。少量发现时应及时用 50％的多菌灵 800 倍液喷雾。另外要及时清除已枯死的植株，防止传染周围的植株。

枯萎病：多发生在 7～8 月高温季节。要及时清除病株；并及时排除田间积水。可喷施 70％甲基托布津 1 000～1 500 倍液防治。

3. 采收加工 9～10 月，当种子成熟、茎叶发黄前齐地面割取全株，阴干，打出种子，全草打成捆，即为穿心莲药材。穿心莲可多年收割，如每年收割 1 次，每 667 米² 产干货 300 千克左右；如每年收割 2 次，每次每 667 米² 产量 200 千克左右，全年产量 400 千克左右。以身干、叶多、色深绿者为佳。

4. 市场分析与营销 穿心莲具有清热解毒，凉血消肿的作用。主治急性菌痢、胃肠炎、感冒、流脑、气管炎、肺炎、百日咳、肺结核、肺脓疡、胆囊炎、高血压、鼻衄、口咽肿痛、疮疖痈肿、水火烫伤、毒蛇咬伤等症。近年来随着穿心莲片、复方穿心莲片、穿心莲内酯滴丸、穿心莲注射液等药品的开发生产，使穿心莲的用量越来越大。

穿心莲的价格在 1990—1997 年，基本变化不大，但 1997 年以后，其价格便开始下降。2002 年末降到每千克 2 元左右，2003 年后价格回升并保持在每千克 4 元左右。其价格走势基本为高→低→高→低→高。在我国穿心莲均为家种，并且多在南方种植，南方生产的穿心莲质量比北方的好。自 1998—2002 年以来，我国尤其南方总有一些或大或小的自然灾害，使穿心莲的质量下降，再加上市场疲软而造成了穿心莲价格的下降。2004—2010 年价格稍有回升，每千克到 4 元以上，2011 年以后价格有所上涨，每千克达到 5～8 元。

目前穿心莲分布于华南和华东的部分省份，两广主要大面积栽培于广西的贵港、横县、玉林和广东的湛江地区，其中广西贵港市的桥圩镇为最大产地，当地穿心莲年销量在 1 万吨左右。近年产区虽然价格稍有上涨，但种植积极性不高，产量有所下降，年产量在 7 000～8 000 吨，地里还有无人采收的情况发生。

其 25 年穿心莲的价格详见表 1-5-1。

表 1-5-1　1990—2014 年混等穿心莲市场价格走势表

（元/千克）

月份 年份	1	2	3	4	5	6	7	8	9	10	11	12
1990	3.5	3.5	4	3.5	3.8	3.8	3.7	3.7	3.7	3.7	3.7	4
1991	4	4	4.5	4.5	4.5	4	4	4	4	3	3	3
1992	2.7	2.5	2.2	2.2	2.2	2.3	2.3	2.3	2.3	2.3	2.3	2.5
1993	2.5	2.5	2.5	2.5	2.7	2.7	2.7	2.5	2.5	2.5	2.5	2.5
1994	2.5	2.5	2.5	2.5	2.5	2.5	2.5	2.5	4	4	4	4
1995	4.2	4.2	4.2	4.2	4.2	4	4	4	4	4	4.2	4.2
1996	4.2	4.2	4.3	4.3	4.5	4.5	4.5	4.5	4.5	4.5	4	4
1997	4	4	3.5	3.5	3.5	3.5	3	3	3	3	3	2.9
1998	2.9	2.9	2.9	2.7	2.5	2.5	2.5	2.5	2.3	2.3	2.1	2.1
1999	2.1	2.1	2.1	2	2.1	2.1	2.1	2.1	2	2	2.2	2.2
2000	2.2	2.3	2.3	2.3	2.3	2.3	2.3	2.3	2.3	2.3	2.3	2.3
2001	2.3	2.2	2.2	2.2	1.8	1.8	1.8	1.8	1.8	1.8	1.8	1.8
2002	2	1.8	2	1.8	2	2	2	2	2	2	2	2

（续）

年份 \ 月份	1	2	3	4	5	6	7	8	9	10	11	12
2003	2	3	5	5	3	3	3	3.2	3.2	3.5	3.8	4
2004	4.2	4.5	4.5	4.4	4.4	4.4	4.4	4	3.8	4.4	4.6	4.6
2005	4.6	4.4	4.4	4.4	4	4	3.7	3.5	3.5	3.8	4	
2006	4	4	3.8	3.8	4.2	4.2	4.5	4	4	4	4	4
2007	3.5	4	4	5	5	5	5	5.5	5.5	5	5	5
2008	4.5	4.5	4	4	3.6	3.4	3.4	3.4	3.4	3.4	3.4	3.4
2009	3.5	3.5	3.6	3.7	3.7	3.7	3.7	3.7	3.7	3.8	4	4
2010	4.2	4.2	4.2	4.2	4.2	4.2	4.4	4.4	4.5	4.5	5	5.2
2011	5.5	5.5	5.5	5.5	5.5	5.5	6	6	6.5	6.5	7	7
2012	7.5	7.5	7.5	7.5	7.5	7.5	7.2	7.2	7	6.8	6.4	6.4
2013	6.2	6.2	6.2	6.2	6.2	6.2	6.5	6.5	7	7	7.5	7.5
2014	8											

（二）草麻黄

1. 概述 草麻黄（*Ephedra sinica* Stapf.）为麻黄科植物，以全草入药。茎有发汗、平喘、利尿的作用，是提取麻黄素的原料，根有止汗的作用，多分布于内蒙古、华北、西北等地，性耐寒和干旱，对土壤要求不严，砂质壤土、砂土、壤土均可种植，低洼地和排水不良的黏土则不宜栽培（图 1-5-2）。

2. 栽培技术 用种子和分株繁殖。

种子繁殖要注意采饱满成熟的种子，条播行距 25 厘米，覆土 1～1.5 厘米，出苗前应保持土壤湿润，播种后约 15 天出苗，出苗后不需间苗，但应注意经常松土除草。

分株繁殖较为方便，选择高燥的地段，做成平畦，春季在老株还没有发出新芽的时期，将植株挖出，根据株丛大小，每株丛可分成若干株，按行株距 33 厘米栽植，栽后覆土至根芽，把周围土压实浇水。栽后 1～2 年即能把地面盖满。

苗期应适当浇水，勿使土壤太干，影响幼苗成活，苗高 5～

7厘米以后，不宜多浇水，一般在每年早春返青前，每667米² 施厩肥1 500～2 000千克。田间如有杂草，注意随时拔除。

3. 采收加工 秋季以后，当地面结冻前采收，割取地上绿色草质部分，干燥即得。干燥时应避免长时间的日照或雨淋，管理不好则颜色变黄，降低有效成分，干后切段供药用。

4. 市场分析与营销

麻黄具有发汗散寒，宣肺平喘，利水消肿的功效，多用于风寒感冒，胸闷咳喘，风水浮肿等病症。麻

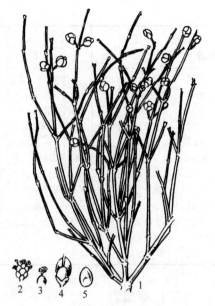

图 1-5-2 草麻黄
1. 雌株 2. 雄球花 3. 雄花
4. 雌球花 5. 种子

黄的地上部分具有发汗、平喘、利尿的作用，麻黄根有止汗作用。近代药理证明：麻黄草含有0.8%麻黄碱。麻黄碱不仅是治疗气管炎和气喘的有效药物，更在用于兴奋心脑脊髓交感神经方面，具有突出的疗效。该品用途广泛，也是制造冰毒的前提物质，国家实行经营许可证管理。

麻黄仅用于麻黄碱的生产年需量就在1.5万～2万吨以上，用于饮片麻黄根的年需量700～800吨，麻黄碱还出口于美、法、英、日等国家和地区，这些国家和地区已经把麻黄载入药典。总之，麻黄在国内、外目前为用量较大的药材品种。

国家严格管制，在运输、经营方面一定程度限制了麻黄产业的发展。麻黄多为野生，分布在内蒙古、甘肃、宁夏、新疆等省

份的荒漠、草原、山坡地，家种亦有发展，野生资源分布较广，储量丰富。历史上生产受价格波动影响较大，价格高了产量就大，价格低了产量就小，因为秋季采挖，所以春季价格波动较大。在内蒙古和新疆属于宝贵的自然资源，它在民族医药业、草原畜牧业的发展以及防风固沙、水土保持等生态建设中发挥着重要作用。

麻黄草在 2006 年以前属于不值钱的植物，产区药农采挖随意，加之该品社会库存量小。麻黄草价格运行一直平稳，多年价格在 2～3 元/千克区间运行。2007—2011 年涨到 4 元/千克多，2012 年到 6 元/千克多，2013 年到 12.9 元/千克，2014 年又降到 8 元/千克。

其 25 年市价波动见表 1-5-2。

表 1-5-2　1990—2014 年混等草麻市场价格走势表

（元/千克）

月份 年份	1	2	3	4	5	6	7	8	9	10	11	12
1990	1.5	1.5	1.7	1.7	1.7	1.8	1.8	1.8	1.6	1.6	1.6	1.6
1991	1.7	1.7	1.8	1.8	1.9	1.9	1.8	1.8	1.8	1.6	1.6	1.6
1992	1.6	1.8	1.8	1.9	1.9	1.9	1.8	1.8	1.8	1.7	1.7	1.6
1993	1.8	1.8	2	2	2.3	2.4	2.3	2.3	2.2	2.1	2.1	2.1
1994	2	2	2	2	2.2	2.3	2.4	2.5	2.5	2.5	2.6	2.3
1995	2.3	2.3	2.4	2.4	2.4	2.5	2.5	2.6	2.3	2.2	2.3	2.4
1996	2.5	2.6	2.7	2.7	2.8	3	3	2.8	2.8	2.8	2.6	2.6
1997	2.6	2.6	2.8	2.8	3	3	3.5	3.2	3.3	3	3	2.5
1998	2.5	2.5	2.5	2.5	3	3	2.8	2.8	2.8	2.8	2.8	2.7
1999	2.8	2.8	2.8	2.8	2.6	2.6	2.5	2.5	2.4	2.4	2.4	2.3
2000	2.3	2.3	2.3	2.3	2.4	2.5	2.5	2.5	2.5	2.5	2.5	2.6
2001	2.6	2.4	2.2	2.2	2.3	2.4	2.4	2.5	2.5	2.5	2.5	2.5
2002	2	2	2	2	2.5	2.5	2.5	2.5	2.5	2.5	2.3	2
2003	2	3	5	5	3	3	3	3.2	3.1	3.5	3.2	3
2004	3	3.1	2.9	2.9	2.9	3	3	3	3	3	3	3
2005	3	3	3	3.5	3.5	3.5	3.5	3.8	3.8	4.2	3.5	3.2

（续）

年份 \ 月份	1	2	3	4	5	6	7	8	9	10	11	12
2006	2.8	3	3	3.2	3.5	3.5	3.2	3.2	3.2	3.2	3.3	3.3
2007	3.5	3.5	3.5	4	4	3.5	4	4	4	4	4	4
2008	3.4	3.4	3.4	3.4	3.4	3.4	3.4	3.4	3.4	3.4	3.4	3.4
2009	4.8	4.8	4.8	4.8	4.8	4.8	4.8	4.8	4.8	4.8	4.8	4.8
2010	4.4	4.4	4.4	4.4	4.4	4.4	4.4	4.4	4.4	4.4	4.4	4.4
2011	4	4	4	4	4	4	4	4	4	4	4	4
2012	6.5	6.5	6.5	6.5	6.5	6.5	6.5	6.5	6.5	6.5	6.5	6.5
2013	12.9	12.9	12.9	12.9	12.9	12.9	12.9	12.9	12.9	12.9	12.9	12.9
2014	8											

（三）藿香

1. 概述 藿香（*Agastache rugosa* O. Ktze）。别名合香、土藿香，为唇形科植物，以全草入药，有解暑化湿、行气和胃的作用，我国南北各地均有分布。喜温暖湿润的气候，有一定的耐寒性，对土壤要求不严，一般土壤均可生长，而以砂质壤土为优，在易积水的低洼地种植，根部易腐烂，引起死亡（图 1-5-3）。

2. 栽培技术 用种子繁殖，6～7 月收藿香时，种子尚未成熟，故收割时预留种子田不收，待种子大部变成棕色时收割。收

图 1-5-3 藿 香
1. 植株上部 2. 花

割后晒干打落种子，播前每 667 米² 施圈肥 2 500 千克左右，翻入地里，整地做畦，顺畦按行距 25 厘米，划 1～2 厘米深的小浅

沟，将种子均匀撒入沟内，覆土后用脚踩一遍，然后搂平，土壤过干需浇水。四川按行株距各 33 厘米开穴，穴深 2～3 厘米，穴大、底平。施用人畜粪水后，每 667 米^2 用种子 0.5 千克，拌草木灰均匀播入穴内，久晴不雨应及时浇水。北方多春播（4 月中旬以后），四川秋播（9～10 月），当年出苗，产量较高，春播（3 月）时产量较低。

苗高 5～7 厘米时间苗，条播可按 10～13 厘米留苗，穴播的每穴留苗 3～4 株，经常松土锄草，苗高 33 厘米时培土，结合施肥，以人粪尿或充分腐熟的粪肥为主，也可每 667 米^2 施硫酸铵 10～12.5 千克，施后浇水，一年施肥 2 次，第二次 8 月中下旬，可按前法施用。

3. 采收加工　北方做 1 年生种植，四川种后可连续收割 2 年，除留种外，都在 6～9 月收获，选晴天齐地面收割鲜草，晾干或迅速晒干，即可药用。藿香打捆、包装贮运，均应放置干燥处，要防止受潮、发霉和虫蛀。

4. 市场分析与营销　藿香以广藿香质量较好，为我国大宗常用地道南药和外贸出口商品，属"十大广药"之一。藿香具有芳香化浊，开胃止呕，发表解暑的功效。用于湿浊中阻，脘痞呕吐，暑湿倦怠，胸闷不舒，寒湿闭暑，腹痛吐泻，鼻渊头痛等症。除了日常处方用药，还是藿香正气水等中成药的主要原料，还被用来提取藿香油。

藿香价格的波动与疫情也有很大的关系。2003 年非典，由几元涨到 40 元/千克，此后价格迅速回落至 10 元/千克以下。2005 年的禽流感价格又稍有回升。

藿香个子的销量 2008 年以前是下降的。随着人们夏季防暑意识提高，其成药销量增加。但是，不管藿香正气水还是胶囊、片剂所用的多数是藿香油，而提取藿香油多是用叶，其次才是杆，而药厂投料的减少是个子销量下降的主要原因。藿香油销量是在增加，2007 年藿香叶最高时曾达十几元甚至二十几元的高价。

目前，印尼和中国广东是世界最主要的两个藿香产区。印尼每年要提炼 400~500 吨藿香油，中国广东的藿香油年产量也在 60~80 吨。2007 年夏天，印尼遭遇水灾，藿香产量锐减，全年只提炼了 300 吨左右藿香油。2010 年湛江也遭遇百年一遇的水灾，藿香生产受到影响。因此，2010 年以来藿香价格上涨到 8 元/千克多，2013 年又跌倒 5 元/千克，2014 年初又到 8 元/千克，与产区自然灾害有关。

其 25 年市价详见表 1-5-3。

表 1-5-3　1990—2014 年混等藿香市场价格走势表

（元/千克）

月份 年份	1	2	3	4	5	6	7	8	9	10	11	12
1990	4	4	4.5	5	5.2	5	4.5	4.5	4.5	4.5	4.5	4.5
1991	4.8	5	5	5.8	5.8	6	6.5	6	7	7	7.3	7.5
1992	7.5	7.8	8	8.3	8	8	8	8	6.5	6	5.5	4.5
1993	4	4	4.5	5	5.5	6	5.5	5	4.5	4	4	3.5
1994	3.5	3.5	4	4.5	5	4.5	4	3.8	3.3	3.3	3	3
1995	4.5	4.5	5	5	5.5	6	6.5	6	5	4.5	4	
1996	4	4.5	5	5	5.5	5.5	6	5.5	5.3	5.2	5.5	
1997	6.5	6.7	6.8	6.7	6.5	6.8	7	7.5	7.6	7.8	7	7.3
1998	9	9.1	9.2	8.7	6.5	6.3	6.5	5.7	5.5	5	4.8	4.6
1999	4.5	4.5	4	4.6	4.6	4.7	4.8	5	4.5	4.3	4.3	
2000	5	5.1	5.2	5.3	5.4	5.5	5.3	5	4.5	4.2	4.3	4.1
2001	4	4.2	4.5	4.4	4.3	4.3	4.3	4.3	4.3	4.3	4.3	4.3
2002	4	4	4	4	4	4	4	4	4	4	3.8	3.6
2003	3.6	4	40	40	25	10	8	8.5	8.5	9	9	
2004	9.7	9.5	9	9	7.8	7.8	6.9	5.4	5.4	4.3	3.8	4
2005	4	3.3	3.5	3.8	3.8	3.9	3.9	4	4.2	5.5	3.5	7.8
2006	4.2	6.2	6	6	6	5	5.6	6.2	6.4	6.4	6.4	
2007	5	6	7	7	7	7.5	7	7	7	7	7	
2008	6.2	6.2	6.2	6.2	6.2	6.2	6.2	6.2	6.2	6.2	6.2	6.2
2009	5.9	5.9	5.9	5.9	5.9	5.9	5.9	5.9	5.9	5.9	5.9	5.9

（续）

月份 年份	1	2	3	4	5	6	7	8	9	10	11	12
2010	8	8	8	8	8	8	8	8	8	8	8	8
2011	8.3	8.3	8.3	8.3	8.3	8.3	8.3	8.3	8.3	8.3	8.3	8.3
2012	7.5	7.5	7.5	7.5	7.5	7.5	7.5	7.5	5	5	5	5
2013	5	5	5	5	5	5	5	5	5	4.5	4.5	4.5
2014	8											

（四）荆芥

1. 概述　荆芥（*Schizonepeta tenuifolia* Briq.）别名香荆芥、假苏，为唇形科植物，以带花穗的全草入药。有发表、散风、透疹作用，炒炭有止血作用。主产于江苏、浙江、江西、河北、湖北、湖南等省，多为人工栽培。荆芥适应性强，我国南北各地均可栽培，喜温和湿润气候，对土壤要求不严，以疏松肥沃的砂质壤土生长良好。苗期喜潮湿，怕干旱和积水，虽遇短期积水也有死亡，忌连作（图1-5-4）。

2. 栽培技术　用种子繁殖，种子通常在头年收获前于田间选择株壮、枝繁、穗多、无病虫害的植株，较大田晚收15～20天，等种子充分成熟，籽粒饱满呈深褐色或棕褐色时，再行采收，晾干脱粒，保存于通风干燥处。一般多直播，也有育苗定植，北方春播，南方春播、

图1-5-4　荆　芥
1. 花枝　2. 各种叶形　3. 花　4. 花萼

秋播均可。秋播产量高，一般多在 10 月下旬进行，由于采收入药部位不同，播种时间也不相同，采收茎叶者在 4 月上旬播种，采收荆芥穗为主的常于 6 月中下旬播种。荆芥种子细小，整地要求精耕细耙，施足基肥，畦面表土整细整平。条播，行距 25 厘米，开浅沟，将种子均匀播入，覆土 1～1.5 厘米，稍镇压后立即浇水，经常保持土壤潮湿，每 667 米^2 播种量 0.5～0.75 千克。如育苗定植，应在早春解冻后立即播种，行距可缩小至 10～15 厘米，条播，当苗高 10 厘米时，即可定植于小麦、油菜等前作物收获后的地里，这样才能经济利用土地。定植后至成活前，应适当浇水，保持土壤潮湿，以利于植株成活。

苗期应及时浇水，保持表土潮湿。直播地应及时中耕除草和匀苗、补苗。定苗时每隔 15～20 厘米留苗 1 丛（3～4 株），6～8 月间于行间开沟追肥 1～2 次，每次每 667 米^2 施人粪尿 500 千克左右或尿素 10 千克，施后覆盖培土。荆芥常发生根腐病和茎枯病。根腐病防治方法：高畦种植，雨季注意排水，播前用敌百虫粉剂处理土壤，轮作，忌连作，选择地势干燥、排水良好、疏松的地块种植，增施磷、钾肥，加强田间管理，使植株生长健壮。发病初期喷 50% 甲基托布津 1 000 倍液或 50% 多菌灵 1 000 倍液喷雾，每 7～10 天喷一次，连续喷 2～3 次。

3. **采收加工**　收茎叶宜于夏季孕穗而未抽穗时收割，收芥穗宜于秋季种子 50% 成熟，50% 还在开花时采收。选晴天露水干后，用镰刀割下全株阴干，即为全荆。摘取花穗，晾干，称荆芥穗，其余的地上部分由茎基部收割，晾干，即为荆芥梗。南方一年可收全荆芥和荆芥穗 3 次。如需收种子，在收获药材时，须选留种株，待种子充分成熟后再行收割，在半阴半阳处晾干，干后脱粒，除去茎叶、杂质收藏。荆芥含挥发油，在南方阴雨时采收，必须用火烘干，温度应控制在 40℃ 以下。以身干、茎细、色紫、穗多而密、香气浓烈、无霉烂虫蛀者为佳。干燥的荆芥，打包成捆，每捆 50 千克左右。

4. 市场分析与营销　荆芥具有发汗解表、祛风功效，主治感冒风寒、发热恶寒、无汗、头痛、身痛等症。为常用中药材，年用量估计不会少于千吨。

在 2002 年以前，其价位基本保持不变，每千克 1～2 元间波动，导致种植面积不大。2002—2008 年在 3～4 元/千克，只在 2003 年非典期间短时 5 元/千克。2010 年以后涨到 5～6 元/千克，2014 年年初在 8 元/千克。

荆芥主产河北安国周边，又称"祁荆芥"，是著名的"祁八味"之一。近几年随各地引种试种，面积有所扩散，但由于近两年行情效益不好，各地缩减面积较大，其他零星新产区基本停止种植，主要种植面积又集中到了安国周边。2010 年安国当地也因种植荆芥的效益不如其他作物，种植面积急剧减少。

其 25 年的价格变化详见表 1-5-4。

表 1-5-4　1990—2014 年混等荆芥市场价格走势表

（元/千克）

年份＼月份	1	2	3	4	5	6	7	8	9	10	11	12
1990	1.2	1.2	1.1	1.1	1.1	1.1	1.1	1.2	1.2	1.2	1.2	1.2
1991	1.2	1.3	1.3	1.3	1.3	1.5	1.5	1.5	1.5	1.5	1.7	1.7
1992	1.7	1.7	1.7	1.7	1.7	1.7	1.5	1.4	1.4	1.4	1.4	1.2
1993	1.2	1.2	1	0.7	0.7	0.7	0.7	0.7	0.5	0.5	0.5	0.5
1994	0.5	0.5	0.6	0.6	0.6	0.8	0.8	0.8	0.8	1	1.2	1.2
1995	1.5	1.5	1.5	1.5	1.7	1.7	1.7	1.7	2	2	2	2
1996	2	2	2	2	2	2	2	2	2	2	2	2.5
1997	2.5	2	2	2	2	2	2	1.8	1.6	1.6	1.4
1998	1.4	1.4	1.4	1.4	1.4	1.2	1.2	1.2	1.2	1	1	1
1999	1	1	1	1	1	1.1	1.1	1.1	1.1	1.1	1.1	1.1
2000	1.1	1.2	1.2	1.2	1.2	1.2	1.2	1.2	1.2	1.1	1.1	1.1
2001	1.1	1.1	1.1	1.1	1.1	1.1	1.1	1.1	1.5	1.7	3
2002	3	2.5	2.5	2.5	2.5	2.5	2.5	2.5	2.5	1.5	1.5	1.5
2003	1.5	2	4	5	3	2	2	2	2.1	2.1	2.3	2
2004	2.1	1.8	2	1.9	1.9	1.9	1.9	1.9	1.9	1.9	1.9	1.9

（续）

月份 年份	1	2	3	4	5	6	7	8	9	10	11	12
2005	2.2	2.8	2.8	2.8	2.8	2.8	2.8	3	3	3.2	2.7	2.7
2006	2.6	2.6	2.6	2.6	2.6	2.6	2.6	2.6	2.4	1.9	2	2
2007	1.4	2.2	2.2	2.2	2.5	2.5	2.5	3	3	3	3.4	4
2008	3.9	3.9	3.9	3.9	3.9	3.9	3.9	4.5	4.5	4.7	3.8	3.8
2009	4	4.3	4.2	4.7	5	5.5	7	7	7	4.7	5.5	6
2010	5.8	5.8	5.8	6.6	6	6	5	5	5	6.2	5.5	4.5
2011	4.5	4.5	4.5	4.5	4.5	4.5	4	4	4.3	4.1	4.2	4.2
2012	3.8	4.5	4.5	4.5	3.8	3.8	3.8	3.8	4.5	4.5	4.5	6
2013	6	6.3	6.5	6.5	6.5	6.5	5.5	5.5	5.5	5.5	7	7.5
2014	7.5											

（五）细辛

1. 概述　细辛〔*Asarum heterotropoides* Fr. Schm. var. *mandshuricum* （Maxim.） Kitag.〕别名烟袋锅花、细参，为马兜铃科植物，以全草入药，有祛风散寒、行水止痛的作用，主产于吉林、辽宁、黑龙江等省，喜阴凉湿润、富含腐殖质的背阴坡或稀疏林地。黏重土壤、积水低洼地不宜栽培。忌强光直射，种子有后熟现象（图1-5-5）。

2. 栽培技术　用种子繁殖或分株繁殖。

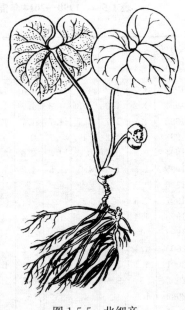

图1-5-5　北细辛

(1) 种子繁殖 6 月果实由紫红色变为粉白色,手捏果肉软、呈粉沙时即成熟,随熟随采,随采随播。如果不立即播种,自然条件下贮藏 1 个月则发芽率变为 70%,自然条件下贮藏 2 个月全部霉烂,随采随播发芽率高达 90%,所以最好是随采随播。播种方法有两种:条播和穴播。条播,在畦面上按行距 10～13 厘米开沟,沟深 2～3 厘米,种子拌细土均匀撒入沟内,覆土 2～3 厘米,每 667 米^2 用种量 4 千克。穴播,在畦面上开平底穴,深 3～4 厘米,播后覆土 2～3 厘米,畦面盖一层半腐熟的树叶。

(2) 分株繁殖 采挖野生细辛移栽。挖时不要伤根和芽苞,挖后要保持新鲜,防止干枯,随采随栽,暂时栽不上的要假植。夏栽、秋栽、春栽均可,以夏栽为好。分株繁殖,将细辛按芽苞的多少分割成多株,每株上要有 1～2 个芽苞,根茎留 3～5 厘米长,并带有须根,行株距 15 厘米×(7～10)厘米,穴栽,深度据所取的根茎长短而定,以须根不弯曲为度,栽后浇水,并注意松土除草。

生长季中,如遇干旱,需及时浇水,浇水时可将硫酸铵或过磷酸钙溶于水中追肥,也可用腐熟粪肥追肥,如果栽培地无自然林阴,需搭棚遮阴,棚高 0.67～1 米,上盖槁草,一般要求荫蔽度 50%～60%,帘子长宽各超过畦面 33 厘米为限。为防病害,可用 50% 多菌灵 1 000 倍液喷雾,每 10 天一次,连续 2～3 次。

3. 采收加工 直播的细辛 3～4 年可收获;移栽的 2 年生苗,2～3 年采收,3 年生苗,栽后 2～3 年采收。当前为了收种子,可延迟到 5～6 年采收。

野生细辛采收期习惯在 5～6 月,人工栽培的细辛,于 8～9 月份采收质量好,产量高。细辛采挖后,去净泥土,每 10 株为一小把,用绳扭结成辫,在屋檐下阴凉通风处阴干,切忌水浇或日晒,水洗则叶片发黑,根发白,日晒则叶片发黄,均降低气味,影响质量。

4. 市场分析与营销 细辛有发散风寒、温肺止咳、祛风止痛的功效，主治风冷头痛、鼻渊、齿痛、痰饮咳逆、风湿痹痛等症。细辛在中药配方中属于细药，用量较小。（细辛根）国内年用量在 800 吨左右。古人有"细辛不过钱"之说，多外用而少内服。用量和价格一直比较稳定，商品大部分依靠野生资源供应。野生细辛产于辽宁的本溪、恒仁、抚顺、辽阳等地，吉林的抚松、桦甸、延吉等地，黑龙江的尚志、阿城依气等地，故名辽细辛。辽细辛自 20 世纪 80 年代初无保护地采挖野生已近匮乏，市场货源显紧，价格不断攀升，80 年代末至 90 年代辽宁清原地区辽细辛家种成功并推广扩种到吉林、黑龙江地区，辽细辛市场供应得以缓解，2000 年后辽细辛年总产量可达 800～900 吨。

在 1998—2000 年，由于细辛中所含挥发油具有特殊芳香气味，被国外企业开发成防蚊驱虫原料，广泛应用于化工和室内涂料，出口量激增。市场出现供不应求的局面，导致细辛价格暴涨。从 20 多元/千克暴涨到 77 元/千克，创下了细辛的历史高价。与此同时，细辛的人工种植面积也迅速扩大，细辛种子（湿货，细辛种子干后出芽率降低或不出苗）的价格高达每千克 800 元，种苗更是数叶销售，每个叶片的价格是 0.12 元。在短时间内，细辛的人工种植便达到了高潮。进入 21 世纪初，细辛的国外用量大幅缩减，而国内的产量却不断增加，市场呈现饱和，价格也开始下跌，2004 年跌倒 30 多元/千克，2008 年跌倒 20 多元/千克。价格下降，种植面积减少，2010 年又升到了 44 元/千克，2011 年到了 55 元/千克，2012—2013 年又到了 60 多元/千克，2014 年年初，降到 50 元/千克。细辛的生长周期 4～6 年，价格周期 8～10 年。

细辛为多年生草本植物，从育苗移栽到产出商品，需要 4～6 年的时间。东北产区特别是山区，多利用人参收获后的闲置地种植细辛，价格下降面积虽有减少，这一部分种植面积相对较为稳定。

其 25 年市价详见表 1-5-5。

表 1-5-5 1990—2014 年混等细辛市场价格走势表

(元/千克)

月份 年份	1	2	3	4	5	6	7	8	9	10	11	12
1990	17	18	15	16	16	17	18	18	18	16	16	16
1991	17	17	17	18	18.5	19	19	19	18	17	16	16
1992	18	18	18	19	19	19	20	19	19	18	16	16
1993	18	17	16	15	15	15	16	17	15	14	13	12
1994	13	14	14	13	12	13	14	12	12	12	12	11
1995	14	15	16	17	17	18	19	20	16	17	18	18
1996	23	24	24	24	24	24	24	25	23	25	28	30
1997	32	33	33	32	33	34	33	34	32	31	30	30
1998	31	32	35	38	40	45	50	52	53	55	58	60
1999	64	65	65	66	66	67	67	68	69	69	69	70
2000	72	72	72	70	70	68	68	68	65	65	65	65
2001	75	77	75	73	70	65	60	50	48	48	48	48
2002	45	40	39	38	38	38	37	35	35	35	35	35
2003	35	40	60	60	50	45	45	43.5	44	42	41.5	41.5
2004	40	38.5	38.5	37.5	37.5	37.5	37.5	35	32.5	28	8	29.5
2005	31	33	33	35	35	35	35	35	31	31	31	32
2006	32	32	32	32.5	32.5	34	32	32	29.5	29	29	29
2007	30	28	28	28	29	28	29	30	30	30	30	30
2008	20	20	20	20	20	20	20	20	20	20	20	20
2009	27	27	27	27	27	27	27	27	27	27	27	27
2010	40	40	40	40	40	44	44	44	44	44	44	44
2011	55	55	55	55	55	55	55	55	55	55	55	55
2012	64	64	64	64	64	64	64	64	64	64	64	64
2013	61	61	61	61	61	61	61	61	61	61	61	61
2014	50											

（六）石斛

1. 概述 石斛（*Dendrobium nobile* Lindl.）为兰科植物，以茎入药。有滋阴清热、生津止渴的作用，分布于我国四川、云

南、台湾、浙江、广西、贵
州等省、自治区。喜阴凉湿
润的环境，但水分不宜太
多。宜选背阴避光、通风处
为好，栽培应选择树皮厚、
水分多，树皮多纵裂沟纹的
树种贴植，必须经常供给充
足的养料以供其生长（图1-
5-6）。

图1-5-6 石 斛

2. 栽培技术 多采用分
株繁殖法：

（1）贴树法 秋季或早
春贴栽，选树干粗、水分较
多的阔叶树。选择生长健
壮、根多、茎色青绿色的石
斛株丛，剪去枯枝、断枝、
老茎，将须根切短至1.5厘
米长，大石斛分切，每丛留4～5株带叶嫩茎，选树干平处或凹
处用刀砍一浅裂口，将石斛株丛基部紧贴在砍口处，用1～3颗
竹钉钉牢，若贴栽于树干较凸的部位，则先用刀砍平再钉。也可
用竹篾或绳索捆牢，枯朽树枝及树皮处不能贴栽。贴植数量视树
干大小及树枝的多少而定。

（2）荫棚栽种法 选择阴凉潮湿的地方，用砖砌成高15厘
米的长方形高畦，以防雨水冲刷，用焦泥炭和细砂拌匀，填入畦
内，弄细整平，畦上搭1.5米高的棚，棚南面挂草帘，防日曝
晒，然后将石斛用前法分株栽于畦内，盖1～1.5厘米厚细砂。
当茎节上萌发新芽及白色气生根后，挖出横排畦上，用小石块压
于土面，上盖细土1～1.5厘米，待新株长出7～10厘米高时便
可分割移栽。

每年追肥两次，第一次在 4 月上旬至下旬，第二次在 11 月上旬，用豆渣、牛粪和泥涂抹在石斛根部及周围树皮上。追肥前要拆掉枯干、断茎或气生根，拣净落在茎间落叶，修去过密树枝，使透光适宜。

3. 采收加工 栽后 2～3 年即可采收，生长年限愈长，单株产量愈高。采收时用刀切下株丛近半，留余继续生长。药用有鲜石斛和干石斛两种，鲜石斛四季均可采收，以秋后采收者质量好。挖回后如在冬天则放在带有少量水分的石板地或砂石地上，用少量水湿润，也可平放在竹筐内，上盖蒲包，注意空气流通，即可药用。

产地不同，加工方法不同。在四川省要在冬季采收，将其除去叶片与须根，集中堆放，以稻草或草席覆盖，2～3 天喷水一次，沤 15～20 天，用稻谷壳搓洗掉茎上鞘膜后烘烤，火力应均匀，上盖草席、麻袋，半干时翻动一次至全干。安徽省霍山县则在 4～5 月采挖，剪去须根，洗净，晒干，烘干。广西壮族自治区先用开水烫，在晒或烘时趁热边搓边晒至全干。

4. 市场分析与营销 石斛具有滋阴清热、润肺养胃、强筋健骨的功效。主治热病伤津、口干烦渴、胃痛干呕、咳嗽少痰等症。也是我国著名的传统道地药材及出口商品。石斛商品主要来源于野生资源，年需用量超过 1 000 吨，现在其需求量还在上升，但石斛野生资源已临濒危，野生变家种虽已成功。

随着保健应用，目前国内铁皮石斛发展较快，产业从无到有仅 20 年左右时间，最近 5 年快速发展。据第三届全国铁皮石斛产业发展论坛（2009 年 9 月）统计，全国铁皮石斛现有种植面积约 267 公顷（其中约 50% 左右的面积投产），年产鲜条约 100 万千克，从业人员 40 万人，产值 50 亿元，其中浙江占 60% 以上。现有栽培铁皮石斛的地区也从传统的浙江、云南扩展到广西、广东、福建、安徽、贵州、江苏、北京、上海等 10 余个省份。云南是石斛种类最为丰富、气候条件优良的栽培区域。目前，云南的德宏、思茅、版纳、文山、红河、保山、临沧等地均有铁皮石斛种植，全省大棚集约种植面积大约67公顷，并有少量的仿野生栽培。多数种植基地采用公司＋农业合作组织＋农户的经营模式，种植基地以农户栽培与管理为主，种苗与成品生产销售由公司承担。按照云南省生物医药产业发展"十二五"规划目标，十二五末，在西双版纳、普洱、保山、德宏、红河、文山、临沧规划种植10万亩石斛。铁皮石斛采用温棚种植法，一般亩产量在300～500千克。第一次种植后，一般可连续采收数年。从瓶苗开始种植到第一次收获成品，时间在18个月左右。

当前存在问题：

①石斛市场混乱，质量参差不齐，价格也差别巨大，石斛产品没有统一的国家标准，难以鉴别质量优劣。

②石斛行业没有政策做支撑，没有行业规范，缺乏制度和市场制约机制。

③石斛产品市场细分日益明显，仿野生树栽石斛走高端市场，大棚铁皮石斛走中端市场，紫皮石斛走普通市场，而水草、鼓槌、金钗石斛等就作为药用原料。

近几十年来石斛价格一直保持上升势头，因此石斛栽培市场广阔，是一个很好的栽培品种。

其25年市价见表1-5-6。

表1-5-6　1990—2014年石斛市场价格走势表

（元/千克）

年份 月份	1	2	3	4	5	6	7	8	9	10	11	12
1990	14.5	14	15	15	15.5	16	16	15.5	15	14	13	12
1991	12	13	14	15	15.5	16	16.5	17	16.5	17	15	13
1992	11	12	13	15	15.5	16	16.5	17	16	15.5	15	14
1993	12	13	14	14.5	15	16	17	17.5	18	18.5	19	
1994	20	20	20	21	23	22	20	19	18	17	16	

（续）

月份 年份	1	2	3	4	5	6	7	8	9	10	11	12
1995	21	22	23	23.5	23	23.5	23	23	20	18	16	17
1996	21	21	22	22	22.5	23	23.5	23	20	18	16	17
1997	18	18	18	18	19	19.5	20	18	17	16	16.5	16
1998	18.7	18.5	18.7	19	18.9	18.9	19	19.5	17	17	17	17
1999	17	17	17.5	18	18.5	19	18.5	18	17	17	17.5	17
2000	18	18.5	19	19.5	19.5	20	20	20.5	20	21	22.5	22.5
2001	24.5	24.3	24	24	24.5	25	26	26	26	26	26	26
2002	25	25.5	25	26	26.3	26.5	27	26	26	26	26	26
2003	26	30	40	40	30	28	28	29.5	29	30	30	31
2004	32	32.5	33.5	35	35	40	40	40	40	40	40	40
2005	40	38	38	39	39.5	39.5	40	40	40	41	41	39.5
2006	40	40	40	39	39	39	38	36.5	36.5	30	30	30
2007	32	30	30	30	30	30	30	30	30	32	32	30
2008	31	31	31	31	31	31	31	31	31	31	31	31
2009	35	35	35	35	40	40	40	40	40	45	40	40
2010	40	40	40	40	40	40	40	40	40	40	40	35
2011	35	35	35	35	35	35	35	35	35	35	35	35
2012	35	35	35	35	35	35	35	35	38	38	38	38
2013	46	46	46	46	46	46	46	46	46	46	46	46
2014	46											

（七）薄荷

1. 概述　薄荷（*Mentha haplocalyx* Briq.）为唇形科薄荷属植物，以全草入药，为我国常用中草药，具有疏散风热、清热解毒之功效。主治头痛感冒、咽喉肿痛等疾病。从薄荷中提取的薄荷油、薄荷脑是医药、食品、饮料、香料等工业的重要原料，也是我国重要的出口物资。主产于我国长江以南地区，现我国各地均有引种栽培，我国的产量居世界首位。

薄荷喜温暖湿润的气候和阳光充足、雨量充沛的环境，栽培土壤以疏松肥沃、排水良好的夹砂土为好，在生长期要求土壤湿润。植株封垄以后，则表土稍干为好，雨水太多反而影响产量。薄荷适宜气温20～25℃，土温2～3℃时地下茎可发芽，嫩芽能耐－8℃的低温（图1-5-7）。

2. 栽培技术

（1）繁殖方法 以根茎繁殖为主，也可分株繁殖和扦插繁殖。

①根茎繁殖。

培育种根：于4月下旬或8月下旬，在田间选择生长健壮、无病虫害的植株作母株，按行株距20厘米×10

图1-5-7 薄 荷
1. 茎下部及根 2. 茎上部植株 3. 花 4. 种子

厘米栽植。在初冬收割地上茎叶后，根茎留在原地作为种栽，每667米² 种栽可供大田移栽0.47～0.53公顷。

移栽：于10月下旬至翌年早春尚未萌发之前进行。但以早春土壤解冻后栽种为好，宜早不宜迟，早栽早发芽，生长期长，产量高。栽时挖起根茎，选色白、粗壮、节间短、无病害的根茎作种栽，将种栽截成7～10厘米的小段，然后在整好的畦面上按行距25厘米，开10厘米深的沟，将种根每隔15厘米（株距），斜摆在沟内，盖细土，踩实，浇水。每667米² 需用种栽100千克左右。也可按行距25厘米、株距15厘米穴栽。

②分株繁殖。在谷雨季节以后，薄荷幼苗高15厘米左右，此时应间苗补苗，间出的幼苗可分株移栽。

③扦插繁殖。5～6月份，将地上茎枝切成10厘米长的插条，在整好的苗床上，按行株距7厘米×3厘米进行扦插育苗，待生根发芽后移植到大田培育，此法可获得大量幼苗。

(2) 田间管理

①中耕除草补苗。幼苗移栽成活后要进行中耕除草，第一次中耕要浅，没有苗的地方要补苗。第二次除草在封垄前要完成。全年要锄草5遍，保证田间无杂草。

②追肥。结合除草应追肥。生长前期以施尿素为主，全年可追施2～3次，每次10千克尿素。

③排灌水。7～8月份遇高温干燥天气应及时浇水抗旱保苗。每次收割后要及时浇水，以利萌发新苗。梅雨季节及大雨后要及时疏沟排水。

④摘心打顶。5月份当植株旺盛生长时，要及时摘去顶芽，促进侧枝茎叶生产，有利增产。

⑤病虫害防治。

薄荷锈病：5～7月阴雨连绵或过于干旱均易发此病。初期在叶背出现橙黄色粉状物，到后期发病部位长出黑色粉末状物，导致叶片枯萎脱落全株枯死。防治方法主要有：加强田间管理、改善通风透光条件。也可用25％粉锈宁1 000～1 500倍液叶片喷雾。

斑枯病：又称白星病，5～10月发生，初期叶片上出现散生的灰褐色小斑点，后逐渐扩大，呈圆形或卵圆形灰暗褐色病斑，中心灰白色，呈白星状，上生有黑色小点。后发展溃烂，致使茎秆破裂，植株死亡。防治方法是发病初期喷施多菌灵500倍液，每周喷一次，3次即可控制。

3. 采收加工

(1) 采收　每年采割2次，第一次于6月下旬至7月上旬，但不得迟于7月中旬。第二次在10月上旬开花前收割。收割时选晴天中午前后，齐地面将上部茎叶割下，留桩不能过高，否则影响新苗的生长。割回后要立即摊开曝晒干，不要堆积。

(2) 加工　晒至七至八成干时，扎成小把，晒至全干为止。然后可提炼薄荷油和薄荷脑。以身干满叶、叶色深绿、茎紫棕色或淡绿色、香气浓郁者为佳。

4. 市场分析与营销　薄荷具疏散风热、清利头目、理气解郁等功效，主治风热感冒、头痛目赤、咽痛、牙痛、皮肤瘙痒等症。薄荷不仅是医药、日化的重要原料，也广泛应用于食品、饮料、烟草等行业。

全球薄荷主要生产国有印度、巴西和中国。20 世纪 90 年代中国的薄荷生产面积最大，产量最多，约占全球的 80％以上。随着中国经济的崛起和薄荷油行情的长期持续低迷，我国的薄荷生产几乎到了崩溃的边缘。据调查：2010 年我国的薄荷种植面积大约为 4 000 亩左右（安徽约 1 500 亩，河北约 1 000 亩，江西约500 亩，其他地方约 1 000 亩，可是 1997 年高峰时期，主产区安徽太和一县就种植了 28 万亩）。由于薄荷油价格较低，这些薄荷多以薄荷叶和薄荷全草出售。已无人再提炼薄荷油了。这主要是因为薄荷油行情经历了长达 15 年的低迷，这期间我国经济快速发展，粮价上涨，大批劳动力外出打工，从而造成了种植薄荷的收益远不如种植粮食和其他经济作物，因此，农民们纷纷弃薄荷改种其他作物。巴西的薄荷油生产现状和中国近似。

印度的薄荷油生产则是后来居上，异军突起。据悉近年来印度平均每年的薄荷种植面积约为 20 万公顷。平均年产量约3 万～3.3 万吨。这就是说印度已成名副其实的薄荷油生产大国，市场份额占全球的 90％以上。主要原因是印度气候温暖适宜薄荷生产，二是印度经济相对较为落后，土地价格和劳动力价格较为低廉。只是受粮价上涨和薄荷油价格较低等因素影响，2010年印度薄荷油生产面积也在减少，总面积约为 17 万公顷，减少15％。而今年薄荷生长受前期气候干旱，产新期阴雨连绵影响，造成单产减产约 10％。从而造成今年印度薄荷总产量约减少25％。据调查，2010 年我国薄荷油的库存大约为 150 吨，薄荷脑的库存量约为 200 吨，大多为从印度进口原料加工而成。由于2010 年印度薄荷油价格猛涨，而国内价格持续低迷，进口无利可图，薄荷脑生产厂家多以消耗库存为主，这直接导致了大多数厂家面临无货可供的局面。

作为清凉用品的薄荷需求量在迅猛增长。20 世纪 80 年代全球薄荷油的需求量约为 1.5 万吨，90 年代约为 2 万吨；现在已增长为 5 万吨左右。我国 2009 年从印度进口薄荷产品仅为 5 000 余吨。而 2010 年前 5 个月我国就从印度进口了 1 万余吨。增长速度之快令人惊叹。生产减少、库存下降、需求大增、2010 年薄荷油价格短期出现了上涨。

国内主产区太和薄荷的种植情况可以反映薄荷的兴衰：从 1997 年下半年起，薄荷油市场价格下跌，太和县薄荷种植面积也逐年下降。2003 年全县薄荷种植面积由 1997 年的最高峰 28 万亩骤跌至 3 万亩，2004 年再跌至 5 000 亩左右，2010 年则降至不足 1 000 亩。产量下降、加工费时、连年重茬连作、品种退化等因素影响，薄荷油产量连年下降，也是种植减少的原因。2003 年以来，又受到自然灾害影响，薄荷油单产较正常年景的每亩 10 千克，减产 40% 左右。薄荷生产从播种、管理、收获到加工熬油的各个环节，完全靠人工作业，特别是收获加工熬油阶段正值 7 月炎热天气，不但要不分昼夜，连续作业，而且要求天气较好才能完成加工任务。一旦遇到阴雨天气，割下来如果不及时加工会烂掉。种植薄荷效益每亩收入 900 元，得不偿失，农民们自然改种其他作物。2011 年新疆伊宁农四师种植了 11 500 亩薄荷，还有自己的加工设备。薄荷适合在此地区发展。

其 25 年来薄荷的价格详见表 1-5-7。

表 1-5-7　1990—2014 年薄荷市场价格走势表

（元/千克）

年份＼月份	1	2	3	4	5	6	7	8	9	10	11	12
1990	1.5	1.5	1.5	1.7	1.7	1.6	1.6	1.6	1.8	1.8	1.8	1.8
1991	1.8	2	2	2	2	1.9	1.9	1.9	1.6	1.6	1.4	1.4

（续）

月份 年份	1	2	3	4	5	6	7	8	9	10	11	12
1992	1.4	1.2	1.2	1.2	1.2	1.2	1.2	1.3	1.3	1.3	1.3	1.3
1993	1.3	1.5	1.5	14.5	1.5	1.5	1.5	1.5	1.7	1.7	1.7	1.7
1994	1.7	1.7	1.7	1.9	1.8	1.8	1.8	1.7	1.7	1.7	1.7	1.7
1995	1.7	1.7	3	2	2	2	2.5	2.5	2.5	2.8	2.8	3
1996	3	3	3.2	32.2	3.2	3.2	3.2	3	3	3	2.7	2.7
1997	2.7	2.7	2.5	2.5	2.5	2.5	2.5	2.5	2.5	2.3	2.3	2
1998	2	2	2	2.1	2.1	2.1	2.1	2.1	2.1	2.3	2.3	2.3
1999	2.3	2.3	2.5	2.5	2.5	2.5	2.5	2.5	2.5	2.3	2.3	2.3
2000	2.3	2.3	2.2	2.3	2.3	2.3	2.3	2.3	2.3	2.4	2.4	2.5
2001	2.5	2.5	2.5	2.5	2.5	2.3	2.2	2	1.8	1.9	2	2
2002	2	2	2	2	2	2	2	2	2	1.5	1.5	1.5
2003	1.5	2	10	10	5	3	3.5	3.2	3.5	3.1	3	
2004	2.8	2.8	2.4	2.5	2.5	2.5	2.5	2.5	2.3	2.3	2.3	2.3
2005	2.3	2.3	2.3	2.5	2.5	2.5	2.5	2.8	2.8	3	3	3
2006	3	3	3.2	3.2	3.5	3.5	3	3	3	3	3	3
2007	3	3	3	3	3	3.5	3.5	3.5	3.5	3.5	3.5	3.5
2008	2.6	2.6	2.6	2.8	2.8	2.8	2.8	2.9	2.8	2.8	2.8	2.8
2009	4	4	2.9	2.9	2.9	2	2.7	2.7	2.8	3.3	4.5	10
2010	8.5	10.2	10.2	10.2	6.5	8	7.5	7	7.5	7	7	5.2
2011	6.5	6.5	5.5	5.2	5.2	5.2	4	4	3.9	3.7	3.5	3.1
2012	3.1	3.1	3.5	3.8	3.8	3.6	3.6	3.6	4	3.5	3.5	4
2013	3.5	4.2	4.2	4.5	4.5	4.5	4.5	4.5	4.5	4.5	4.5	4.5
2014	4.5											

六、真菌类

（一）茯苓

1. 概述 茯苓［*Poria cocos*（Schw.）Wolf.］为多孔菌科卧孔菌属真菌，以菌核入药，有利尿健脾、宁心安神的作用，喜温暖、干燥、通风、阳光充足、雨量充沛的环境，要求坡度10～30度左右，土壤为砂质壤土。野生种生长在海拔 500 米以上，在地下 20 厘米左右的腐朽的松树或松树段上（图 1-6-1）。

人工培育茯苓要注意以下几个条件：

①选用生长年限长、含水量 50％左右的松树段木作为茯苓菌丝的培养源。

②选用坡度 10°～30°，含砂量 60％～70％的砂质壤土作栽培场地。

③选地在阳坡。

④盐碱地不宜栽培。

图 1-6-1 茯 苓

2．栽培技术

（1）茯苓纯菌种的培养

①母种的培养。

培养基的配制：多采用马铃薯—琼脂培养基。配方是：马铃薯 250 克，蔗糖 50 克，琼脂 20 克，尿素 3 克，水 1 000 毫升。按常规方法配制，调节 pH6～7，分装于试管内，包扎，灭菌，使其成斜面培养基。

选择新鲜、皮薄、肉薄白、质紧的成熟的茯苓菌核作菌种。先用清水洗净，移入接种箱，用 75％的酒精冲洗，再用蒸馏水或冷开水冲洗数次，用滤纸吸干，用小刀切开，挑起中央白色茯苓肉一小块，放到培养基斜面上，然后放入 25～30℃恒温箱或培养箱中培养 5～7 天，待白色菌丝长满斜面时，即为纯种。

②原种的培养。母种培养后，不能直接生产，还要扩大繁殖培养原种。

原种的培养基配方：小松木块 55％，松木屑 20％，米糠或麦麸 20％，蔗糖 4％，石膏粉 1％，加适量水，调节 pH 为 5～6。

配制方法：先将木屑、米糠、石膏粉拌匀；另将蔗糖加水溶化，放入松木块煮沸 30 分钟，待松木块充分吸糖液后，捞出；再将木屑、米糠、石膏粉等调匀倒入糖液中，拌匀；然后加入松木块，拌匀，以握之手指缝不出水为度。然后分装于 500 毫升广口瓶中,灭菌、冷却后即可接种。

接种方法:在无菌的条件下,挑取黄豆粒大小的母种放入广口瓶原种培养基中央,在温度 25～30℃恒温下培养20～30 天,菌丝长满全瓶,即为原种。

③栽培种的培养。

培养基的配方:松木块 66%,松木屑 10%,麦麸或细糖 19.6%,葡萄糖 2%,石膏粉 1%,尿素 0.4%,过磷酸钙 1%,加水适量,调节 pH5～6。配制方法同上。将原种中的菌丝接到装有栽培种配料的广口瓶中,约 30 天左右菌丝长满全瓶。一瓶斜面纯种可接 5～8 瓶原种,一瓶原种可接 60 瓶栽培种。

(2)栽培法 因段木栽培消耗大量木材,故常采用松树根栽培法。首先挖开根周围的土,露出松根,将侧根刮皮开槽,曝晒数天,晒干后即可接种。于 5～8 月间,开始接种,接种后,用树叶将其盖好,覆土压实即可。接种后每隔 10 天检查一次,发现病虫害、白蚁及时防治,9～12 月茯苓膨大时要及时培土,第二年 4～6 月采收。

(3)栽培管理

①接种后要经常检查生长状况,发现杂菌污染要及时进行清理,重新接种。

②要及时拔草,防止水淹,及时将积水排除。

③白蚁蛀食的要彻底清除,否则减产。

3. 采收加工 先将鲜茯苓除去砂土,置于铺好的稻草上,大的铺 2 层,小的铺放 3 层,稻草与茯苓相间逐层铺放,最后稻草盖严,使其发汗;第二周每隔 2～3 天翻一次。当其表皮长出白色绒毛状菌丝时,取出擦干净,置凉爽干燥处阴干,即成品"茯苓个",还可加工成"茯苓皮"、"赤茯苓"、"白茯苓",每窖的产量约 10 千克左右"茯苓个",目前市场每千克售价 10 元左右。

4. 市场分析与营销 茯苓具有渗湿利水、益脾和胃、宁心安神的功效，主治小便不利、水肿胀满、痰饮咳逆、呕哕、泄泻、遗精、淋浊、惊悸、健忘等症。现代医学研究：茯苓能增强机体免疫功能，茯苓多糖还有明显的抗肿瘤及保肝脏作用。茯苓除药用外，也是药膳、糕点的原料，如著名的北京茯苓糕。茯苓还远销日本、印度、东南亚及欧美等地，所以，茯苓不仅是国内大宗药材，也是对外出口的重要商品，现全国茯苓年需要量17 000吨左右。年出口量大约5 000吨。

茯苓主产安徽岳西、金寨、霍山；湖南靖州、会同、通道；湖北罗田，英山，麻城；云南、浙江、广东、广西、贵州等省份也产。安徽岳西产量最大，质量较好，享誉国内外。湖北、河南等地茯苓通过岳西以及附近亳州药市集散，年走货量约7 000～8 000吨。湖南靖州，地处广西、贵州交界处，既是产区，又是集散地。据靖州官方统计仅靖州年产量就在6 000吨，附近产地来货量4 000吨，合计年走货量达1万吨。其他四川、广西、云南、浙江等产地通过荷花池、玉林、清平等市场走动。比起安徽、湖南、湖北等主产地，这些地区走货量较小，不成规模。

20世纪70年代国家对茯苓实行扶持政策，价格高于粮食，产区大量种植，1978年产量达到24 000吨，供过于求，价格一路下降，直到90年代初才稍有回升。1992—1998年，茯苓又经过了一轮价格上升-扩大种植-过剩-价格下降-减少种植-价格上涨的过程，1998年价格到了9元/千克。2002年年前一直在6～7元/千克，2003年非典暴涨25元/千克，2005年又回落到8元/千克。只是在2010年随着物价整体上涨，到了20元/千克，2012年回到14元/千克，2013年后有上涨到17元/千克左右，再没跌下16元/千克。目前种植成本就得10元/千克左右。

种植茯苓应注意加强茯苓生产与资源、环境保护，选择适宜的种植方法，发展好茯苓产业。

其25年市价变化详见表1-6-1。

表 1-6-1 1990—2014 年茯苓（个）市场价格走势表

(元/千克)

月份 年份	1	2	3	4	5	6	7	8	9	10	11	12
1990	6.9	7	7.3	7.5	7.6	7.8	7	7.7	7.8	7	7	7
1991	7.1	7.2	7	7.3	7.5	7.6	7.7	7.5	7.3	7.2	7.1	7
1992	7	7	7	7.8	7.8	8	8.2	7.8	7.8	7	6.5	5.5
1993	4	4	4	4.3	4.3	4.3	4.4	4.6	4.8	4	3.8	3.8
1994	3.8	3.8	3.8	3.8	3.8	4	4.2	4	4	4.2	4.3	4.5
1995	4.8	4.9	4.9	5	5.2	5.5	5.5	6	6.1	6.3	6.5	6.8
1996	7	7.5	7.8	8	8.2	8	8.2	8.1	8	8	7.5	7.5
1997	7.8	7.8	8	8	8	8	8	8	7.8	7.9	8	8.2
1998	9	9.1	9	8.9	8.5	8.5	8.5	8.5	8	8	7.8	7.5
1999	7	7	7	7.2	7.1	7	7	7.2	7	6.5	6.5	6.5
2000	6.5	6.8	6.8	6.8	6.8	6.8	7	7.2	7	6.5	6	6.5
2001	7	7	7.3	7.2	7	7.1	7.1	7	7	7.2	7	7
2002	7	7.2	7	7	7	7	7	6.5	6.5	6.5	6.5	6.5
2003	6.5	10	25	25	20	15	15	15	14.5	15	16.5	14
2004	13.5	14	14.5	13.5	13.5	12.5	12.5	12.5	9.5	9.5	9.5	9.5
2005	9	7.5	7.2	6.8	6.4	7.3	8.2	8.2	8.5	8.5	8	8.6
2006	8.3	8.3	8.4	8.4	8.5	8.6	8.9	8.9	8.9	8.9	8.9	8.9
2007	9.5	9	10	11	11	12	12	12	12	13	13	13
2008	7.5	7.5	7.6	7.6	7.6	7.8	7.8	8	8	8	8	8
2009	8.5	8.5	8.7	8.7	8.9	9..3	9.3	9.3	9.3	9.3	9.5	11.5
2010	11.5	11.5	12.8	13	13	13	13	13	13	20	20	19.5
2011	19.5	19.5	19.5	20	20	20	20	18	16.5	16.5	14	13.5
2012	13.5	14	14	14	14	14	14	14	14	14	16	16
2013	16	17	17	17	16	16	16	16	16	16	16.5	16.5
2014	16.5											

（二）灵芝

1. 概述 灵芝 [*Ganoderma lucidum*（Leyss. ex Fr.）Karst.]
别名灵芝草、赤芝、木灵芝等。为灵芝菌科灵芝属真菌，有
2000 年的用药历史，为我国珍贵中药材。具有益寿延年之功效。

现代药理证明，灵芝有增强免疫力、保肝解毒、降血脂等功效。主产于吉林、河北、福建、陕西、浙江等省（图1-6-2）。

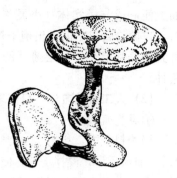

图1-6-2　灵　芝

灵芝喜生长于散射光的阔叶林中，尤以稀疏的林地上的阔叶树桩、腐朽木生长较多。灵芝属高温型腐生真菌，菌丝体在温度24～30℃时生长迅速；子实体在24～28℃之间时分化较快。孢子发育及菌丝生长不需要光照，子实体分化和发育需要散射光，有向阴性，具好气性，在通气性良好的条件下有利于菌柄的生长和伸长。对空气湿度要求较高，子实体生长发育要求相对湿度为85％～90％。

2. 栽培技术

（1）灵芝培养基的制备与菌种的分离

①母种培养基配方及制备。

母种培养基：多采用马铃薯—琼脂（PDA）培养基，其配方：马铃薯（去皮）200克，葡萄糖20克，琼脂20克，磷酸二氢钾3克，硫酸镁1.5克，维生素 B_1 1～2片，水1 000毫升。

制备方法：按常规方法进行。培养基制成后，调节pH至4～6，分装试管，高压灭菌30分钟，稍冷却后摆成斜面培养基。

②灵芝纯菌种的分离。常用的有组织分离法和孢子分离法。

组织分离法：在无菌的条件下，选取新鲜、成熟的灵芝，于菌盖或菌柄内部切取一小块黄豆大小的组织块，接种在斜面培养基上。置温度24～26℃下培养7～10天，当白色菌丝布满斜面时，即得母种，然后再扩大培养成原种和栽培种。

孢子分离法：在无菌的条件下，取新鲜成熟的灵芝菌，于马铃薯培养基上培养一般时间，温度控制在24～26℃，培养基表面上便形成与子实体（小灵芝）相似物，在贴近管壁处形成菌管，自菌管管口中散发出孢子粉，便是纯孢子粉，将此孢子粉接种到培养基上获得一层薄薄的菌苔状的营养菌丝，即得灵芝纯菌种。

（2）人工栽培方法　目前多采用瓶栽和段木培养两种方法。

①灵芝瓶栽法。

培养料配方：棉籽壳 80%，麸皮 16%，蔗糖 1%，生石膏 3%。加水适量，混拌均匀，使培养料含水量在 60%～70%，以手握之不出水为度，调节 pH 至 5～6。

装瓶灭菌：料拌均匀后，先闷 1 小时，然后装入广口瓶中，装料要上紧下松，装量距瓶口 3～5 厘米即可。装好后用尖圆木棒打一通气孔，擦净瓶体，用塑料薄膜加牛皮纸扎紧瓶口，然后进行灭菌（高压灭菌，压强 1.1 千克/厘米^2，时间 1.5 小时；常压灭菌 100℃，保持 8～10 小时，再闷 12 小时）。

接种：在无菌室内进行。用 75%的酒精消毒接种工具，然后用右手拿接种耙在酒精灯火焰上灭菌，左手拿菌种瓶，并打开菌种瓶口，在火焰旁用接种耙取出一块小枣大小的菌种，迅速放入栽培料瓶中，经火焰烧口，用牛皮纸包扎好，置于培养室内培养。

培养与管理：在温度 20～26℃，空气相对湿度 60%以下条件下，约培养 20～30 天，菌丝即可长满全瓶；再继续培养，培养料上就会长出 1 厘米大小的白色疙瘩或突起物，即为子实体原基——芝蕾。当芝蕾长到接近瓶塞时，拔掉瓶口棉塞，让其向瓶外生长，这时，控制室温在 26～28℃，空气相对湿度为 90%～95%，保持空气新鲜，给以散射光等条件，突起物芝蕾向上伸长成菌柄，菌柄上再长出菌盖，孢子可从菌盖中散发出来。从接种到长出菌盖，约需 2 个月时间。生长期要注意管理，每天要通过定时开窗的办法换气，如在气温偏高时，上、下午都要开窗。

②灵芝段木培养法。

段木的选择：应选用栎、栗、柞、桃、柳、杨、刺槐等阔叶树作段木。直径 5～15 厘米均可选用。锯成 1 米长的段木，不要剥皮，码堆干燥。

接种：选择培养 20 天左右子实体原基刚形成的新鲜菌种。这种菌种生命力强，接入段木后发育快，且不怕杂菌污染。接种工具可用直径 1～1.2 厘米的打孔器或电钻头。打入段木约 1 厘米深，行株距 20 厘米×20 厘米，呈品字形排列。打孔后立即接种。接种前先将菌种取出，截成横截面积 1 厘米^2 的小块，轻轻塞入孔穴中，稍压紧后盖上树皮。30 天后，菌丝便侵入段木，并可见孔穴四周形成棕色菌圈，说明接种成功。立即将段木埋入 pH5～6 的酸性土壤中，若天气干旱，可淋水湿润土壤。遇雨季或雨天，要注意排水。此外，还要在栽培场周围撒一圈拌有灭蚁灵的毒土，诱杀白蚁，防止其为害段木。第二年清明节后，当气温升至 25℃左右，可取出数根段木检查：揭开树皮盖，见孔穴周围已长成茶褐色，或已长出芝蕾；段木两端有白色菌丝或浅褐色菌膜，并可嗅到灵芝菌丝的特殊气味，显示菌丝已成熟。立即将段木挖出，截成长 17～22 厘米的小段木，然后，将其斜埋入酸性含砂砾的土壤中，上端露出地面约 3 厘米，且覆盖杂草遮阴，隔数日洒一次水，保持土壤湿润，经 7～10 天开始长出芝蕾。在生长芝蕾期，栽培场所要保持 90％的相对湿度，约 2 个月左右芝蕾长成灵芝成品，即可采收。

3. 采收加工　在菌盖中孢子散发后，菌盖由软变硬，没有浅白色边缘，颜色由淡黄转成红褐色，不再生长增厚时，即可采收成熟的灵芝。采收后及时阴干即为灵芝成品。灵芝采收后，段木还可继续使用。只要消除段木上的污物及不能形成菌盖的小子实体，再喷足水分，在适宜的条件下，5～7 天又可长出芝蕾，一直可以采收到 11 月份，一般直径 20 厘米以上的段木，可连续采收 2～3 年。每 100 千克段木一年可收 1.5 千克左右灵芝干品。以身干、菌盖肥厚、菌柄粗壮、质坚硬、色红褐、具漆样光泽者为佳。

4. 市场分析与营销 《本草纲目》记载：灵芝益心气，活血，入心充血，助心充脉，安神，益肺气，补肝气，补中，增智慧，好颜色，利关节，坚筋骨，祛痰，健胃。现代医学证明：灵芝含有多种生理活性物质，能够调节、增强人体免疫力，对神经衰弱、风湿性关节炎、冠心病、高血压、肝炎、糖尿病、肿瘤等有良好的协同治疗作用。最新研究表明：灵芝还具有抗疲劳，美容养颜，延缓衰老，防治艾滋病等功效。特别是具有抗癌作用的灵芝孢子粉近年更是持续旺销。保健食品用量大于药用，国内灵芝保健品企业有 100 多家。但以灵芝为主要原料的药品极少。美国的灵芝保健产品主要来自日本和韩国。灵芝以人工养殖为主。安徽、湖北、福建、浙江、两广为主要产区，山东、吉林长白山和大兴安岭地区也有相当大的产量。2002 年我国灵芝年产量已达 3.67 万吨，已开发出的产品有灵芝片、灵芝粉、灵芝孢子粉、灵芝丸、灵芝胶囊、灵芝糖浆等。每年出口日本大约 1 500 吨、韩国大约 4 500 吨。

20 世纪 90 年代初，其价格在 10 元/千克左右。1995 年，灵芝价格涨至 40 元/千克以上，维持了 2 年的高价位，开始下降。2002 年年底灵芝售价已降至 30 元/千克左右，2009 年价格一直在 21～25 元/千克波动。2010 年涨到 45 元/千克，2012 年降到 33 元/千克，2013 年又升到 33 元/千克至今。

其 25 年价格变化详见表 1-6-2。

表 1-6-2　1990—2014 年灵芝（个）市场价格走势表

（元/千克）

年份＼月份	1	2	3	4	5	6	7	8	9	10	11	12
1990	8	8	8	8	10	10	8	8	10	10	10	10
1991	10	12	14	12	12	14	14	20	20	20	20	20
1992	20	23	23	23	23	25	25	25	25	25	25	25

（续）

年份＼月份	1	2	3	4	5	6	7	8	9	10	11	12
1993	25	25	25	25	25	27	27	27	27	27	27	27
1994	27	26	26	24	24	24	22	22	21.5	21.5	21.5	21.5
1995	21.5	22	24	24	27	30	30	30	40	40	45	45
1996	45	47	47	47	47.5	47.5	50	50	47	47	47	47
1997	47	45	45	45	45	44	44	44	40	40	37	36.5
1998	36.5	37	37	36	36	36	36	36	36	35	35	35
1999	35	35	35	36	35	35	35	35	36	36	37	37
2000	37	37	35	35	35	35	35	36	35	35	35	35
2001	35	35	35	35	35	35	33.5	33.5	33.5	33.5	33.5	33.5
2002	33.5	33.5	33.5	33.5	33.5	33.5	30	30	30	33	35	35
2003	35	38	60	60	30	25	25	25	24.5	24	23.5	23
2004	22.5	23	21.5	20.5	20.5	23	23	23	22	21	20.5	20.5
2005	20.5	20.5	20.5	21	21	21	21	21	20.5	17	23	23
2006	24.5	25.5	25.5	25.5	21.5	25.5	25.5	25.5	25.5	25.5	25.5	25.5
2007	28	30	30	30	30	25	28	28	30	30	28	30
2008	25	25	25	25	25	26	27	27	27	27	27	27
2009	27	27	25	25	26	32	33	34	34	35	39	39
2010	39	39	39	39	45	45	45	42	42	42	43.5	45
2011	45	45	45	45	45	45	45	40.5	40.5	40.5	40.5	39
2012	39	39	35	35	33	33	33	33	33	33	33	33
2013	33	35	35	35	35	35	35	35	35	35	35	35
2014	35											

（三）猪苓

1. 概述　猪苓［*Polyporus umbellatus*（Pers.）Fries］又名枫苓、乌桃、亥苓等，为多孔菌科多孔菌属植物。以菌核供药用，有利尿渗湿、祛痰解毒之功效。

猪苓生长在海拔1 000米左右的向阳林地，以次生林生长居多。喜结构疏松、含腐殖质丰富的微酸性山地砂质黄壤或砂质黄棕壤土。猪苓不能自养，也不直接寄生于活的或腐朽的树木上，而是依靠密环菌提供养料。猪苓的生长发育需经历担孢子、菌丝体、菌丝和子实体四个阶段。担孢子在适宜的条件下萌发形成初生和次生菌丝，无数次生菌丝紧密缠绕，结合成菌核；菌核系多年生，能储存养分，在不适宜的环境中保持休眠，如遇到密环菌和适宜的环境就能萌发产生新的菌丝，无数新菌丝紧密缠结，突破菌核表皮层，形成白色头状的苓头，并不断生长增大，形成猪苓。主产于陕西、云南、甘肃、吉林、安徽等地（图1-6-3）。

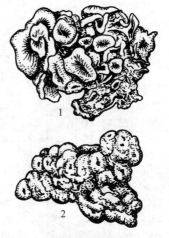

图1-6-3 猪 苓
1. 子实体 2. 菌核

2. 栽培技术

（1）生长环境 猪苓的生长环境与密环菌的生长环境相似。人工栽培猪苓与栽培天麻的方法相似，需要先培养密环菌菌材和菌床。

（2）选择栽培猪苓的场地 应选择湿润、通透性能良好、土壤含水量为30%～50%、微酸性的砂质壤土。坡向以西南阳坡为好，坡度在20～30度为宜。选好地后，顺坡挖窖，窖的长宽各70厘米，窖深50厘米。栽培窖与密环菌床窖应相距较近。

（3）下窖接种 一般在春夏季4～6月份进行，或秋季8月下旬至10月下旬进行为宜。栽培时扒开密环菌菌床顶土，取出上层5根新材，摆入就近的已挖好的栽培窖内，菌材间距6～10厘米，下层5根菌材就地不动作固定菌床。即1窖菌材可培育2窖猪苓。

将掰开的小块猪苓菌核（即苓种）一个个贴放在菌材的鱼鳞口上和菌材的两端，或菌索密集处，使苓种断面与密环菌紧密结合，以利相互建立共生关系。一般1根菌材压放8个左右的苓种。苓种放好后填充腐殖土，然后盖细土 10～15 厘米，窖顶盖枯枝落叶，呈龟背形，以利排水。

（4）田间管理　猪苓接种后保持其野生生长状态，保持土壤湿润，及时除去窖周围杂草，为防止鼠害及其他动物践踏，应派专人看管猪苓场。

3. 采收加工

（1）采收　猪苓从下窖到成熟需 2～3 年时间，一般于春季 4～5 月、秋季 9～10 月采收为宜。猪苓为多年生真菌植物，菌核在地下可保持多年不腐烂。

（2）加工　采收后，除净泥沙和菌索，直接晒干或烘干即可。2 年生猪苓平均每窖产干品 2 千克左右；若 2 年以上采挖，平均产量可增加 5～6 倍。以个大、外皮黑褐色、光亮、肉色粉白、体沉重者为佳品。

4. 市场分析与营销　猪苓是一种药用真菌，主治肾炎水肿、小便不利、急性尿路感染、暑热水泻、淋、浊、赤白带下等症。近代药理和临床试验证明，其提取物猪苓多糖，具有显著的抗癌作用。国内开发了近千种（规格）的利水渗湿的中成药，原料年用量已超过 1 500 吨。还开发出了抗癌新药。中药饮片的用量大约在 300 吨。还有对日本、韩国、东南亚等的出口，每年大约 500 吨。国内外用量，已由 2000 年的 1 000 吨增加为 2009 年的 2 500 吨左右。

我国原以野生为主，据 1987 年资源调查，猪苓的野生资源储藏量在 6 000～7 000 吨。21 世纪前年用量少，可以满足供应，21 世纪之后随着年用量增加，经过十多年的滥采滥挖，野生资源急剧减少，由 2000 年的产量 3 000 吨，到 2009 年采收量只有 800 多吨，2003 年开始有供需缺口 100 吨，以后逐年增加，到 2009 年供需缺口达到 1 700 吨。

1990 年每千克猪苓售价每千克只有 7.5 元左右，1992 年就上涨到每千克 12 元，到了 1995 年年末已达到每千克 31 元，

1996—1997 年为每千克 35 元左右。1998 年后猪苓售价略有下落，但一直在每千克 28 元左右。2004 年以来猪苓市价上涨较快，达到每千克 55 元左右，2006 年涨至每千克 65 元左右，2007 年到每千克 115 元，2010 年猛涨到每千克 180 元，2012 年达到每千克 200 元以上，2013 年至今每千克 270 元。猪苓的野生资源日渐枯竭，市场价格不断上涨，急需发展人工栽培技术。陕西种植已有一定规模，四川、河南也有人工种植，由于生长周期长，短期难以满足需求。

其 25 年市场价格变化详见表 1-6-3。

表 1-6-3　1990—2014 年猪苓（个）市场价格走势表

（元/千克）

月份 年份	1	2	3	4	5	6	7	8	9	10	11	12
1990	7.2	7.2	7.2	7.2	7.2	7.5	7.5	7.5	7.5	8.0	8.0	8.0
1991	8.5	8.0	8.5	8.5	8.6	8.5	8.5	9.35	9.5	9.5	12	12
1992	12	13	13	13	13	14	14	14	13	12	14	14
1993	15	15	15	15	15	17	17	19	18	17	18	18
1994	20	23	25	22	22	21	21	22	23	23	21	21
1995	20	21	21	21	23	27	27	27	27	27	29	31
1996	31	33	34	34	33	33	33	33	34	34	35	36
1997	36	36	35	34	34	37	36	37	36	36	37	35
1998	32	32	32	30	30	30	30	30	27	27	27	27
1999	27	27	26	26	26	26	26	26	26	27	27	27
2000	28	28	8	39	28	27	27	27	27	27	27	27
2001	28	28	28	28	29	29	29	29	29	29	29	29
2002	29	30	29	39	29	30	29	30	30	30	32	32
2003	32	40	48	48	40	27	28	27	26	25.5	24	23.5
2004	21	23.5	22	54.5	54.5	55	55	55	55	55.5	56.5	56.5
2005	55	55	56	56	58	54	57	54	54	57	60	60
2006	61.5	64.5	66	66	66	66.5	66.5	66	66.5	66.5	66.5	66.5
2007	60	70	73	73	75	80	78	80	80	100	100	115
2008	100	102	105	110	115	120	115	110	105	102	100	100
2009	100	100	100	100	100	100	120	120	120	120	120	120

（续）

月份 年份	1	2	3	4	5	6	7	8	9	10	11	12
2010	130	130	130	130	170	170	170	170	180	170	170	180
2011	180	180	180	180	220	210	210	210	210	190	190	190
2012	190	210	210	210	210	210	210	210	210	210	210	210
2013	210	210	210	210	210	210	210	255	240	240	255	270
2014	270											

第二章 植物提取物发展历史、市场概况和常用提取技术

一、植物提取物的发展历史

（一）DSHEA 法案——植物提取物发展的里程碑

自然科学史研究认为，大约公元前 4000 年，底格里斯河与幼发拉底河流域的美索不达米亚人已经形成了具有一定系统性的医学思想；随着历史的变迁，在这个地方相继产生了巴比伦—亚述医学，逐渐地建立了天人一体的观念。出土的楔文陶片中记载了常用草药，包括各种植物的果实、叶、花、皮、根等，如藕、橄榄、月桂、桃金娘、鸡尾兰、大蒜等。

在古印度最早的医学文献《阿闼婆吠陀》中，记载有 77 种疾病以及草药知识。《阿育吠陀》是以公元前 2000 年的古代药草实践为基础并与源于公元前 400 年的佛教思想、理论与概念形成的，记载了关于疾病的检查、诊断、治疗及预后的详情，记载的药物有 1 000 余种。《遮罗迦集》也记载了 1 000 多种草药和少数矿物及动物药品。

罗马帝国在中国古文献中，称其为"大秦"，又称"犁鞬"。公元 97 年，东汉班超派遣甘英出使大秦。公元 166 年，大秦王安敦使者至汉朝。公元 1 世纪，当中国出现《神农本草经》时，古希腊—古罗马产生了《药物论》，这是西方现存最早的草药志。《药物论》详细记录了约 500 种药用植物，详细记述其毒性与使用药方。

但随着古代文明的变迁与衰落及古代草药使用的局限性，古

代的草药并没有得到全球性的普及与发展。文艺复兴以后，西医的蓬勃发展更使草药在世界各地处于边缘化状态。真正使草药加工产品——植物提取物在全球得以普及的是 1994 年 10 月，美国克林顿总统签署的《膳食补充剂健康教育法案》（The Dietary Supplement Health and Education Act），该法案明确了膳食补充剂的定义，第一次以法规的形式明确提出植物提取物的概念。按《膳食补充剂健康教育法案》（The Dietary Supplement Health and Education Act）的规定：膳食补充剂被定义为"含有一种或多种维生素、矿物质、草药或植物药、氨基酸，用于增加整体膳食摄入量以补充膳食的膳食物质或前述任何成分的浓缩物、代谢物、提取物及组合物所构成的产品。"法规明确指出，膳食补充剂应被视为食品。具体可以归纳为以下四点：

①产品形式可为丸剂、胶囊、片剂或液体状。

②不能代替普通食品或作为膳食的唯一品种。

③标识为"膳食补充剂"。

④一种得到批准的新药、一种得到发证的抗生素或一种得到许可的生物制剂，如在其分别得到批准、发证、许可前已作为膳食补充剂或食品上市的产品。

DSHEA 法案不仅促进了美国植物提取物行业的蓬勃发展，中国的植物提取物行业也是自 DSHEA 法案实施后开始逐渐形成规模化产业，并逐渐地成为世界植物提取物行业的原料供应大国。

（二）世界植物提取物行业不同阶段发展状况

1. 1990—2000 年美国植物提取物行业发展状况

（1）1997—2000 年全球营养品产业销售额　参见表 2-1。

表 2-1　1997—2000 年全球营养品产业销售额（百万美元）

产　品	1997	1998	1999	2000
维生素/矿物质	18 000	18 870	19 620	20 440

(续)

产　品	1997	1998	1999	2000
草药	15 990	16 980	17 490	18 070
运动产品、代餐食品、替代疗法、特殊产品	8 760	9 310	9 960	10 710
天然食品	16 690	19 910	22 700	25 420
天然个人护理品	9 620	10 280	11 020	11 850
功能食品	40 320	43 940	47 670	51 480
合计	109 380	119 290	128 470	137 980

(2) 1999 年全球营养品产业销售额　参见表 2-2。

表 2-2　1999 年全球营养品产业销售额（百万美元）

国家或地区	维生素/矿物质	草药	运动产品、代餐食品、替代疗法、特殊产品	天然食品	天然个人护理品	功能食品	合计
美国	7 070	4 070	4 320	9 470	3 590	16 080	44 520
欧洲	5 670	6 690	2 510	8 280	3 660	15 390	42 200
日本	3 200	2 340	1 280	2 410	2 090	11 830	23 150
加拿大	510	380	250	700	330	1 500	3 670
亚洲	1 490	3 170	970	710	880	1 450	8 670
拉丁美洲	690	260	250	460	250	360	2 270
澳大利亚和新西兰	300	190	90	340	140	540	1 600
东欧和俄罗斯	350	220	250	180	40	269	1 300
中东	180	90	60	70	30	140	570
非洲	160	80	70	80	10	120	520
合计	19 260	17 490	9 960	22 700	11 020	47 670	128 470

(3) 1997—2000 年美国前十位草药销售额 参见表 2-3。

表 2-3　1997—2000 年美国前十位草药销售额（百万美元）

品种	1997	1998	1999	2000
复方草药	1 659	1 762	1 740	1 821
银杏	227	300	298	248
紫锥菊	203	208	214	210
大蒜	216	198	176	174
人参	228	217	192	173
贯叶连翘	100	308	233	170
锯叶棕	86	105	117	131
大豆	NA	NA	36	61
缬草	30	41	57	58
卡瓦卡瓦	22	44	70	53
合计	NA	NA	4 070	4 130

(4) 1990—2000 年美国植物提取物行业发展特点

①植物提取行业在这一时期，受美国 DSHEA 法案的影响整个行业高速增长，1997 年和 1998 年美国草药行业的增长速度一直排在美国各工业行业之首，销售额较 1994 年增长了一倍。

②这一时期发展的一个明显特点是许多在欧洲和其他国家已有长期应用历史的品种，在这一阶段快速地进入美国市场，随后又在美国市场的带动下在全球得到广泛认可与应用。

③在这一时期，人们对植物提取物的认识还是比较肤浅的，推动行业发展的一个基本理念是'天然的就是安全的'，媒体的正面宣传在这一时期起到了巨大的推动作用。

④这一时期许多品种都是在很短的时间得到快速增长并迅速达到一定规模（表 2-4）。

表 2-4　美国前十位产品不同年份增长率（%）

品种	1997	1998	1999	2000
复方草药	—	—	—	—
银杏	—	32	—	—

（续）

品种	1997	1998	1999	2000
紫锥菊	—	—	—	—
大蒜	—	—	—	—
人参	—	—	—	—
贯叶连翘	—	208	—	—
锯叶棕	—	22	—	—
大豆	—	—	—	69
缬草	—	36	—	—
卡瓦卡瓦	—	100	—	—

⑤这一时期植物提取物更多强调的是对某些病症的改善和治疗（表 2-5）。

表 2-5　美国早期植物提取物的主要适应症和代表品种

适应症	代表品种
感冒	紫锥菊、生姜
神经系统综合征	贯叶连翘、卡瓦卡瓦、5-HTP
心血管疾病	银杏、葛根、大蒜、山楂
肥胖症	麻黄、枳实
老年痴呆	石山碱甲、长春西汀、银杏
提高能量	刺五加、人参、红景天
女性更年期综合症	大豆异黄酮、红车轴草
性功能能障碍	淫羊藿、育亨宾、人参

2. 2000—2009 年美国植物提取物发展状况

（1）2000—2009 美国食品补充剂与草药的销售额与增长率参见表 2-6。

表 2-6　2000—2009 年美国食品补充剂与草药的
销售额与增长率（百万美元）

产品类型	2000	2001	2002	2003	2004	2005	2006	2007	2008	2009
植物提取物	4 230	4 356	4 238	4 146	4 290	4 381	4 561	4 759	4 800	5 034
增长率	2.9%	3.0%	−2.7%	−2.2%	3.5%	2.1%	4.1%	4.3%	0.9%	4.9%

（续）

产品类型	2000	2001	2002	2003	2004	2005	2006	2007	2008	2009
膳食补充剂	17 239	18 038	18 730	19 821	20 413	21 349	22 500	23 831	25 351	26 877
增长率	4.7%	4.6%	3.8%	5.8%	3.0%	4.6%	5.4%	5.9%	6.4%	6.0%

（2）美国前十位草药 2000—2009 年销售额 参见表 2-7。

表 2-7 美国前十位草药 2000—2009 年销售额（百万美元）

	产品	2000	2001	2002	2003	2004	2005	2006	2007	2008	2009
1	阿萨伊				1	2	5	16	30	90	297
2	诺丽	71	109	165	197	212	235	256	277	273	274
3	山竹		2	6	24	72	125	147	191	206	204
4	绿茶	39	50	53	76	116	148	144	139	140	162
5	枸杞		10	15	27	41	58	65	98	168	145
6	紫锥菊	210	205	179	172	148	150	125	126	124	132
7	锯叶棕	131	135	126	140	129	132	129	125	123	124
8	大蒜	174	168	165	168	151	160	150	137	124	112
9	水飞蓟素	46	57	60	66	68	83	91	93	95	101
10	银杏	248	201	151	120	109	105	102	107	99	95

（3）2009 年美国植物提取物销售额和主要产品所占比例

参见表 2-8。

表 2-8 2009 年美国植物提取物销售额和主要产品所占比例（百万美元）

产品类别	销售额	百分比（%）
阿萨伊（Acai）	297	6
诺丽（Noni Juice）	274	5
山竹（Mangosteen Juice）	204	4
绿茶（Green Tea）	162	3
枸杞（Goji juice）	145	3
紫锥菊（Echinacea）	132	3
锯叶棕（Saw Palmetto）	124	3
其他	3 697	73
植物提取物总的销售额	5 034	

(4) 2000—2009 年美国植物提取物行业发展特点

①超级水果取代传统的植物提取物而成为美国植物提取物行业发展新的引擎。

自 2003 年诺丽取代紫锥菊成为美国植物提取物的最大品种以来，山竹、阿萨伊、枸杞等超级水果因其在抗氧化方面的良好表现而受到媒体和消费者的认可，成为美国植物提取物行业的主要品种。

②紫稚菊的销售受到 2005 年 7 月"新英国医学杂志"研究的负面影响，该杂志声称紫稚菊制剂对阻止或降低普通感冒没有作用。在过去的几年中，一直处于萎缩状态。银杏的掺假问题正在使这一曾被广泛认知的植物提取物品种销售额逐年萎缩。

③受 1991 年比利时发现一妇女在服用含有广防己的中草药减肥时因马兜铃酸而出现肾损害和 2003 年 2 月美国职业棒球投手史蒂夫·贝齐勒在服用含有麻黄的营养补充剂后暴毙两例典型的草药及提取物的安全事件的影响，植物提取物"天然的就是安全的"这一观念被彻底的颠覆。

④受安全性、副作用、掺假、薄弱的技术与消费者教育等因素的影响，加上媒体的负面报道的推波助澜，美国植物提取物在此期间经历了一个低俗徘徊期。

二、植物提取物行业全球市场现状及未来发展趋势

（一）草本补充剂（植物提取物）全球市场状况

1. 总体概况 根据 GIA 的最新市场报告，预计 2013 年全球草本补充剂和草本药品市场销售额可达 767 亿美元，预计 2010—2018 年的复合增长率约为 6.9%；到 2018 年市场销售额预计可达 1 059 亿美元。而根据 a&r（analyze & realize）估计，目前全球草本产品市场总的销售额约为 830 亿美元，其中：草本

补充剂 110 亿美元、草本功能性食品 140 亿美元、全球草本制药行业约占 440 亿美元。草本美容产品 140 亿美元市场。

普遍的观点是 2008 年的经济危机并没有给这一行业带来太大的影响，这一行业近几年一直保持着良好的增长势头。

导致其增长的主要因素是：

①全球对医疗保健的重视。

②降低医疗花费、削减成本的需求。

③婴儿潮一代人年龄的增长。

④许多巨头制药和日用品企业的介入。

⑤新兴市场的崛起。

⑥草药在心血管健康、大脑健康、关节及提高免疫力和抗感染的良好表现。

2. 基本市场数据

(1) 2004—2018 年全球草本补充剂市场销售额　参见表 2-9。

表 2-9　2004—2018 年全球草本补充剂市场销售额（百万美元）

国家或地区	2004	2006	2008	2010	2012	2014	2016	2018
美国	4 766.59	5 008.98	5 189.56	5 436.55	5 916.76	6 571.59	7 298.17	8 032.39
加拿大	877.6	936.27	1 005.17	1 069.74	1 174.47	1 304.36	1 444.51	1 585.66
日本	6 108.3	6 715.32	7 415.19	8 253.24	9 128.04	10 304.24	11 554.48	12 876.7
欧洲	21 422.05	23 659.41	26 312.39	29 185.44	32 964.16	36 886.63	40 948.28	45 004.65
亚太	8 152.04	9 782.43	11 803.25	14 080.68	17 313.64	21 135	25 512.78	30 473.5
拉丁美洲	1 579.61	1 823.22	2 114.35	2 444.19	2 895.26	3 434.77	4 033.88	4 683.2
其他国家	1 322.37	1 490.91	1 686.78	1 901.26	2 185.26	2 503.09	2 843.29	3 194.97
总计	44 228.56	49 416.54	55 526.69	62 271.1	71 577.59	82 139.68	93 635.39	105 851.07

注：本表中美国市场数据与上述论述中略有差距，出现这种情况的主要原因是统计口径不同造成的，不影响对市场趋势的分析。

全球草本补充剂（植物提取物）市场在 2004—2012 年 9 年的时间总体规模增长了 61％，在 2012—2018 年 7 年的时间内预测增幅 48％。无论是在过去还是未来增幅最大的是亚太地区，其次是拉丁美洲，增幅最小的是美国。

（2）全球草本补充剂（植物提取物）市场不同地区所占市场份额 参见表 2-10。

表 2-10 全球草本补充剂（植物提取物）市场不同地区所占市场份额（％）

地区	2004	2012	2018
美国	10.78	8.27	7.59
加拿大	1.98	1.64	1.5
日本	13.81	12.75	12.16
欧洲	48.44	46.06	42.52
亚太地区	18.43	24.19	28.89
拉丁美洲	3.57	4.04	4.42
其他国家	2.99	3.05	3.02
总计	100	100	100

（二）不同区域草本补充剂（植物提取物）市场整体状况

1. 2004—2018 年欧洲草本补充剂（植物提取物）市场销售额 参见表 2-11。

表 2-11 2004—2018 年欧洲草本补充剂（植物提取物）市场销售额（百万美元）

地区	2004	2006	2008	2010	2012	2014	2016	2018
法国	3 858.51	4 316.63	4 872.47	5 470.68	6 270.01	7 147.98	8 103.06	9 071.76
德国	10 103.16	11 095.49	12 256.99	13 522.59	15 205.41	16 890.70	18 565.55	20 243.57
意大利	1 439.36	1 574.47	1 730.31	1 895.60	2 108.94	2 314.77	2 527.75	2 735.58

（续）

地区	2004	2006	2008	2010	2012	2014	2016	2018
英国	2 098.06	2 332.36	2 608.83	2 904.76	3 281.24	3 687.37	4 113.11	4 538.97
西班牙	1 331.02	1 460.41	1 614.23	1 781.60	1 995.97	2 206.80	2 424.35	2 630.94
俄罗斯	713.97	802.20	907.97	1 023.40	1 175.67	1 344.62	1 527.87	1 714.28
其他国家	1 877.97	2 077.85	2 321.59	2 586.81	2 929.92	3 294.39	3 686.59	4 069.55
总计	21 422.05	23 659.41	26 312.39	29 185.44	32 964.16	36 886.63	40 948.28	45 004.65

2. 2004—2018 年美国草本补充剂（植物提取物）市场销售额　参见表 2-12。

表 2-12　2004—2018 年美国草本补充剂（植物提取物）市场销售额（百万美元）

产品	2004	2006	2008	2010	2012	2014	2016	2018
银杏	120.15	117.78	114.64	112.57	111.71	111.75	112.48	113.86
大蒜	177.48	172.96	163.97	156.37	153.80	152.31	151.32	149.91
人参	112.00	109.73	106.6	103.75	102.60	101.54	101.37	100.76
紫锥菊	159.11	152.64	139.43	132.00	126.79	121.84	117.98	115.05
贯叶连翘	72.27	68.01	64.25	60.50	59.26	58.47	58.01	57.81
大豆	69.26	72.30	74.74	62.51	57.60	59.97	63.41	67.66
芦荟	60.41	62.74	64.68	65.79	73.18	79.09	85.84	94.22
特殊草药	1 067.27	1 076.57	1 091.26	1 173.86	1 274.25	1 418.97	1 579.94	1 733.60
复方草药	1 431.58	1 590.06	1 713.34	1 777.46	2 003.35	2 335.18	2 705.87	3 091.00
其他补充剂	1 498.05	1 586.19	1 656.59	1 791.74	1 954.19	2 132.19	2 321.95	2 508.52
总计	4 765.59	5 005.98	5 189.56	5 436.65	5 916.76	6 571.59	7 298.17	8 032.39

3. 2004—2018 年日本草本补充剂（植物提取物）市场销售额　参见表 2-13。

表 2-13　2004—2018 年日本草本补充剂（植物提取物）
市场销售额（百万美元）

产品	2004	2006	2008	2010	2012	2014	2016	2018
银杏	112.19	118.52	125.64	133.56	142.94	153.51	163.08	171.47
大蒜	353.57	377.40	403.07	434.36	496.71	509.85	551.30	591.88
人参	279.68	300.06	322.14	345.21	374.24	407.28	442.23	473.09
紫锥菊	321.52	338.85	361.40	388.60	419.78	454.77	488.53	521.15
贯叶连翘	420.05	442.18	468.07	497.10	525.18	553.87	587.49	625.38
大豆	192.98	205.36	220.41	194.24	211.43	231.57	253.92	275.62
芦荟	111.84	117.36	123.80	131.36	140.34	151.10	162.99	171.86
特殊草药	574.69	618.06	661.38	702.61	753.45	813.36	880.83	945.23
复方草药	2754.99	3115.39	3549.82	4040.94	4673.71	5454.44	6292.73	7204.53
其他补充剂	986.79	1082.14	1179.46	1285.26	1417.26	1572.51	1731.38	1896.69
总计	6108.30	6715.48	7415.19	8153.24	9128.04	10304.24	11554.48	12876.70

4. 2004—2018 年亚太地区草本补充剂（植物提取物）市场销售额　参见表 2-14。

表 2-14　2004—2018 年亚太地区草本补充剂（植物提取物）
市场销售额（百万美元）

产品类别	2004	2006	2008	2010	2012	2014	2016	2018
银杏叶	163.61	186.43	214.44	252.05	300.18	357.40	420.39	485.82
大蒜	523.79	599.46	694.56	811.64	958.56	1 141.16	1 337.71	1 545.89
人参	371.80	422.10	481.55	545.87	628.53	718.46	799.89	875.73
紫锥菊	408.38	471.06	545.99	636.96	754.83	903.00	1 064.60	1 236.69
贯叶连翘	378.47	433.60	503.46	589.58	701.96	830.41	969.67	1 115.57

（续）

产品类别	2004	2006	2008	2010	2012	2014	2016	2018
大豆	288.76	346.07	419.05	393.67	445.31	528.73	632.63	740.55
芦荟	169.06	199.77	246.32	294.75	361.04	437.14	521.32	613.59
特殊草药	819.24	959.37	1 129.70	1 330.48	1 589.74	1 905.43	2 256.16	2 645.49
复方草药	3 497.08	4 440.94	5 624.39	7 046.10	9 089.74	11 513.31	14 390.74	17 769.17
其他草本补充剂	1 531.85	1 723.63	1 943.79	2 179.58	2 483.75	2 799.96	3 119.67	3 445.00
总计	8 152.04	9 782.43	11 803.25	14 080.68	17 313.64	21 135.00	25 512.78	30 473.50

5. 2004—2018 年拉丁美洲草本补充剂（植物提取物）市场销售额　参见表 2-15。

表 2-15　2004—2018 年拉丁美洲草本补充剂（植物提取物）市场销售额（百万美元）

产品种类	2004	2006	2008	2010	2012	2014	2016	2018
银杏叶	30.02	32.90	36.32	40.24	44.97	50.65	57.04	63.04
大蒜	90.86	101.90	115.77	132.02	151.09	173.37	197.33	221.58
人参	66.73	73.59	81.80	88.73	99.45	111.31	123.17	134.90
紫锥菊	71.41	79.22	88.96	100.72	114.66	130.68	147.25	163.70
贯叶连翘	79.53	87.98	98.42	110.51	125.08	141.76	159.17	176.66
大豆	52.06	59.56	68.65	63.22	72.54	84.10	96.57	108.93
芦荟	33.51	38.63	44.90	50.84	58.52	68.12	79.87	92.28
特殊草药	178.89	202.25	231.36	266.25	310.04	358.99	411.08	466.26

（续）

产品种类	2004	2006	2008	2010	2012	2014	2016	2018
复方草药	679.10	811.59	968.24	1 158.87	1 418.21	1 740.61	2 108.43	2 579.52
其他草药补充剂	297.50	335.60	380.65	432.79	500.70	575.18	653.97	736.33
总计	1 579.61	1 823.22	2 114.35	2 444.19	2 895.26	3 434.77	4 033.88	4 683.20

（三）草本补充剂（植物提取物）市场发展趋势

①相对于欧洲市场的稳定发展、日本市场的复苏、新兴市场的崛起、美国草本补充剂市场在全球的市场份额呈现停滞和下滑状态。全球草本补充市场正在进入一个多元化的繁荣发展时期。

②近几年中国草本补充剂（植物提取物）市场高速增长，从市场总体量上已经超越美国、日本，成为全球仅次于欧洲的第二大消费区域（表 2-16）。

表 2-16 欧洲、美国、中国、日本草本补充剂（植物提取物）
销售额（百万美元）

国家或地区	2004	2006	2008	2010	2012	2014
欧洲	21 422.05	23 659.41	26 312.39	29 185.44	32 964.16	36 886.63
中国	4 182.81	5 143.60	6 371.39	7 824.64	9 868.78	12 330.15
日本	6 108.30	6 715.32	7 415.19	8 253.24	9 128.04	10 304.24
美国	4 766.59	5 008.98	5 189.56	5 436.55	5 916.76	6 571.59

③除中国之外新兴市场正成为草药补充剂市场增长的新的引擎，这 5 个新兴市场是：拉丁美洲、东欧、澳大利亚、印度、中东及非洲。

④消费者简化生活、通过购买更少的产品和消耗更少剂量来节省投入是后危机时代食品补充剂的重要消费特点，因此在大多数市场复方草药的规模和增长都远大于单一草药。

⑤尽管草本补充剂（植物提取物）市场是发展的，但其总体的增速仍低于食品补充剂市场的平均增速。目前大多数市场，复合维生素、钙、B族维生素、维生素 C、维生素 D、OMEGA-3和鱼油、辅酶 Q10 等特殊补充剂的增速和消费者认可程度都远高于草本补充剂（植物提取物）。制药巨头和日用品企业的介入在助推行业发展的同时，会使这一趋势延续和进一步放大。

三、全球植物提取物行业大事件

（一）DSHEA 法案——植物提取物行业发展的里程碑

1994 年 10 月，克林顿总统签署了《膳食补充剂健康教育法案》，此前的膳食补充剂规划与其他食品的规划相同。《膳食补充剂健康教育法案》包括了国会对法案的裁决和膳食补充剂（Dietary Supplement）的基本定义、膳食补充剂的安全性与美国食品药品监督局（FDA）所应担负的责任、膳食补充剂声明以及营养支持的陈述等 13 个部分。

膳食补充剂被定义为"含有一种或多种维生素、矿物质、草药或植物药、氨基酸，用于增加整体膳食摄入量以补充膳食的膳食物质或前述任何成分的浓缩物、代谢物、提取物及组合物所构成的产品。"法规明确指出，膳食补充剂应被视为食品。

这一法案为膳食补充剂的安全与标签说明创造了新的规范框架。法案要求膳食补充剂的生产商对其产品的生产、销售中的安全负责，其产品的任何声明与陈述都应有充分的证明显示其没有虚假性与误导性。这就意味着，除了新加入的膳食成分要重新进行安全性与其他相关信息的审批外，生产商在其膳食补充剂产品上市前后均不必向 FDA 提供其产品安全性与有效性的证据说明。

FDA 没有专门针对膳食补充剂最大与最小剂量标准的规章，膳食补充产品的剂量完全由生产者决定，但其必须对产品的安全性进行保证。如此，FDA 的职责就主要集中在对"不安全"产品的监管方面。

此外，FDA 在膳食补充品的标签说明方面进行了要求，比如每个膳食补充品必须在"补充说明"的表格中有营养标签等。FDA 目前计划颁布一项主要旨在确保膳食补充产品一致性、纯度、质量、构成等方面的实践性的产品规范。

（二）马兜铃酸肾病（Ari-stolochic acid nephropathy）——中药副作用引起全球关注

1991 年，比利时学者 Vanherweghem 等发现一妇女在服用含有广防己的中草药减肥时出现进行性肾损害，表现为肾间质纤维化，这一事件引起了世界范围内的关注。

此后十几年，因服用含马兜铃酸的药物而产生肾损害的病例在欧洲、亚洲等国家均有报道，美国食品药物管理局及其他国家政府均将此类药物撤出了市场，并命名此类肾病为"中草药肾病"。因该病均是由马兜铃酸诱导产生的，故有学者认为用"马兜铃酸肾病"来定义这一类肾病更为合适。

（三）麻黄提取物被禁售——"天然的即为安全的"观念被彻底颠覆

2003 年 2 月，美国职业棒球投手史蒂夫·贝齐勒在服用含有麻黄的营养补充剂后暴毙。此事引起美国媒体和公众的广泛关注。2003 年 7 月美国国会就含麻黄的减肥补充剂是否安全召开专题听证会。含有麻黄的营养补充剂被许多美国人用来减肥，服用者多为 30 岁以下的年轻人。陆续有 1 万多名消费者向有关部门投诉，出现心脏病发作、中风、癫痫发作等症状。在此之前，美国食品药品管理局（FDA）曾多次提出限制使用麻黄的建议，但都因没有确凿证据而撤回。2003 年 12 月 31 日，FDA 宣布由于证据表明服用含麻黄素的减肥补充剂与 155 例死亡病例和大量药物不良反应有关，含麻黄的减肥补充剂禁止销售。

（四）"南安普顿学术"—天然色素—植物提取物的新领域

2007 年伴随着一篇名为"南安普顿学术"的文章在英国发表，一个重要的时刻来临。南安普顿大学对小于 3 岁和 8～9 岁的孩童两个年龄段的儿童使用合成色素的影响进行了研究。色素分别使用日落黄、柠檬黄、红色酸性染料、胭脂红 4R，喹啉黄和诱惑红。结果显示，多于一种的色素可以产生多动症的影响，但是并不能鉴别是哪一种色素起了直接作用。2008 年欧盟做出反应，在添加剂规定里增加一条法规，这个法规于 2010 年 7 月开始执行。这个规定要求：任何含有这 6 种色素的食品，都必须标明相关 E 值并在产品标签上标明"可能对儿童注意力和反应能力造成危害"。虽然法规中并没有对使用 6 种色素做出禁令，但是这条法规的出台使得更多的生产商考虑更换可替代的色素产品——天然色素。

（五）欧盟指令（The Traditional Herbal Medicine Product Directive THMPD 2004/24/EC）扼杀了非欧洲传统草药产品

此指令旨在为传统植物药提供一个简化注册程序，并允许一些特定的产品可以不提供详细技术资料和文件以证明产品的安全和有效性。但是，该指令要求在欧盟市场注册的产品需要在欧洲地区至少有使用 15 年的历史，或在其他地区有 30 年的药用历史。

根据 2004/24/EC 指令，7 年的过渡期满意味着从 2011 年 5 月 1 日起，所有未经注册的植物药产品在欧盟市场上将禁止以药物形式出售。自指令实施以来，有 350 多种欧洲生产的草药获得了市场许可，但是截至 2011 年，并无传统中药和印度草药通过注册。

（六）巨头制药企业和日用消费品公司纷纷进入食品补充剂（植物提取物）行业

自 2000 年开始，受植物提取物行业发展的吸引以及医药发展的瓶颈，许多大的制药巨头和日用品消费品公司纷纷以收购的方式进入食品补充剂（植物提取物）行业，表 2-17 是近几年重大收购案。

表 2-17 近几年重大收购案

收购公司	被收购公司	收购时间
宝洁（P&G）	New Chapter Inc.（维生素与补充剂公司，总部位于美国博瑞特波罗）	2012
Wyeth 惠氏	Solgar 美国维生素（成立于 1847 年的高端补充剂生产公司，总部位于新泽西博根郡）	1998
Pfizer（辉瑞制药）	Wyeth	2009
Pfizer	Warner - Lambertnt（于 1856 年成立于美国费城的制药企业）	2000
Pfizer	Alacer Corp.（美国维 C 最大在线销售品牌，总部位于加州）	2012
Pfizer	Ferrosan Consumer Health（1920 年成立于哥本哈根，是历史悠久的保健品生产企业，畅销品牌：Multi-tabs®，Bifiform®等补充剂）	2011
Pfizer	Pharmacia（于 1911 年成立于瑞典斯德哥尔摩的制药企业）	2003
雀巢（Nestle）	Pamlab（成立于 1987 年，为老年痴呆症患者，孕妇等特殊人群提供食品）	2013.02
Nestle	Accera（以前是美国一家私人生物技术公司，突破治疗中枢神经系统治疗）	2012
Nestle	PowerBar（于 1986 年成立于加州伯克力的邮购零售商，生产能量棒等）	2000
卡夫（Kraft）	Balance Bar（于 1992 年成立于加州圣巴巴拉，生产营养能量棒）	2000

这些跨国公司的进入，会在行业规范化、规模化、科学普及和教育方面起到较大的推动作用。

四、植物提取物常用提取技术

提取是利用溶剂将植物中的有效成分进行分离并富集的一种方法，其原理是选用一种溶剂与植物中的有效成分相互溶解或相互作用，从而达到分离和纯化植物中有效成分的目的。而这里的有效成分是一种泛称，是指在植物的生理代谢或化学反应中起主要作用的一种或多种成分。植物中的有效成分存在于植物的不同部位，常见的富含有效成分的部位有叶片、果实、果皮、根茎等。

1. 合适的提取溶剂 提取溶剂的选择，是整个提取过程的关键，选择合适的提取溶剂，可参照以下几点：

①提取溶剂对植物中目标有效成分溶解能力强，对其他成分溶解能力差或较弱。

②提取溶剂不与目标有效成分起化学反应。

③选定的提取溶剂，廉价、易得。如果是有机溶剂，需要考虑溶剂回收容易。

常见的提取溶剂为水、乙醇、石油醚等。

2. 影响提取过程中提取效率的主要因素

（1）富含有效成分部位物料的粒度 由于提取过程是选用与有效成分化学性质相似的溶剂进行提取的过程，所以溶剂与物料需要尽可能的充分接触，如提取的部位为果实或根茎类，需要将物料进行适当的破碎。一般情况下，粒度越细，对应的提取效率就越高。

（2）提取过程的主要工艺参数（提取温度、提取溶剂倍量、提取时间） 提取温度是根据物料中有效成分的性质决定，常规提取温度为 60～80℃，如遇热敏性成分，温度为常温或略加温；提取溶剂倍量，溶剂倍量主要与有效成分含量高低、溶剂对有效成分溶解性能的强弱、物料的堆积密度相关，确定合适的倍量原则为溶剂需要浸没物料，如过程需要搅拌提取，则要求料液可正常搅拌即可，提取完后的物料中残留的目标有效成分比例较少，一般要求残留的有效成分比例小于3%，常用的溶剂比例一般为物料的6～8倍；提取时间，与溶剂与物料渗透的难易程度相关，常见的提取时间为4～6小时。

以上3个提取过程的主要参数，提取温度、溶剂倍量、提取时间，在提取过程中也息息相关，可通过相互调整达到最终的目的，如增加提取温度和提取时间，降低提取溶剂倍量等。

(3) 其他因素 如提取植物中的挥发油成分时，采用石油醚等有机溶剂的方式提取，物料中水分如果过高，会影响溶剂与有效成分的充分接触，从而影响提取效率。提取前，需进行原料烘干降低原料中的水分，或采取其他的提取方式。

3. 提取方法 按照物料与溶剂的接触和提取形式，可分为静态和动态两种。

静态法：如浸泡提取、煎煮提取等，即按照一定的料液比，将物料混合后，在常温或加温的情况下进行提取。该提取方法常用于药厂中中药制剂的提取。

动态法：如渗滤提取、连续逆流提取等，是指物料与溶剂在相对运动的环境中进行有效成分的提取，由于提取过程的相对动态，可保证提取溶剂与物料始终保持较大的浓度差，在同等条件下可提高提取的效率。

4. 常见的提取方式

(1) 提取罐提取 是目前常用的提取方式，物料和溶剂按照一定的比例加入到提取罐中后，可通过设备夹层进行料液的加温或降温，提取过程搅拌提取或强制循环动态提取，提取时间结束后从底部出料。该提取方式工艺操作简单，适应性较强，可适应多种不同特性物料的提取，同时，由于设备单一，更换提取品种较容易。传统的提取罐常见为正锥形，上料或下料，均需要人工进行，后根据物料种类的特性，提取罐的类型发展为直筒形、倒锥形、蘑菇形等。配合现改进的提取罐，已经可以配套原料自动上料传送设备和自动卸渣设置等，主要是从设备的可操作性、节约人工和降低设备使用能耗方面进行了优化。

该提取方式的优点：

使用灵活：可根据物料处理量的多少，随时调整设备的使用个数来满足生产需求。

更换品种方便：由于提取罐设备单一独立，清洗方便，可随时更换产品的品种或可满足多品种产品的同时生产。

设备操作简单：提取过程只需要按照工艺确定的参数，物料量、溶剂量加入提取罐进行提取，过程监控即可。

该提取方式的缺点：

处理量相对较少：由于提取和出渣过程为间断性的，不能连续生产，其物料的处理量是按照单一提取罐设备的大小和个数决定，所以物料的处理量相对较小。如增加设备个数，则相应增加操作过程的复杂性。

如使用有机溶剂提取，溶剂损耗较大：虽然提取罐自身可进行密封，但单一提取过程，前期进料和后期卸料过程如不能实现密闭操作，或与后期工序不能实现密闭链接，会造成提取溶剂的挥发，从而提高产品的成本。

（2）索氏提取 是一种提取溶剂以加热回流，对提取物料进行连续提取的方式，整个提取过程是利用溶剂的回流及虹吸原理。具体方法为，加热使得溶剂挥发，再冷凝回流得到的新鲜溶剂对物料进行的提取，随着回流液的逐渐增加，提取料液也会逐渐增加，增加到一定数量时，虹吸返回溶剂加热室进行溶剂的挥发冷凝，如此进行循环。

该提取方式的优点：

使用溶剂量较少：由于提取过程中提取物料连续不断地被回

流的新溶剂进行提取，所以整个提取过程使用的溶剂总量相对较少。

提取时间较短：索氏提取，在提取过程中，使用的提取溶剂一直都是自身系统中回流得到的新溶剂，在提取整个过程中，均能保证一定的提取浓度差，在保证提取效率的前提下，大大地缩短了提取时间。

该提取方式的缺点：

不适合处理量大的产品：由于整个提取过程，提取溶剂始终依靠回流、冷凝的循环进行提取，所以整个过程能耗较高。不适合处理量大的产品，同时也不适合产品附加值低的品种。

不适合热敏性物料：由于提取过程需要将提取料液进行加热，直至使其形成回流，所以对于热敏性的物料，该方式不适用。

(3) 环罐（平转）浸出器提取 是目前处理物料量较大的提取方式之一，主要采用渗滤的动态方式提取。具体方法为，传送装置推动物料，物料底层为筛板孔，可透过液体而截流物料，随着传送装置推动，使得物料进入每一个淋提室进行淋提，单一淋提室的提取过程为提取溶剂的喷淋、提取物料与喷淋溶剂的浸泡提取、提取溶剂的沥干，再进入下一个淋提室，不同淋提室的提取溶剂阶梯套用，高浓度的提取溶剂用来淋提高含量的物料，随着传送装置的推动，提取过程的尾端的最后一个淋提室，使用新溶剂进行淋提。整个提取过程，物料阶梯性的进行淋提、沥干，溶剂阶梯套用，可最大程度地节约提取的时间和溶剂的使用倍量，同时可保证较高的提取效率。

该提取方式的优点：

处理能力大：由于物料始终处于连续的运转淋提状态，提取溶剂与提取物料对流推进，一般情况下，物料在提取设备中的提取时间 3 小时左右，即可达到提取要求，所以整个设备的处理能力较大。

溶剂使用倍量少：提取溶剂按照梯度对每一个提取室进行阶梯式的淋提，整体的使用溶剂总量是常规的提取法使用溶剂量的一半。

溶剂过程损耗低：由于整个提取过程设备密闭，溶剂在系统内周转，基本没有暴露在环境中的过程，整体溶剂损耗较低。

机械化程度高，节约人工成本。

该提取方式的缺点：

对提取物料的物理性质要求较高：由于整个提取过程，物料是在筛板上放置，则要求物料本身不透过筛板，且对溶剂的渗透能力较好。所以，需对原料进行特殊处理后以判定是否适合该提取方式。

(4) 水蒸气蒸馏　是利用所提取的有效成分与水不相混溶，在加热情况下，使得该有效成分在比原沸点低的温度下与水一起变成蒸汽的状态进行分离的方式。其主要原理是根据分压定律（混合气体的总压等于混合气体中各组分气体的分压之和）。具体方法为，物料与水的混合物进行加热，加热到其目标有效成分蒸汽压与水的蒸汽压总和达到一个大气压时，液体开始沸腾，水蒸气将该目标有效成分一并带出，再经冷凝后分离。该方法适用于常压下沸点较高，如挥发油类的成分，不与水互溶，能随水蒸气蒸馏的有效成分的浸提。水蒸气蒸馏法可分为共水蒸馏法、通水蒸气蒸馏法、水上蒸馏法。该法目前广泛应用在芳香精油的生产中。

该提取方式的优点：

工艺过程简单：该提取方式就是简单的蒸馏，使得目标产物与水蒸气一同挥发的过程，整个过程流程简单，便于操作管理。

该提取方式的缺点：

应用领域较窄：该法适用于具有一定挥发性、能随水蒸气蒸馏、在水中稳定且不被破坏的植物成分的浸提。

(5) 分子蒸馏 分子蒸馏是一种在高真空下进行液液分离从而达到纯化目的的过程。分子蒸馏是一种特殊的液液分离技术，不同于蒸馏过程中依靠各组分挥发性差异进行分离，而是在高真空度条件下，依据不同组分之间分子运动平均自由程差异而进行的分离（自由程是指一个分子与其他分子相继两次碰撞之间，经过的直线路程。碰撞使分子不断改变运动方向与速率大小，按照理想气体基本假定，分子在两次碰撞之间可看做匀速直线运动。我们把分子两次碰撞之间走过的路程称为自由程，而分子两次碰撞之间走过的平均路程称为平均自由程）。具体的分离过程：液体混合物的分子受热会由液面逸出进入气相，而不同分子的平均自由程不同即从液面逸出后移动的距离不同，轻分子的移动距离长，重分子的移动距离短，在轻分子可移动到而重分子移动不到的距离处设置冷凝板，冷凝收集轻分子组分。而重分子组分由于不能移动到冷凝板，而不被冷凝收集，按照这个过程，从而达到分离纯化的目的。

该方式的优点：

产品纯度高：相对于一般传统的提取方式采用溶剂法提取，提取物的成分较多，目标有效成分的含量较低，后期还需要进行分离纯化等步骤。而分子蒸馏是依靠分子运动平均自由程差异进行的组分分离，所以其分离后的产品纯度相对较高。

产品无溶剂残留：一般采用溶剂提取的产品，即便后期加入脱除溶剂残留的工艺，但最终产品中，或多或少的都会有少量的溶剂残留，但分子蒸馏方式，由于分离过程未使用任何溶剂，所以产品无溶剂残留。

该方式的缺点：

应用范围较窄：只适用于液液组分的分离纯化。

设备要求较高：因为分子蒸馏过程是在高真空度下进行，不仅要求设备必须保证工艺要求的高真空度，对设备的密封要求也较高。同时，合适的蒸发面和冷凝面的位置是该分离方法的关键，所以对设备的整体要求较高。

(6) 超临界流体萃取　超临界流体萃取，是以超临界流体为溶剂，从固体和液体中萃取并分离出能与该流体互溶的组分。一种物质的临界点是指该物质气、液两相共存的平衡点，在该平衡点下的温度和压力为该物质的临界温度和临界压力，当温度和压力超过临界点的参数而接近临界点的状态，成为超临界状态，此时该物质介于气、液两相性质非常相似的一种物质状态，其密度较大和液体相近，使其具有很强的溶解能力，其黏度与气体相近，使其具有很好的渗透能力，称之为超临界流体。目前常用的超临界流体为二氧化碳，因为其临界温度和临界压力较容易达到。超临界流体对物料中各组分溶解能力的强弱取决于温度和压力参数的差异，在压力较低状态下，物料中弱极性的组分先被萃取出来，随着压力的升高，极性较强的组分被萃取出来，从而达到分步萃取的目的，最后通过升温降压使得超临界流体变成气体的状态，将各萃取组分与溶剂进行分离。具体过程：在超临界状态下，使流体和待分离物料充分接触，通过压力温度调节，让流体对物料选择性的进行分步萃取，后再与物料组分分离的过程。

该方式的优点：

萃取率高：由于超临界流体自身的特点，其穿透性与溶解性均较好，与一般的提取方式相比，萃取率高。

产品无溶残：该提取方式，过程并未引入有机溶剂，所以产品中无溶残。

对产品中热敏性物质的保护：由于在整个萃取过程中，温度较低，且超临界流体为二氧化碳，对热敏性成分起到保护作用。

该方式的缺点：

设备一次性投入相对较高，且产品的样品量相对较小。

(7) 其他提取技术　随着科技的进步，近几年出现了一些新的提取技术：

①超声提取技术：超声提取技术的基本原理主要是利用超声波的空化作用加速植物有效成分的浸出提取，另外超声波的次级效应，如机械振动、乳化、扩散、击碎、化学效应等也能加速欲提取成分的扩散释放并充分与溶剂混合，利于提取。

②微波萃取技术：微波萃取是利用微波能来提高萃取率的一种最新发展起来的新技术。它的原理是在微波场中，吸收微波能力的差异使得基体物质的某些区域或萃取体系中的某些组分被选择性加热，从而使得被提取物质从基体或体系中分离，进入到介电常数较小、微波吸收能力相对差的萃取剂中。

③半仿生提取法（简称 SBE 法）：是从生物药剂学的角度，模拟口服给药及药物经胃肠道运转的原理，是经消化道给药的中药制剂设计的一种新的提取工艺。即将药料先用一定 pH 的酸水提取，继以一定 pH 的碱水提取，提取液分别滤过、浓缩，制成制剂。

五、主要植物提取物和主要超级水果简介

1. 主要植物提取物简介

参见表 2-18。

表 2-18　主要植物提取物简介

品种	主产地	主要有效成分	功效与应用
银杏	晚白垩纪和古近纪在欧亚大陆和北美高纬度地区呈环北极分布，渐新世时由于寒冷气候不断向南迁徙，最后栖息地中国	银杏黄酮，主要黄酮成分为槲皮素、山奈酚和异鼠李甙等	银杏可降低人体血液中胆固醇水平，防止动脉硬化。 可预防和治疗脑出血和脑梗塞。对动脉硬化引起的老年性痴呆症亦有一定疗效
紫锥菊	分布在北美，世界各地多有栽培	多糖、黄酮、咖啡酸的衍生物、精油、多炔、烷基胺和生物碱	治疗外伤、蛇咬、头痛及感冒、抗病毒

（续）

品种	主产地	主要有效成分	功效与应用
大蒜	原产地在西亚和中亚，中国也是大蒜的主要产地	硫化丙烯、大蒜素、硒、锗等	调节胰岛素、抗癌防癌、降低血脂、延缓衰老、预防铅中毒、抗炎灭菌
人参	人参是亚洲常见药材，北中美洲也普遍栽培花旗参	人参皂苷类、人参多糖、挥发油、有机酸、生物碱等	促进学习记忆功能、调节免疫功能、抗衰老、保护心血管系统、抗肿瘤、降糖作用、提高能量
贯叶连翘	原产欧美，中国主要分布在陕西、甘肃	金丝桃素（Hypericin）、芸香苷、槲皮苷、维生素、胡萝卜素、发挥油、鞣质和树脂等	抗抑郁症、抗病毒、抗禽流感
锯叶棕	南北美洲气候炎热的地区	各种脂肪酸和挥发油，主要有油酸、月桂酸、肉豆蔻酸、棕榈酸、亚油酸、硬脂酸、亚麻酸等饱和及不饱和脂肪酸	缓解、治疗天然前列腺肥大
大豆	原产中国，亦广泛栽培于世界各地	大豆异黄酮	女性更年期综合征
缬草	原产于亚洲部分地区和欧洲，现在已被栽培到北美洲	缬草酸	镇静作用、治疗失眠
卡瓦卡瓦	斐济	卡瓦内酯	镇静、抗焦虑

2. 主要超级水果简介　参见表 2-19。

表 2-19　主要超级水果简介

产品名称	主产地	主要有效成分	功效及应用	备注
巴西莓 （Acai）	巴西亚马逊热带雨林	花青素 类似橄榄油的脂肪酸3，6，9比例 高含量的食用纤维素 含有近乎完美的氨基酸 多种天然维生素和矿物质	抗氧化、抗衰老 帮助维护心血管和消化系统的健康 促进肌肉再生 帮助提高血液中HDL（有益胆固醇），降低LDL（有害胆固醇） 壮阳	因《佩里孔的承诺》一书而被广泛认知并连续5年高速增长 被以减肥概念泛滥宣传的产品 2011年FTC采取措施反对网络销售Acai减肥补充剂而导致Acai2011年出现21%负增长的产品
山竹果 （Mango-steen）	东南亚热带地区	含有超过40种山酮（Xanthones），成为自然界已发现200多种山酮素中含量最多的水果	被称为'果中之后、上帝之果' 传统上，山竹被人用来控制发烧的温度及防止各种皮肤感染较强的抗氧化能力 有助增进免疫系统健康	自2002—2008年期间在食品补充剂领域被广泛认可并高速增长。目前与Acai和noni作为超级浆果的三驾马车，一直占据美国食品补充剂市场前三名的位置
诺丽果 （noni）	南太平洋群岛	NONI果汁含有丰富的赛洛宁原"Proxeronine"及"Proxeronase"赛洛宁转化酶。这两种成分是赛洛宁"Xero-nine"的先驱物质	调节人体的肠胃，消化系统	近十年一直保持高速增长，自2003年以来一直是美国食品补充剂行业的领跑者。销量位居超级果汁之首

（续）

产品名称	主产地	主要有效成分	功效及应用	备注
诺丽果 (noni)	南太平洋群岛	含有丰富的血清素及 7-羟-6-甲基香豆素，经科学家证实可滋润"松果体"分泌"褪黑激素" 13 种维生素，16种矿物质，8 种微量元素，还包括 9 种人体所必需氨基酸在内的20 多种氨基酸 10 多种具有抗氧化作用的物质，还含有东莨菪碱等多种生物碱等	血液净化作用 对各种疼痛患者止痛 增强人体免疫系统，预防疾病 减轻癌症疼痛、降低放化疗副作用 改善睡眠 抗氧化、延衰老	近十年一直保持高速增长，自2003 年以来一直是美国食品补充剂行业的领跑者。销量位居超级果汁之首
枸杞 (Goji)	中国的宁夏、青海、甘肃、内蒙古、新疆	枸杞多糖 甜菜碱 类胡萝卜素 色素	抗氧化、增强免疫力 保肝 降血脂、降血糖 抗癌	作为超级水果2002—2008 年高速增长，随即销量下滑，近几年一直处于负增长
沙棘 (sea buc-kthorn)	中国、蒙古、印度、尼泊尔、俄罗斯、乌克兰、英国、瑞典、挪威等	丰富的维生素 C的含量 沙棘黄铜 VE 油中的国王 甜菜碱 金属硫因 类胡萝卜素与胡萝卜素 Omega-7	提高免疫力、延缓衰老 促进肠胃健康 防晒、护肤、抵御紫外线辐射损伤 缓解眼睛干涩、眼部退化的疾病 减少心脑血管疾病 减少癌症风险 缓解呼吸道系统疾病 缓减压力、改善睡眠状况 重金属排毒 促进伤口愈合、减轻关节疼痛	被各个国家广泛使用在各个领域，在临床研究方面仅次于石榴的超级浆果

（续）

产品名称	主产地	主要有效成分	功效及应用	备注
Cran-berry（蔓越橘）	产于寒冷的北美湿地，全球产区不到4万英亩①，仅限于美国北部的马萨诸塞、威斯康星、新泽西、奥瑞冈、华盛顿五州，加拿大的魁北克、英属哥伦比亚二省，以及南美的智利	前花青素——浓缩单宁酸 苯基过氧化物 生物黄酮 富含维生素 C	预防妇女常见的泌尿道感染问题 减少心血管老化病变 抗老化，避免老年痴呆 养颜美容，维持肌肤年轻健康	蔓越橘已被联合国粮农组织列为人类五大健康食品之一 蔓越橘之所以有抗感染的作用，其功效来自于其果实中一种独特的苯基过氧化物，此物质具有"类疫苗"的作用，能唤醒免疫系统功能，将入侵的有害菌赶出去
Coffee fruit		皂苷 黄酮类 异黄酮类化合物	有利于脑健康 眼保健 控制血糖 尿道感染	极强的抗氧化能力和低咖啡因
Lin-goberry	野生于欧亚大陆北部及北美地区	富含多种多酚物质 富含有单宁物质 富含维生素 A，B 和 C、矿物质如钙、镁、磷、钠和钾 富含 Omega-3 富含黄酮类物质，尤其槲皮素	与蔓越橘复配治疗女性尿路感染 有利于心脏健康 改善消化 抗氧化、抗衰老 缓解过敏症状	蔓越橘的最大竞争者

① 1 英亩＝6.072 市亩＝4 050米²。

（续）

产品名称	主产地	主要有效成分	功效及应用	备注
黑穗醋栗（黑加仑）（blackcurrant）	新西兰、中国长白山	丰富的维生素 C、磷、镁、钾、钙 花青素 酚类物质 黄酮、槲皮素 黑加仑多糖	改善视力 保护肝功能 延缓衰老 补血补气 坚固牙龈、保护牙齿	
欧洲越橘（Bilberry）	瑞典、芬兰	典型的花青素类为主的产品，包括矢车菊素、翠雀花素、芍药花素、矮牵牛素、棉葵花素等及其半乳糖、阿拉伯糖和葡萄糖苷	缓解视疲劳、辅助治疗眼科疾病 抗氧化	典型的花色素类浆果的代表，在日本被广泛用于缓解视疲劳的保健产品
接骨木（elderberry）	以色列	花青素	抗氧化 增强血管弹性 改善循环系统和增进皮肤的光滑度 抑制炎症和过敏 改善关节的柔韧性	美国市场广泛应用的食品补充剂之一
大枣（Jujube）	中国	丰富的维生素 C、维生素 P 环磷酸腺苷（cAMP）、环磷酸鸟苷（cGMP） 三萜武类 生物碱类 黄酮类 13 种氨基酸及钙、磷、铁、硒等 36 种微量元素	抗氧化 降血压、降胆固醇 抗肿瘤 抗过敏 养血安神	正被国际市场广泛认知的超级水果，在中国有悠久的食用和药用历史
Chokeberry	北美、东欧	富含类黄酮 酚类物质 花色素 槲皮素	抗氧化 有助于减少心血管病风险 预防和控制糖尿病和糖尿病相关的并发症	正被国际市场广泛认知的超级水果

(续)

产品名称	主产地	主要有效成分	功效及应用	备注
石榴 （pomegr- anate）	中国、东印度群岛、亚洲、非洲和马来西亚	鞣花酸 雌甾酮与雌甾二醇 石榴皮碱和异石榴皮碱	有助消化 降糖、降血 具有镇静作用、抗痉挛作用 抗菌、抗病毒 驱虫	
卡姆果 （camuca- mu）	南美洲	富含维生素 C （10.2G/100G 果实） 鞣花酸 花色素	抗氧化 有助于缓解关节炎症状 抗动脉硬化 辅助治疗牙龈疾 控制糖尿病	在日本被广泛认知的天然维生素 C
其他超级水果	Acerola、Baobab、Blueberry、Borojo、Cupuacu、Dragon fruit、Gac fruit、Kiwi、lulo fruit、lychee、Mango、Maqui、Monk fruit、Papaya、Passion fruit、Yumberry、Yuzu			

第三章　国内外中药材市场简介

一、国内外中药材市场

我国的中药材市场在宋朝时就已经形成，明清时代已经相当繁盛。如江西的樟树，安徽的亳州，河北的安国等药材市场已有很长历史了。这些传统的中药材市场在民国时期因战乱走向衰落。中华人民共和国成立后，国家十分重视中草药及中医事业，中草药业开始兴旺。中药材市场真正进入繁盛时期是在 20 世纪 80 年代以后，国家批准成立了 17 个药材市场，全面带动了中草药栽培、加工和中药制药行业的发展。香港药材市场及韩国药材市场成为了我国中药物流的中转港，大部分的药材经过加工后流入到欧美市场。

（一）国内主要药材市场

1. 河北安国中药材专业市场　河北省安国市位于北京、天津、石家庄三大城市腹地、北距北京 200 千米、东距天津 240 千米，南距石家庄 110 千米。得天独厚的安国药业，源于宋、兴于明，盛于清。千余年来，天下药产广聚祁州，山海奇珍齐集安国。特别是 1993 年，为确保安国药业在全国的领先地位，安国本着大规模、高标准、高效益的原则，投资 6 亿元，占地 33 公顷，建筑面积 60 万米^2，建成了一座功能齐全、设备完备、独具特色的现代化药业经济文化中心——东方药城。安国的中药材交易主要通过东方药城进行。东方药城是国家认定的 17 家中药材专业市场之一，为安国市政府拥有和经营，市场面积 60 万米^2，分上下两层，上市品种2 000多种，年成交额超过50亿元，年药材吞吐量10万吨，日交易客商超过1万人。主要销售地区遍布全国以及日本、韩国、中国台湾省和东南亚等20多个国家和地区。

东方药城的药商有多种类型。一种是本地药材经销的个体户，为规模较小的家庭式商户，自种药材，自己销售。一般租用1～2 米² 的小摊位。其二是外来经销商，规模较小，主要从药材原产地，如内蒙古，宁夏等地，低价采购小批量的本地优质药材，通过东方药城销售至全国。一般都有相对固定的采购渠道和销售渠道。三是大商户的销售点，是一些经销规模较大的企业的销售点，承担药材品种展示的功能，客户看样后，小批量就地成交，大批量则通过设于厅外的独立店铺发货和交易。此外还设置了精品交易厅，针对政府重点扶植的本地企业，专门辟出了相对独立的展示和交易厅。目前有为河北祁新中药颗粒饮片有限公司（香港新世界合资）设立的交易厅。除在东方药城设点交易外，部分大型经销商和当地的中小规模中药生产和加工企业亦会在安国市内以独立店铺形式进行销售。这些店铺一般都采取前店后厂的经营模式，厂房和店铺用地由政府按工业用地出让使用权。

当前，安国大力发展中药材加工和药品开发，药业开发正向更深层次、更广阔的领域迈进，已开发出一大批中成药、药酒、药茶、药枕等国药材精深加工项目。

2. 安徽亳州药材专业市场简介　安徽亳州中药材交易中心是目前国内规模最大的中药材专业市场，该中心坐落在国家级历史名城——安徽省亳州市省级经济开发区内。京九铁路、105 国道、311 国道从旁边交叉而过，交通十分便利。该中心占地26.7公顷，已拥有1 000家中药材经营铺面房；32 000米² 的交易大厅安置了6 000多个摊位进行经营；气势恢弘的现代化办公楼建筑面积7 000多米²，内设中华药都投资股份有限公司办公机构、大屏幕报价系统、交易大厅电视监控系统、中药材种苗检测中心、中药材饮片精品超市等。交易中心自开业以来，交易鼎盛，热闹非凡。目前中药材日上市量高达6 000吨，上市品种2 600余种，日客流量约5万～6万人，中药材成交额100亿元，为国家上交税收4 300万元，已成为亳州市的骨干企业。中国亳州中药材交易中心已连续5年被国家工商行政管理局命名为"全国文明集贸市场"，并被列为"安徽省十大重点市场"和"安徽农业产业化50强企业"。中国亳州中药材交易中心的形成，极大地带动和促进了亳州市农村种植业结构的调整和产业化的发展。目前亳州市农村约有4万公顷土地种植中药材，50万人从事中药材的种植、加工、经营及相关的第三产业。同时，以交易中心为龙头，促进了亳州市交通、旅游、通信、信息业和市政建设的迅猛发展。

3. 广州清平药市简介　广州清平药市是我国南部地区重要药材交易市场之一，它是国内外药商云集之地，是中药材进出口重地。广州清平药市南段改建后，新建药材经营大楼，欧式建筑，首层和二层为药材市场，有电梯及步行楼梯可上二楼交易，首层全部为高级滋补药材交易市场，一年四季均显繁华，新市场逐步都挂上自己的合法招牌，无名摊档逐步消失。全国道地药材单项经营的直销招牌，如春砂仁、田七、晴天葵、河南怀山药、杞子、天麻、雪蛤糕、吉林红参以及美国花旗参、高丽参等道地、名牌高级保健滋补品牌琳琅满目，国内外客商云集采购。中国香港、东南亚地区的药材商多数直接在广州采购中药材，每年购买的甘草、黄芪在千吨以上。

4. 甘肃陇西文峰、首阳中药材专业市场简介　中药材产业是陇西县"九五"期间开发实施的十大科技工程之一，也是全县四大支柱产业中第一大产业。主栽品种有党参、红黄芪、防风、板蓝根、柴胡、大黄、生地、当归等，全县药材种植面积达8.64万亩，中药材总产量30 240吨；以甘肃参参保健饮品有限公司、龙飞药材加工厂、穆斯林中药材加工厂为代表的药材加工厂（点）1 440个，药材贩运大户680户；建成文峰、首阳两大中药材市场，全国十大药市之一的文峰中药材市场集批发、仓储、运销于一身，连通了国内国际市场；首阳中药材市场成了西北地区中药材价格的晴雨表，两大药市年吞吐各类中药材 14 万吨以上，交易额达 8.4 亿元。

陇西文峰中药材市场是西北地区最大的药材集散市场，是全国十大药材市场之一。被誉为"西北药都"，年吞吐各类药材 600 多个品种 10 万吨，成交额 4.5 亿元，大宗品种全国销量 75％的当归，50％的党参，30％的黄芪，60％的大黄以及质优量大的板蓝根、柴胡、小茴香、木香、红芪、银柴胡、杏仁、丹参、黄芩、赤芍、甘草、李仁、龙骨、地骨皮、大芸、猪苓、淫羊霍、鹿含草、蒲公英、茵陈、羌活、秦艽、升麻等 48 个品种由该市场集散全国，每年有香归、佛手归、白条党、纹党片、大片杏仁、岷贝母、旱半夏、泡沙参等 20 个品种及蕨菜、薇菜、石花菜、乌龙头、苦苣菜等 6 个野生蔬菜品种总计 5 000 余吨精加工产品出口或转口销往中国港澳台等地、东南亚国家及世界各地。文峰经济技术开发区享受省级开发区和省级乡镇企业示范区的一切优惠政策，在工商管理、土地使用、税费征管、经营自主权等方面给予优惠。同时，开发区内拟建立占地 200 亩的中药材加工园区，已完成规划任务，诚邀国内外大集团、大企业、大专院校来开发区投资、经商、办厂。

首阳中药材市场位于陇西县西大门的首阳镇，是全国最大的党参集散地，这里自然条件优越，电力充足，交通便利，距县城 21 千米，316 国道穿境而过。首阳镇种植中药材历史悠久，产品质高量大，现已形成"市场带基地，基地连农户"的新格局。种植的中药材有党参、黄芪、红芪等 10 余种，种植面积 3 万亩，总产值 400 多万元。投资 1 500 万元建成的首阳中药材市场，占地 68 亩，总建筑面积 19 700 米^2，是西北较大的中药材集散地，年交易量 3.5 万吨，年成交额 3.5 亿元。市场内常驻来自四川、湖北、广东等 8 省（直辖市）的客商 1 000 多人，首阳中药材主要销往国内东南沿海各省（直辖市）及中国香港、台湾等地区，韩国、加拿大、南非等国家。

5. 四川成都荷花池中药材专业市场 成都荷花池中药材专业市场，由荷花池市场药材交易区和五块石中药材市场合并而成，是国家卫生部、国家医药管理局、国家中医药管理局和国家工商行政管理局定点批办的中药材专业市场。四川中药材资源极为丰富，是全国中药材主要产区之一，素有川产地道药材之美誉。川产药材具有品种多、分布广、蕴藏量大、南北兼备的特点，在常用的 600 多味中药中，川产药材占 370 多种。因此，自古就有"天下有九福，药福数西蜀"的说法。

成都是中国历史文化名城，有灿烂的中医药文化史。据历史记载，唐代成都就有药市，而且非常繁荣。改革开放以来，大量的川产药材汇集成都，销往全国，销往我国港、澳、台地区和东南亚国家，成都荷花池中药材专业市场成为全国少有的大型中药材专业市场。成都荷花池中药材专业市场，设在荷花池加工贸易区内，总占地 450 亩，中药材交易区占地近 80 亩，共有营业房间、摊位 3 500 余个。市场经营的中药材品种达 1 800 余种，其中川药 1 300 余种，年成交量可达 20 万吨左右。市场交易大厅气势恢弘，宽敞明亮；市场道路宽畅，停车方便；市场内有邮政、电信、银行、库房、代办运输、装卸、餐饮等配套服务；工商、卫生药检、动植物检疫部门驻场监督管理，制度健全，质量保证，信誉度高。成都荷花池中药材专业市场，今后将朝着更加繁荣、更加现代化的方向继续前进。

6. 江西樟树药材专业市场 樟树素有"南国药都"之称，历史上有"南樟北祈"之说，与河北安国齐名，自古为中国药材集散地，享有"药不到樟树不齐，药不过樟树不灵"的美誉。药业始于汉晋，兴于唐宋，盛于明清；三国时没有药摊，唐代辟为药墟，宋代形成药市，明清为"南北川广药材之总汇"。50 年代以来，樟树药业中兴。每年秋季，海内外成千上万名药界同仁云集樟树，举行盛大的全国药材交易会。到 1998 年已成功举办了 29 届，每年到会代表达 2 万余人，最多时代表突破 3 万人，交易药材2 500余种，成交额达 18 亿元以上，各项指标均列全国各大药市之首。樟树道地药材 800 余种，其中商洲枳壳、陈皮等药材曾被列为贡品，进入皇宫内苑。目前，全市已开发形成了枳壳、黄栀子、崐杜仲、银杏等一批中药材种植基地，面积 7 万余亩，产品畅销东南亚诸国。

樟树中药材专业市场是国家首批批准的 17 个中药材专业市场之一，已初具规模。市场占地41 700米^2，建筑面积30 090米^2，有中药材店面 560 间，仓储面积7 880米^2，可容纳 1.2 万人同时交易，在场内经营的药商来自全国各地，从业人员达到1 200余名，辐射全国 21 个省、自治区、直辖市，年成交额超过 1 亿元。

7. 广西玉林中药材专业市场简介 广西玉林中药材专业市场设立在广西壮族自治区玉林市，交通便利，市场繁荣，经济发达，有丰富的地产中药材资源。如三七、巴戟天、石斛、银杏叶、鸡骨草等。玉林市素有"岭南都会"之称，山区的野生药材资源极其丰富，药市确立了"立足玉林，面向广西，辐射全国"的战略方针。玉林市政府非常重视玉林药材市场的建设，在场内设立了质量检验机构及公平秤，配备有先进的检测设备和人员，确保玉林市的药材质量。玉林药材市场是国家首批批准的专业药材市场之一，是我国南方重要的药材集散地，在我国的药材生产上占有很重要的位置。

8. 云南昆明菊花园药材专业市场简介 昆明市菊花园中药材专业市场是经国家一部三局（卫生部、国家医药管理局、国家中医药管理局、国家工商行政管理局）批准开办的全国 17 家政府认可的中药材专业市场之一。市场内有经营商户 200 余户，经营中药材品种近4 000种，年交易额近 5 亿元，全省中药材供给的 80％以上均出自菊花园中药材专业市场。作为云南省唯一被政府认可的中药材专业市场，工商、药监、卫生、税务等各级政府部门对市场的管理工作非常重视，场内设有官渡区工商局菊花园工商分局、官渡区税务局菊花园征税点。自市场成立以来，在上级部门的管理、指导下，市场一直沿着专业化、规范化的方向稳健发展。由于菊花园中药材专业市场的突出表现，市场被授予全省首家"诚信市场"光荣称号，并得以率先成为云南省第一家、全国中药材专业市场中唯一一家率先施行先行赔偿制度的单位。菊花园中药材专业市场已成为云南省发展绿色产业的重要窗口。

（二）国内次要药材市场

1. 湖北蕲州中药材专业市场简介　湖北蕲州中药材专业市场地处明代伟大的中医药学家李时珍的故乡——湖北蕲州镇。1997 年，经国家工商行政管理局、国家中医药管理局和卫生部批准，列为全国 17 家中药材市场之一，成为湖北唯一的国家级中药材专业市场，是从事药材交易的理想场所。

据史书载，蕲州药市始于宋，盛于明，历史悠久，载誉九州，素有"人往圣乡朝圣医，药到蕲州方见奇"之说。1991 年，蕲春县委、县政府确立"医药兴县"战略后，以举办医药节会为契机，举全县之力，大建药市，市场设施不断完善，经营规模不断扩大。目前，该市场占地达 6.8 公顷，总建筑面积 2 500 米^2，主体建筑为体贸结合的大型标准体育场，分八大区域，主楼 4 层，营业楼 2 层，四周围设计新颖、集贸储居于一体的复式建筑群，共有大小营业厅 310 间，可容纳万人交易。场内实现了水电路和绿化配套达标，成立了药市管理委员会，制定了一系列经营优惠政策，实行窗口对外，一站式服务。建立了药材信息中心，与全国各大中药材市场实现了信息联网。

2. 兰州黄河药材市场　甘肃是古丝绸之路和新亚欧大陆桥的主要通道，省会兰州作为西北的交通枢纽，背靠宁青新藏蒙，面朝川陕晋豫冀，"西有资源，东有市场"，发展中药材贸易，具有其他地方无可比拟的区位优势。

1996 年，在甘肃省有关部门支持下，黄河实业发展有限公司于 1993 年建立的"黄河药市"终于经国务院批准为甘青宁新唯一的中药材专业市场。"黄河药市"整合甘肃省中药材产供销及深加工各个环节，成为兰州西北商贸中心 10 大区域性批发市场之一。1998 年各项经济指标列入兰州市 10 大市场行列，从而改变了兰州市旧有的"商不过黄河"的商业发展格局。

黄河中药材专业市场从建立之初，即一头牵着全国性和国际化的贸易之手，一头紧抓种植基地，走精品化、国际型之路。"黄河药市"建立之初即吸引来自 20 多个省（直辖市）的药商 180 多家，上市中药材达 1 100 多个品种。2000 年，药市营业额达 2 亿多元，实现利税 1 500 万元。2001 年 9 月，"黄河药市"又成功举办"首届中国西部药品药材交易会"，参展单位涉及全国 21 个省（直辖市）和 200 多家国内企业，有来自新加坡、美国、德国等知名医药企业在大陆代理参展，签订了 200 多个合作项目，签约总金额达 12 亿元；参展商共签订货合同 500 多份，总金额 15 亿元。此次药交会总成交额达 28 亿元，大大提升了黄河市场的经营水平，使黄河市场的企业品牌、形象等无形资产大大提升。

随着市场前景不断看好，黄河实业发展有限公司于 2001 年投资 1.3 亿元，已在兰州黄河风情线中部，原黄河市场西侧建成占地 120 亩的黄河国际展览中心。该中心总建筑面积 4.5 万米^2，由四大场馆、一幢大酒店和万余平方米的黄河文化广场组成，新药市属其中的二号馆。新药市从卖场的设计、建筑、用材都向国际水平看齐，采用最新建筑技术和新型材料，规模进一步扩大。

3. 黑龙江省哈尔滨三棵树中药材专业市场 哈尔滨三棵树中药材专业市场是由黑龙江省齐泰医药股份有限公司投资兴建的，经国家批准的全国 17 家中药材专业市场之一，也是东北三省一区唯一的中药材专业市场，经多年的建设发展，已成为我国北方中药材经营的集散地。

迁址扩建后的中药材专业市场位于哈尔滨市太平区南直路485号，市场新楼按现代规模、现代化市场设计，布局更加合理、交通更为便利。东临哈同高速公路，面对新开通的二环快速干道，邻近三棵树火车站、哈尔滨港务局，交通纵横、运输便利。占地10万米^2。市场建筑面积23 000多米^2，共四层，可容纳业户由原来的百余户增加至近千户，内设中草药种植科研中心、电子商务网络中心、质检中心、仓储中心及商服、银行等配套机构和设施，同时兴建的还有质量检验科研中心楼，用于市场药材的质量检验和地方药材的深度开发，形成设施完善、功能齐全的市场，无论从规模到设施均达到国内同类市场一流水平。凡有意经营中药材的企业法人、个体商户、外地中药材经营者及地产药材种植户可持有效证件进厅经营。

4. 河南禹州中药材专业市场简介　　河南禹州中华药城是一个占地20公顷、投资超亿元、可容纳商户5 000多家的多功能现代化中药材大型专业市场。它的建设和投入使用，必然为禹州药业的腾飞注入强大的动力，使禹州药业再次令世人瞩目，成为带动全市经济发展的一个新的增长点。"药不到禹州不香，医不见药王不妙"这自古以来的传说，从一个侧面反映出禹州药业的繁荣和影响地位。自春秋战国以来，神医扁鹊、医圣张仲景、药王孙思邈都曾来禹行医采药、著书立说。药王孙思邈死后葬于三峰山南坡，永远"落户"禹州，为禹州的药都地位增添了不少灵性。自唐朝起，禹州始有药市，到明朝初期已成为全国四大药材集散地之一。乾隆年间达到鼎盛时期，居民十之八九以药材经营为主，可谓无街不药行，处处闻药香，到清末民初由于战乱而逐渐萧条。党的十一届三中全会后，禹州药市又开始恢复，并迅速发展到200余家。至1990年10月1日，禹州中药材批发市场建起并投入使用，禹州已在全国十大药材中心中名列前茅。1996年，禹州市中药材专业市场获全国一部三局许可，为河南省争得了唯一的国家定点药材市场，成为全国17家定点药市之一。截止到目前，全市已有药商 300 余户，从业人员达到 2 000 人以上，上市品种 600 余种，年成交额 2 亿～3 亿元，年最高上缴税费 120 万元。为便于管理，禹州市还成立了中药材市场管理委员会，对药市进行统筹管理。目前，随着社会主义市场经济的发展，原有药市规模已不能适应药业发展的需要，药市经营出现了滑坡现象。因此，扩建一个新的规模更大、设施更全、管理完善的药材市场已成为当务之急。"中华药城"项目已进入实际操作阶段。

5. 山东鄄城舜王城中药材专业市场简介 中国鄄城舜王城中药材市场自 20 世纪 60 年代自发形成，现已有 30 余年的历史。改革开放以来，鄄城县委、县政府和有关部门因势利导，加强管理，使其逐步繁荣兴旺。1996 年顺利通过国家二部三局的检查验收正式获准开办，成为全国仅有的 17 家大型中药材市场之一和山东省唯一的药材专业市场。

市场占地面积 6.6 万米^2，其中，交易大棚面积 4 000 米^2，营业门市面积 4 100 米^2，库房面积 1 600 米^2，可同时容纳固定摊位 2 000 多个。新建的 400 余间商品房公开对外租售。目前，该市场日上市中药材 1 000 多个品种，20 余万千克，日均成交额 130 多万元，年经销各类中药材 5 000 万千克，年成交额 3 亿多元。全国 20 多个省（直辖市）及韩国、越南、日本、中国香港、中国台湾省等国家和地区的客商经常来此交易。

新一届县委、县政府依托市场，大力发展中药材生产。目前，全县拥有大规模的中药材生产基地 7 处，种植面积 10 万余亩，生产品种 100 多个，年产各类中药材 2 500 万千克。一些优质地产中药材如丹皮、白芍、白芷、板蓝根、草红花、黄芪、半夏、生地、天花粉、桔梗等享誉海内外。

6. 湖南邵东廉桥药材市场 廉桥药材专业市场坐落于湖南省邵东县廉桥镇。1995 年经国家二部三局（卫生部、农业部、国家医药管理局、国家中医药管理局、国家工商行政管理局）首批验收合格，是全国十大药材市场之一，有"南国药郡"之称。

廉桥属典型的江南丘陵地形，土地肥沃，雨量充沛，老百姓自古集习种药材，品种达200余种，其中，丹皮、玉竹、百合、桔梗味正气厚，产质均居全国之首。廉桥药市源于隋唐。相传三国时期蜀国名将关云长的刀伤药即采于此地。此后，每年农历四月二十八日，当地都要举行"药王会"借以祈祷"山货"丰收。改革开放以来，邵东县委、县政府因势利导，大力发展中药材生产，培育市场，使昔日传统的药材集贸市场发展成为享誉全国的现代化大型专业市场。药市现有国有、集体、个体药材栈、公司800多家，经营场地13 340米^2，经营品种1 000余种，集全国各地名优药材之大成，市场成交活跃。近几年，年成交额在10亿元以上，年上缴国家税费800多万元。廉桥药材市场以传统经营的独特优势，得天时、地利、人和，每日商贾云集，一派繁荣景象。市场内邮电通信、水电交通、餐饮住宿等基础服务设施一应俱全。工商、医药、卫生药检、公安等部门驻场监督管理，制度完善，质量可靠，秩序井然。廉桥中药材专业市场今后将朝着更加繁荣、更加现代化的方向前进。

7. 湖南岳阳花板桥药材市场简介 湖南岳阳市花板桥中药材专业市场于1992年8月创办，是国家首批验收颁证的全国8家中药材专业市场之一。市场位于岳阳市岳阳区花板桥路、金鹗路、东环路交汇处，距107国道5 000米，火车站2 000米，城陵矶外码头8 000米，交通十分便利。市场占地8.2公顷，计划投资1.6亿元，现已投资5 800万元，完成建筑面积5.5万米^2，建成封闭门面、仓库、住宅2 000余套（间），并完善了学校、银行、医院、邮电等设施。市场现有来自全国20多个省、自治区、直辖市的经营户480多户，年成交额近3亿元。花板桥中药材专业市场是湖南省重点市场之一。1998年，岳阳市委、市政府把该市场建设列入全市八大事之一，决定对其进一步扩建和完善。扩建面积8万米^2，主要建设门面、住宅、饮片加工厂等。扩建工程将在20世纪内竣工。届时，市场可容纳商户1 500户，年成交额可超 8 亿元。

8. 广州普宁中药材专业市场简介 普宁市位于广东省潮汕平原西缘，为闽、粤、赣公路交通枢纽，区域面积 1 620 km²，人口 160 万，是我国沿海重要的药品集散地。普宁旅居海外侨胞120 万多人，其十大专业市场闻名全国，商贾上万，货运专线直达全国 120 多个城市。

普宁中药材专业市场是全市十大专业市场的重要组成部分，其历史悠久，早在明清时代，就是粤东地区重要的药市之一。山区面积占全市面积的 67%，境内山川交错，气候温和，雨量充沛，具有良好的生态条件，各种重要资源丰富，黄沙、梅林一带山区野生药材 400 多种，尤其是陈皮、巴戟、山栀子、千葛、乌梅、山药等品种为当地名产，构成了普宁市药源基地。同时，普宁也是外地药材商品集散地。目前，市场日均上市品种 700 多个，销售已辐射全国 18 个省、自治区、直辖市及香港、澳门特别行政区，且远销日本、韩国、东南亚、北美等国家和地区。1996 年 7 月，普宁中药材市场被确定为国家定点中药材专业市场之一，是一个以生产基地为依托的传统中药材集散地，是南药走向全国、走向世界的重要窗口。

9. 重庆解放路中药材专业市场 重庆中药专业市场是由重庆中药材公司投资兴建。它地处重庆市主城区沿江长南干道的中段——渝中区解放西路 88 号。东距重庆港 2 000 米，西距重庆火车站和汽车站 1 500 米，北邻全市最繁华的商业闹市区解放碑1 000 米。

重庆中药专业市场的前身是由渝中区储奇门羊子坝中药市场和朝天门综合交易市场的药材厅合并而来。由于场地狭小、规模不大，严重影响了市场的发展。1993 年年底，在重庆市渝中区政府的统一规划下，市场迁入现址。于 1994 年 1 月 28 日正式开业。为国家中医药管理局、卫生部、国家工商行政管理局 1996年 7 月 6 日联合以国医药生（1996）29 号文批准设立的全国首批 8 家中药材专业市场之一。

重庆自古以来就是川、云、贵、陕诸省药材荟萃之地，是西南地区传统的药材集散地。新中国成立前，这里（原样子坝药市）药材行栈林立，客商云集。新中国成立后，重庆药材公司和重庆中药材收购供应站更是全国有名的经验中药材的专业大公司，负担着原川东地区甚至西南地区药材集散供应的重任。重庆中药材专业市场的设立，必将使这个传统的中药材集散地发挥更大的功能。

长期以来形成的品种较多、产量较大的特点，使重庆已成为中药材资源丰富且优势明显的内陆大市。据中药材资源普及资料反映，在列入全国资源普查的 349 种药材中，仅原重庆辖区（不含划入的原万、涪、黔地区）资源就达到 278 种，占全国资源普查数的 79.65%。目前，全市已拥有一批历史悠久、产品地道、品质优良的特色品种。其中黄连枳壳、栀子、云木香、玄参、丹皮、半夏、杜仲、贝母（奉节贝母）9 个品种，万洲、石柱、奉节等 13 个区（县）已被国家中医药管理局列入"全国重点品种与重点之处基地产区"之中。此外，黄柏、使君子、薏苡仁、木瓜、佛手、柴胡、金银花、黄连等名特产品也都处于稳定、叫好的发展态势之中，具有较大的发展潜力和空间。另外，重庆还有全国闻名的重庆中药研究院（原四川省中药研究所）和全国唯一的药材种植研究所等科研机构。

重庆中药材专业市场占地面积 2 500 米^2，为 6 层楼的大型室内交易市场，建筑面积 10 000 多米^2。市场内摊位采用铝合金网架隔离，卷帘门关锁；共设摊位 400 个，写字间 40 套；另备有停车场 500 米^2，车辆可直接进入市场。周围还设有邮电、银行、餐饮、公共车站等配套服务设施，能满足经营户和经营需要，是商家客户较理想的中药材交易市场。

10. 陕西西安万寿路中药材专业市场简介　西安药材批发市场，位于西安市东大门万寿北路，西渭高速公路出口，西安火车集装箱站旁边。多年来，以其优越的地理位置、热情周到的服务、灵活的经营方式，吸引了大批外地客商，成为全国驰名的药材集散中心。

关中是中华民族的重要发祥地，也是中医药学的重要发祥地。从公元前 11 世纪起，13 个王朝曾在西安建都，作为全国长期的政治、经济、文化中心，中药商业活动随之兴起，特别是西安更是久盛不衰。

新中国成立前，西安一直就是我国重要药材集散地，西安东关药材行，店铺林立，药商云集，经销品种繁多，大批中药材源源不断地销往西北、东北、华北及海外。

20 世纪 80 年代初，原东天桥农贸市场有少量拣拾性药材购销，以后相继有农民出售当归、党参、天麻、白术等药材。到 1983 年年末，市场飞速发展，交易剧增，市场原有场地已无法容纳商户。1984 年 5 月，东天桥农贸市场迁址康复路，40 余户购销中药树的个体摊点也随之迁往。随着改革、开放、搞活方针政策的贯彻执行，中药材除甘草、杜仲、麝香、厚朴四种外，其余品种价格放开，价格随行就市，康复路市场的药材交易日趋活跃。

到了 90 年代初，由于康复路药材市场发展很快，规模愈来愈大。为了适应需要，国家将药市迁到万寿路。该市场始建于 1991 年 12 月，建筑面积 14 591 米^2，有固定、临时摊位 500 余个，市场经营品种达 600 多种，日成交额 50 多万元。

现在，西安药材市场已经发展成为营业面积 45 万米^2，有固定、临时摊位 1 500 余个，市场经营品种达 1 600 多种，日成交额 150 多万元，且经营机制健全、服务优良的新型药材市场。其销售辐射新疆、甘肃、兰州、青海、宁夏及周围市（县）。

（三）未形成市场的传统道地药材产区

还有一些未经国家批准的季节性地产药材市场，全国大概有 100 余处，现选择其中具有代表性的罗列如下：

1. 陕西韩城 主产野生药材主要有连翘、西五味子、苍术、柴胡、槐蜜、西防风、猪苓、野黄芩、杏仁、桃仁等品种。家种药材主要有黄芩、柴胡、粉丹皮、生地等品种。

2. 安徽铜陵 主要地产药材为丹皮，建立了牡丹皮协会和凤丹商会，对种植户进行了质量标准培训和各种宣传，大力推动丹皮产业的发展。

3. 吉林靖宇 主产药材为人参、西洋参、北五味子、贝母、细辛等。

4. 陕西商洛 主产药材为桔梗、柴胡、山萸肉、丹皮等。其中丹皮由于价低种植减少。

5. 河南辉县百泉 家种柴胡产量较高，另外还有山楂片、黄芩、草决明等。

6. 云南瑞丽 地产药材有仙茅、黑故子、蔓荆子等，砂仁进口量较大。

7. 安徽大别山 石菖蒲野生资源比较丰富，但是逐年采挖后出货量渐少。

8. 内蒙古牛营子 桔梗、北沙参、黄芪产量较大，已成为北沙参的主产区。

9. 湖北恩施 白术为恩施主要的地产药材，年出货量达到几百吨。

10. 甘肃民勤 地产药材主要为小茴香、甘草、草果、白胡椒等，其中小茴香今年减产较严重。

11. 山西襄汾 主产药材为生地，近年有所减产。

12. 海南万宁 主产药材为白胡椒、吴茱萸等。吴茱萸近年产量有所增加。

13. 广西古龙 八角、灵芝、红豆蔻、桂郁金等为本地地产药材。

14. 新疆吉木萨尔 红花、肉苁蓉为本地主要地产药材，产销量都很大。

80 种常用中草药 栽培 提取 营销

15. **内蒙古宁城** 野生苍术资源较丰富。

16. **安徽宣州** 太子参人工栽培量较大，近年价格有所上升。

17. **四川敖平** 地产药材主要为川芎、苓子等，其中川芎人工栽培占 70％左右。

18. **山西夏县** 青翘产量较大。

19. **福建拓荣** 地产药材太子参产量较大，今年产量增加 20％～30％。

20. **四川绵阳** 麦冬产量较大，但经营户利润率较低。

21. **河南西峡** 山茱萸、西五味为主产药材，但由于今年产量下滑导致价格有所上抬。

22. **云南版纳** 地产药材主要为阳春砂，近年产量有所减少。

23. **甘肃酒泉** 主产药材为甘草、孜然、红花等，其中甘草近年货源减少，价格趋扬。

24. **广东肇庆** 主产药材为佛手、巴戟天等。其中巴戟天野生资源日渐匮乏，但是人工栽培较少，产量有所降低。

25. **湖北当阳** 毛前胡、大百部、野生夏枯球、八月札为当地主产药材，另外蜈蚣货源较丰富。

（四）中国香港、韩国、日本药材市场

1. **中国香港药材市场** 2005 年中国香港从我国其他省、自治区、直辖市购入中药 1.73 亿美元。中国香港药材集散地位于中国香港的高升街，是我国药材零售批发和进出口中转的重要港口，约有 400 余家店铺，主要经营西洋参、人参、高丽参、美国花旗参、黄芪、甘草等 300 余种中药材，价格比国内其他地区市场高出许多。我国许多大的药材商贩去香港打探国际市场行情。

香港自从回归祖国以来，随着国家对外开放政策的发展和健全，香港中药材市场，从总体上来看，简单归为八大趋向：

①对外埠转口生意逐步萎缩，大单中药材生意，外商都转为直接到内地主产地购进，使香港外销生意处于销售严重下降，外销萧条冷落。

②很明显地转为中药材销售以本港为主，故辅以少部分传统（地道）野生中药材小品种，诸如冬虫夏草、野生天、雪蛤羔、竹蜂、雪莲花以及西土小药材等品种有少许转口生意，但由于野生药材小品种资源少，近年又实施保护政策，转口生意也是少之又少。

③中药材炒作者逐渐锣鼓灯息，"枪刀"放马南山，香港元大户操控货源，使香港药材市价多趋稳定，少见暴升暴跌，凡升降幅度较大品种，多属跟随国内其他地区价格而升降。

④中药材经销户的经营策略多转为少进快销。

⑤由于做药材生意利薄，费用大，使生意难做，转行经营其他者，渐有增加。

⑥由于中药材加工成本高，费用大，中药材饮片加工转为国内其他地区加工现刨。

⑦药材店直接到国内其他地区（深圳、广州）求购中药材者，有增无减，使香港中药材大商户，生意趋于萎缩。

⑧由于珠三角中药材销势走强，不少贵重药材诸如冬虫夏草等品种常出现珠三角常价售价高于香港市价，使香港药材倒流于广州等地。

目前，香港政府正在加紧建设，要将香港建设成为一个中药港，许多投资商投入巨资加入到中药港的建设中来。相信不久的将来，香港会成为我国最大的中药出口港。

2. 韩国首尔京东药材市场 据估计，韩国每年约需中药材近3万吨，韩国一直是我国中药材主要市场之一。2005年韩国从中国进口中药材计7 895万美元，占我国中药出口比重为9.5％，列我国出口第四大市场。韩国进口的中药材主要是本地产量少甚至没有的，包括葛根、菊花、甘草、桂枝、桂皮、藿香、鹿角、鹿茸、桃仁、麻黄、半夏、茯苓、附子、酸枣仁、牛黄、肉桂、猪苓、秦皮、杏仁、黄连、黄柏、厚朴、当归以及抗癌类草药。

首尔京东药材市场位于东大门内祭基洞，是 50 年代兴建起来的，是韩国最大的药材专业批发市场之一，占地约 23.5 万米^2，集中了韩国 400 多家中药材进出口商，占韩国中药材进出口商的 90％以上，经营 300 余种从中国进口的药材及韩国自产的高丽参，市场上所需的中药材 70％以上从这里分销出去。1997 年以来，京东药材市场成为中国药材出口欧美市场最大的中转港之一，药材的价格是中国市场的几倍甚至几十倍，如甘草斜片价格，在中国一级斜片出口价为 25 元/千克左右，而到了京东市场则卖到 80 元/千克。中国的人参在京东市场卖价不高，但韩国本国产的高丽参是中国人参 10 倍的价格，韩国人特别注意保护高丽参的品牌，一般都不允许外国人参观其种植场，更不允许参观其加工厂。

除京东药材市场外，釜山也有一个大的药材市场，经营的品种与京东市场差不多。韩国药材市场的建立，为我国中药材的出口开辟了一条广阔的道路，也为我国的中药出口到欧美市场向前迈进了一步。

3. 日本中药材市场 日本每年自产中药材 0.5 万吨。日本汉方药材大约有 95％依赖进口（主要来源于中国）。近年来由于汉方制剂生产发展迅速，使中药材压制剂消耗上成数十倍的增长，并有继续上升之趋势。如地黄丸的主要成分地黄、山药、山茱肉、牡丹皮、泽泻等中药材年需求量均超过 100 吨。

2005 年，我国中药出口日本 1.67 亿美元，占我国当年中药出口总额的 20.1％，居我国中药出口市场第二位。目前，在日本市场上可见的由我国直接生产、输入或经日方重新包装销售的产品有近 100 多种，大致分为：补益性药物如三鞭丸、人参鹿茸丸、海马补肾丸、十全大补丸、首乌延寿片等；治疗常见病药物如华佗膏、天津感冒片、鼻渊丸、槐角丸、麻杏止咳片等。但缺少对疑难病症有效的中成药。

二、北方地区传统中药材种植现状调查

（一）我国中药材生产和市场状况

从 2003 年开始，我们多次深入中药材产区及中药材市场进行调研，看到了我国中药材生产和市场的真实情况，现陈述如下。

1. 乌拉尔甘草　甘肃省是较早研究推广种植乌拉尔甘草的省份之一，经调查综合统计，目前甘肃省的地存乌拉尔甘草面积如下：

瓜州 5 000 亩左右，酒泉约 3 500 亩；水文 3 队约 500 亩；敦煌约 2 000 亩；玉门 500～1 000 亩；庆阳约 2 000 亩；临夏约 2 000 亩；定西、陇西约 5 000 亩；白银、景泰约 3 000 亩；张掖约 3 000 亩；金塔生地湾约 2 000 亩，顶新约 1 000 亩；合计种植面积约 3 万亩，2005 年秋已挖掉约 50%，地存面积不足 1.5 万亩。2006 年播种面积 1.5 万亩，合计约 3 万亩。

另据我们不完全统计，全国其他地区的乌拉尔甘草地存面积为：

新疆约 2 万亩；宁夏约 2 万亩；内蒙古约 3 万亩；东北三省约 1 万亩；山东、山西、陕西约 1 万亩；河南、河北、北京约 0.5 万亩。

到 2006 年 10 月，全国乌拉尔甘草的地存面积不足 15 万亩，按 2～3 年采收计算，每亩的平均产量按 300 千克计算，15 万亩分 3 年采收完，每年可供市场 9 000 吨左右。而每年我国出口量和需求量达 6 万吨左右，缺口很大。如果国家有关部门在 2007 年不出台新的药材种植鼓励政策，还在热衷于搞"GAP"认证和 GMP 认证，2007 年以后甘草的价格将暴涨，又将促使农民去采挖有限的野生甘草，生态环境将进一步恶化。

2. 当归　当归是甘肃省的传统道地药材，据估测，当归的地存实际面积不足 10 万亩，2 年采收一次，每年采挖可供市场约 5 万亩，基本可满足市场要求。目前混等价约 30 元/千克。

3. 黄芪 黄芪的面积也在 3 万亩以下，2～3 年采收，目前的价格低迷，老百姓没有种植积极性。目前的混等价为 8～10 元/千克。

4. 党参 党参的地存面积估计在 5 万亩以下，2 年采收，目前市场价已经降到最低。混等价 10～12 元/千克。

5. 丹参 陕西商洛市周边 7 个区（县）2005 年年底药农投资种植的丹参地存情况如下：

山阳县约 3 000 亩；柞水约 1 000 亩；商州区约 3 000 亩；丹凤约 1 000 亩；商南约 500 亩；合计约 8 500 亩的地存。山东、河南、河北等地合计约 5 万亩。

6. 姜黄 陕西黄姜的地存情况大致如下：丹凤、山阳：4 000～5 000 亩；商州：3 000～4 000 亩；其他区（县）：约 2 000 亩，合计：9 000～12 000 亩。山西、河南约有 5 万亩地存。售价 3～5.5 元/千克。

7. 板蓝根 2005 年的板蓝根已全挖完，售价 1.8～2.2 元/千克，2006 年春季全国的下种面积估计不到 5 万亩；2006 年的价格涨到 5～7 元/千克，2007 年价格在 7～10 元/千克。

8. 北柴胡 由于 2004 年柴胡价只有 6～7 元/千克，不够成本，2005 年的下种面积约 5 000～6 000 亩；部分药农已毁药种粮。2006 年柴胡的面积仍然不见有所恢复，价格升到 10～12 元/千克，2007 年升至 25～30 元/千克。

9. 丹皮 丹皮约 15 000 亩左右。

10. 桔梗 桔梗约有 2 万亩地存。

11. 地黄 地黄约 2 万～3 万亩地存。

12. 远志 远志约有 5 000 亩地存。

13. 黄芩 黄芩约有 3 万～4 万亩地存。

据不完全统计，2006 年年底我国北方大宗药材地存面积应在 100 万亩以下，降到了历史最低点，正常年份，我国药材下种面积在 300 万～700 万亩。预测 2007—2008 年部分药材价格将暴涨，冲击整个中药产业链！

（二）我国传统中药材种植及市场形成示意图

1. 传统中药材种子生产流通示意图 在以下 4 个环节中，每一个交易过程就是质量控制和质量检验过程。

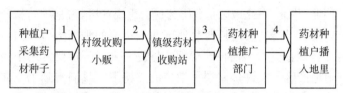

2. 传统药材生产流通示意图 以下 4 个销售环节完全可以控制药材的质量，防止假冒伪劣药材进入市场。这种生产流通方式早在明清时代就已经形成，已经过近千余年的磨炼和市场考验，历代本草和药典都有记载和应用，是一个成熟的生产技术体系和质量标准体系，是我国中药材生产和加工销售的精华。

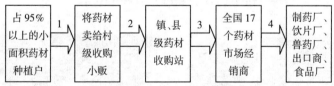

3. "GAP" 和 "GMP" 药材生产示意图 在 "GAP" 和 "GMP" 药材原料生产过程中，只经过中药厂的质检科一个环节检验就入库了，原料的好坏都进入原料库，自己的检查员自己说了算，自己生产的伪劣中药材将直接进入提取罐，伪劣中成药有可能进入市场，是一种非常不成熟的生产模式，国家有关部门应该废止这种中药生产和管理方式，仍然采用和加强我国成熟的17 个中药材市场为中心的生产和交易体系和中药厂中药材采购质量检验体系。

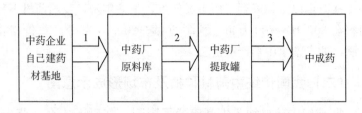

中药企业自己建药材基地 → 1 → 中药厂原料库 → 2 → 中药厂提取罐 → 3 → 中成药

（三）总结

西北、华北、东北地区是我国药材的重要产区，占全国药材产量的65％以上。甘肃、陕西是西北地区两个重要的种药大省，是甘草、黄芪、当归、党参、桔梗、柴胡、丹皮、黄芩等重要常用中药材传统道地产区。在许多基层种植户的支持下，我们看到了三北地区真实的药材种植情况和市场交易情况，整体药材种植面积在严重萎缩，由于种粮有补助，种药不仅没有补助，还要花"GAP"认证费和投资，药农再也没有种药积极性了。17个国家级的药材市场，有10个已处于瘫痪状态，剩下7个的交易量严重萎缩。

三、中药种植和中药材市场图说*

陕西商洛地区个体药农利用山坡地种植药材

个体药农种植2年生的丹参，长势非常旺盛

---

* 图注中数据均为不完全统计数据。

内蒙古赤峰牛营子个体药农栽培的桔梗，栽培方法很标准，长势喜人

内蒙古正蓝旗个体药农栽培的板蓝根，长势喜人

内蒙古杭锦旗地区的野生甘草几乎采挖殆尽，沙化严重。将来很难采集到甘草野生原种

甘肃民勤个体药农栽培甘草育苗地，出苗很整齐

陕西商州的个体药农在采收药材

药农将采收的柴胡籽筛去杂质

陕西商州药农种植生产的黄芩

利用山坡地种植牡丹

每到收获季节，个体药农将药材种子、药材交售当地镇（乡）级药材小贩，这些小贩又成批量卖给县（市）或各级药材市场，这种生产交易方式已在我国有几百年的历史，是我国传统中药材生产交易的精华

各村镇级药材收购行了解当地的气候条件，了解当地的药农，了解市场信息，为我国传统中药材的生产起了重要的作用

陕西商洛个体药农生产的优质丹参

出口装桔梗

优质北柴胡

优质丹皮

优质板蓝根

　　陕西商洛某公司已通过"GAP"认证的丹参基地，丹参苗稀稀拉拉，远不如个体药农小面积种植的好。某公司使用的丹参，大部分是从个体药农手里收购来的，充当"GAP"丹参

香菊药业的药源基地，约100亩

千禾药业的黄芩基地，约70亩

陇西文峰药材交易市场，在20世纪90年代时，这里的年交易额达几十亿元，现在已成了一条卖杂货的乱街

以前的药材交易早改行做化妆品，卖杂货

有几个简易大棚中存有少量的药材

甘肃陇西首阳镇是白条党参的集散地，每逢赶集之日，个体药农运来加工好的白条党参在集市交易

从地里挖出来的白条党参，在个体加工厂打架子晾晒

晾晒半干后，用洗涤精将党参的补皮洗干净，露出白色的根皮

用高压水枪把根皮洗干净

洗干净后，清选晾晒

晒成半干，人工打成小把，这种传统的种植、加工党参工艺已延续了上千年。是我国传统中药种植加工的精华

加工好的白条党参拉到集市上交易。甘肃出产的白条党参畅销国内外

这是甘肃兰州黄河边上的药市，钢筋骨架的简易仓储式药市

药市内各种药材

内蒙古赤峰牛家营子药市

香港高升街药市

香港高升街药市内中成药摊位

香港高升街药市内一级黄芪斜片，切片质量相当好

香港高升街药市内的海星

香港高升街药市内的贝母，颗粒均匀，质量等级较高，价格比内地要高很多

香港高升街药市内的当归，每500 克价格达到 45 元，比国内其他地区市场价高出 3～5 倍

由于近些年香港药市惨淡，商家不得不低价抛售药材

全国最大的药市安徽亳州药市

亳州药市交易大厅内，买卖双方人员稀少，不见有货走动

亳州药市摆到街面上的药材及保健品

大量的野生甘草在亳州药市交易

个体饮片加工户是现在饮片加工的主流

亳州药市大门两边有20余家药材种子经营户，据调查，2005—2006年度，全部药材种子销量不足100吨，也就是说下种面积不足4万亩地，正常年份下种面积在10万亩以上，种植面积严重萎缩

全国最大的药市河北安国祁州药市交易大厅大门口

祁州药市交易大厅内的药材展示桶内已空了一大半，在交易大集之日只有几十号卖货的人，几乎没有买货的人

在祁州药市老药市的街面上，大集之日，有三三两两的"跑合"的小贩，在小批量私下交易饮片

祁州药市一些"跑合"的药材小贩站在街边

在祁州药市的周边农村，许多农家小院在加工药材饮片，这些看似不起眼的小院，是现在目前我国药材饮片供应的主流，至少占 90％以上

个体加工户加工的中药饮片，出口韩国、马来西亚等国，是出口的主流产品

农家小院个体饮片加工户正在加工中药饮片

个体农家小院加工的中药饮片，质量好，批量小，好浸润，好加工，好晾晒，价格便宜

安国药市有一条街专门出售药材种子种苗，大集之日，只有三三两两几个人在卖货

一个栝楼种植户将其种根拉到集市叫卖

安国药市有 20 余家种子种苗经营户，种子辐射整个北方地区。2005—2006 年全部经营户的种子经营总量约 100 吨左右，不足 3 万亩地的种植面积，安国药市周边农村由前几年的十几万亩药材面积下降到约 4 万亩左右

第四章 图解乌拉尔甘草全程栽培技术

黑白图第一部分 乌拉尔甘草 (*Glycyrrhiza uralensis*) 规范化栽培技术与加工全过程

图1 笔者在新疆巴音郭楞蒙古自治州和硕县境内博斯腾湖边缘砂丘上采挖到的一根野生甘草,预计生长50年,横走茎延生在5米以外

图2 纯正野生乌拉尔甘草(*Glycyrrhiza uralensis*)种株,茎秆上荚果累累,植株高约50厘米

图3 野生乌拉尔甘草种群分布状况。拍摄于内蒙古境内古黄河冲积沙滩上

图4 乌拉尔甘草野生变家种后,第三年长出的荚果

图5 野生采集的乌拉尔甘草种子要经过清选、化学药物处理并药物包衣后才能播到地里。图为种子处理后正在晒干

图6 成品乌拉尔甘草种子要标准包装。北京大兴时珍中草药技术研究所最先制定乌拉尔甘草种子质量标准:发芽率85%,纯度100%,净度97%,发芽势+++。该所研制的乌拉尔甘草种子是目前国内少数几个带有质量标准在市场上流通的药用植物种子之一

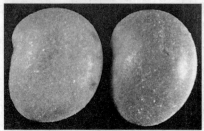

图7 在显微镜下放大11倍后的甘草种子外形

图8 种植甘草必须选择土地肥沃的砂质土壤，低洼地、过高的盐碱地不宜种植。选地是种植甘草成功的关键，选好一块地等于种植甘草成功了一半

图9 选好的地要深翻、耙平、旋耕、镇压，然后开沟播种。人工播种方法用人工开沟，行距25厘米，沟深2~3厘米

图10 开好沟后，人工用手将种子均匀撒于沟内。直播地每667米²用种子2.5千克，育苗地每667米²用种子6千克

图11 撒完种子以后，用脚盖土并踩实。如墒情好，不浇水，如墒情不好，可以浇一次水

图 12 土层浅一些的地区，如东北，可采用起垄的方式播种，垄距 60 厘米，在垄上开 15 厘米宽幅的沟，将种子均匀撒于沟内，盖土镇压

图 13 播种后 1~3 天内，应立即喷施专用除草剂 1 号封地，封杀早春种子类杂草。打药时应倒退着打

图 14 大面积种植甘草可采用机械化播种。这是新疆生产建设兵团农三师（喀什）甘草基地播种场面

图 15 华北地区可采用小四轮拖拉机带播种机。机械播种容易播深，在调试播种机时应严格控制播深和播量。这是北京市房山区窦店甘草基地播种场面

图16 播种机播种有漏种子现象，应派人跟在播种机后，用脚将露在外面的种子用土埋好，同时检查播种的质量

图17 播完种后，用镇压辊子镇压一遍

图18 每年早春，西北、华北地区沙尘暴严重，为此我们研究成功地膜覆盖技术，并成功推广数百公顷。图为播种后用 1.5 米宽、0.008 毫米厚的地膜覆盖

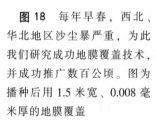

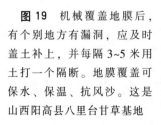

图19 机械覆盖地膜后，有个别地方有漏洞，应及时盖土补上，并每隔 3~5 米用土打一个隔断。地膜覆盖可保水、保温、抗风沙。这是山西阳高县八里台甘草基地

图 20　地膜覆盖 15~20 天后，甘草幼苗基本全部发芽出土，此时应及时观察苗情，不能因膜内高温将幼苗烫死，或致苗发黄。应及时将地膜打孔或全部撕开

图 21　图为甘草幼苗破土而出的情形

图 22　图为平播甘草幼苗 1~2 片真叶时生长状况

图 23　垄播后甘草幼苗 1~2 片真叶时的生长状况

图 24　甘草幼苗揭膜后生长
3~5 天的状况

图 25　先盖膜后在膜上打孔
点播的甘草幼苗生长状况

图 26　新疆巴音郭楞蒙古自
治州和硕县青鹤农场机播甘草
的出苗情况。每 667 米 ^{2} 约 10
万株苗

图 27　甘草苗期如遇到干旱
应及时喷灌或渠灌一次，保证
幼苗不干死

图 28　有芦苇的甘草地里，可用剪刀将芦苇剪断，用除草剂涂抹在伤口，杀死恶性杂草芦苇

图 29　甘草幼苗 1~3 片真叶时有死苗现象，应及时喷施保苗剂和杀虫剂；保苗措施是很关键的一个环节

图 30　保苗成功后，田间除草又是最繁重的工作，发现杂草要及时人工除掉，千万不能让杂草将甘草幼苗盖住，造成草荒。图为人工除草后甘草田间苗情

图 31　大面积种植甘草，除草是关键技术之一，可化学除草与人工除草相结合，图为工人正在喷施甘草专用除草剂2号

图 32 喷施甘草专用除草剂 2 号后，7 天左右，杂草叶子卷曲变黄死亡，而甘草幼苗没有受到影响

图 33 喷施甘草专用除草剂 3 号 7 天后，田间的恶性杂草苋菜无论大小全部卷曲死亡，而甘草苗没有受到影响，剩余的少部分杂草可以用人工拔除

图 34 每年的 6、7、8 月份是蚜虫、青虫的发生时期，可以用人工或机械喷施杀虫剂将其杀死

图 35 图为因没有及时打药，而让跳甲昆虫吃得千疮百孔的甘草苗

图 36　图为被虫子吃得只剩下光秆儿的甘草苗。这将大大影响甘草的生长和产量

图 37　图为北京市大兴区马村甘草基地采用大垄宽幅播种的甘草田苗情生长状况

图 38　北京市通州区甘草基地生长状况

图 39　北京市怀柔区千亩甘草基地生长状况

图40 新疆巴音郭楞蒙古自治州和硕县青鹤农场甘草基地生长状况

图41 新疆乌苏金地农场甘草生长状况

图42 吉林省农安县甘草基地生长状况。图左边为平播甘草，右边为垄播甘草

图43 进入秋冬季，甘草茎叶干枯脱落，根可以自然越冬，无须保护，有条件的地区可以浇一次越冬水。图为内蒙古赤峰市甘草基地甘草苗越冬状况

图44 新疆喀什生产建设兵团农三师甘草基地甘草越冬情况。图中白色一块是盐碱地,苗很少。由此可见,盐碱过重的地块不宜种植甘草

图45 秋季育苗地可在封冻前将苗挖出移栽。图为用软秆粉碎机将地上茎叶粉碎,便于专用犁采挖甘草根

图46 用大马力拖拉机带专用犁采挖甘草根,要求40厘米深、损伤率不超过10%

图47 犁完以后,用四齿耙将甘草根挖出,人工拣拾干净,丢失率不要超过10%

图 48 甘草苗拣出土后，要马上将地上茎叶剪掉，一定要留越冬芽和 5 厘米长的茬，然后按大苗和小苗两个规格分级，分别栽在两块地里，大苗加强管理，当年即可长成成品，小苗可以长 2 年

图 49 人工挑选出的大苗。移栽入地前应用保根剂浸蘸一下，确保根的成活率在 95%以上

图 50 移栽地开 25~30 厘米深的沟，行距 40~50 厘米，然后人工将甘草苗斜摆在沟内，株距 5~7 厘米，每 667 米^2 应摆 1.8 万~2.2 万株苗。少于基本株数，甘草产量上不去，且甘草苗难以封垄，容易造成草荒

图 51 摆完苗后，应及时覆土，最好是人工和机械配合作业。甘草栽苗是一个烦琐复杂的工序，应提前做好各种准备工作，不能延误了时节

图52　第二年春季，甘草苗陆续开始返青，直播地甘草苗返青比移栽地要早10~15天。图为直播地返青的甘草苗

图53　第二年春季，甘草苗返青后，每667米²先追施30~50千克尿素或磷酸二铵，有农家肥更好，然后浇一次透水，甘草苗在15天左右就可以封垄了。人工拔草1~2次就很干净了

图54　这是第二年7月份北京房山区窦店甘草基地甘草苗情。苗高70厘米左右，茎叶生长茂盛

图55　9~10月份要对甘草成品田进行测产，每平方米能挖出2千克鲜根时可以采挖，如达不到基本产量，可以再长一年

图56 采挖前应将地上茎叶割掉，作为牛羊的饲料。其化学成分与苜蓿基本相同，是一种优质饲料

图57 用专用犁采挖40~50厘米深，人工将根全部拣出，运回场院晾晒加工

图58 甘草晾晒至七八成干时，开始用刀切去横走茎和芦头，按甲、乙、丙、丁、毛草、横走茎6个规格分等

图59 各等级甘草晒干后开始打成50千克一捆，即为成品甘草。甲级条甘草长25厘米以上，头直径大于等于1.5厘米以上

图 60 乙级条甘草的长度大于 25 厘米以上，头直径为 1.2~1.5 厘米

图 61 丙级条甘草的长度为 25 厘米以上，头直径为 0.9~1.2 厘米

图 62 丁级条甘草的长度为 25 厘米以上，头直径为 0.7~0.9 厘米

图 63 头直径为 0.7 厘米以下的尾根、侧根即作为毛甘草

图 64 剪下的横走茎和芦头作为一个甘草成品规格，可以作为提炼甘草膏的原料，也可以作为兽药的原料

图 65 甘草晒干后，应用液压打包机打成标准包，便于搬运和运输

图 66 小批量的甘草成品可以用手工打包机打包

图 67 用大型切片机将毛甘草切片

图 68　用小型切片机将丙、丁级甘草切成圆片，可以增值

图 69　切好的甘草圆片要及时晒干，以防霉变

图 70　切好、晒干的甘草圆片要过筛、挑选，贮藏在干燥的仓房中

图 71　切好的圆片经手工分级后，可以销往药厂、饮片厂。图为甲级甘草圆片，出口规格

图72 条甘草可以加工成斜片。图为用手工推刀将甘草条推成斜片

图73 推好的斜片在干净的场地上晒干

图74 晒干的斜片用人工手选，分出甲、乙、丙、丁级合格斜片

图75 选好的斜片用编织袋包装，每30千克一袋

图 76　出口规格的甘草斜片用硬纸箱包装，每箱净重 30 千克

图 77　用毛甘草提取的甘草甜素，可生产甘草甜精产品。图为甘草甜精包装机

图 78　甘草甜精产品是一种蔗糖替代品，它不参与人体的糖代谢，是蔗糖甜度的 150 倍左右，是老年人和糖尿病患者的辅助甜味食品添加剂

图 79　这是作者在天津港筹建的乌拉尔甘草加工出口基地

黑白图第二部分 黄芩 (*Scutellaria baicalensis Georgi*) 栽培过程简图

图1 春季3~4月份，将土地整平耙细，按行距15~25厘米开沟，沟深1~2厘米，每667米²播1.5~2.0千克种子，覆土压实，浇水，15~20天左右黄芩幼苗陆续出齐

图4 当年收获的小黄芩叫子芩，大部分出口日本。一般黄芩2年收获，第二年生的黄芩花开得更多，并可采收种子，每667米²可收10~15千克种子，干根每667米²可收100~250千克。图为在北京市怀柔区杨宋镇大面积种植黄芩的生长状况

图2 苗高3~6对叶时，要及时除草、追肥、浇水，使幼苗迅速生长。直播地应间苗，育苗地不间苗。雨季要及时排水，防止烂根

图3 7~8月份，黄芩地上茎叶生长旺盛，开出紫色花，田间景色格外好看

图5 这是栽培2年采收的混等黄芩药材产品

黑白图第三部分　金莲花 (*Trollius chinensis Bge.*) 栽培过程简图

图1　8~9月份，采集野生金莲花种子，第二年春季，在苗圃中进行育苗，种子与细砂土混合播种于苗床中，压实、浇水，精细田间管理

图2　待幼苗长出5~6个小叶后，可以将幼苗挖出移栽于大田，行距50厘米左右，株距20厘米左右，浇定根水，常规田间管理

图3　第二年春夏之交，金莲花开始现蕾，此时应追肥、浇水，使其花蕾生长旺盛

图4　当花蕾完全开放没有谢花时随时采下鲜花，摊开晾晒干，不能堆放发霉，即成成品金莲花。金莲花主产于河北沽源及华北、西北地区，是一种消炎止痛的良药，野生资源稀少，应大力发展栽培

黑白图第四部分 麻黄 (*Ephedra sinica* Stapf.) 栽培过程简图

图 1 每年的 7~8 月份，采集野生的麻黄果荚，晒干，将种子打出，用水漂洗种子，沉于水中的是成熟种子，漂浮于水面的种子捞出，不能做种子用。将成熟的种子阴干，待翌年春播种

图 2 麻黄可以采用直播和育苗移栽两种方式进行。播种后 15 天左右，麻黄种子发芽、长根，顶出土面，幼苗前期细小柔弱，应精细田间管理。长出 4~5 片真叶后应及时施肥、浇水，苗期不能缺水

图 3 幼苗长出 5~6 片叶后，要及时除草，千万不能让杂草把幼苗覆盖住，一旦覆住，麻黄幼苗难以直立生长，田间管理更加麻烦

图 4 生长一年后，可以及时移栽，移栽定植一年后，即可以收割地上部分茎叶及采收种子，可以连续收割几十年。每收割一次应补一次肥，浇一次水。麻黄野生资源，我国西部地区还有相当的蕴藏量，完全可以解决用药问题，不宜大面积发展。另外，麻黄素是制造冰毒的前提物质，国家对其专控，销售执行专营制度

黑白图第五部分 穿龙薯蓣(穿地龙)(*Dioscorea nipponica Makino*) 栽培过程简图

图1 穿地龙野生种群生长在半阴半阳的山坡林带中，或树阴下，其藤茎爬于小灌木之上。这是在北京上方山森林公园拍摄的野生植株

图2 穿地龙的根和根茎生长于10厘米深的腐殖土层中，一般匍匐生长，生长3~5年才长到大拇指粗，生物学产量并不高，人工栽培时应合理密植

图3 采集野生生长的根及根茎，将根茎切成小段，长3~5厘米，每段上有1~3个芽头，开沟10厘米左右深，将芽头按5厘米左右株距横摆在沟内，盖土、浇水即可，常规田间管理，2~3年即可采收作成品

图4 人工栽培的穿龙薯蓣部分植株当年可以结果。种子也是重要的繁殖材料。穿地龙是提取甾体激素的重要原料，野生资源日益减少，发展人工栽培已是当务之急

黑白图第六部分 肉苁蓉 (*Cistanche deserticola* Y.C.Ma) 栽培过程简图

图1 肉苁蓉是寄生植物，必须寄生在梭梭、红柳、白茨等植物的根部。图为人工栽培的成片的梭梭林。生长 2~3 年后的梭梭树根下即可接种肉苁蓉种苗

图2 图为长成的肉苁蓉种苗

图3 接种成功后，肉苁蓉即从梭梭的树根上吸取营养，促其成长

图4 肉苁蓉与梭梭的寄生部分在地下 50 厘米左右，肉苁蓉生长粗壮，鲜重约有 1~1.5 千克

黑白图第七部分 其他药材生产状况图

图 1 党参 [*Codonopsis pilosula* (Franch.) Nannf.] 第一年育苗，第二年移栽，这是第二年 6~7 月份党参地上茎叶旺盛生长状况

图2 土贝母 [*Bolbostemma paniculatum* (Maxim.) Franquet] 生长在半阴半阳的灌木林下，人工栽培较少。这是笔者在燕山山脉树林中发现的一株野生土贝母

图 3 乌头 (*Aconitum carmichaelii* Debx.)，四川栽培较多，野生资源也多。图为一株正在开花结果的野生乌头

图 4 玉竹 [*Polygonatum odoratum* (Mill.) Druce var.*pluriflorum* (Miq.) Ohwi] 生长在山坡林下，野生资源分布较多。玉竹大量出口韩国，其根茎晒干后磨成粗粉，作为茶饮，韩国各高档饭店均有玉竹茶出售

图 5 黄精（*Polygonatum sibiricum Redoute*）是生长在山坡林下的一种喜阴药用植物，野生资源日趋稀少、人工栽培的产量偏低，近 1~2 年，价格直线上升。图为黄精野生变家种一年生的根茎生长情况

图 6 枸杞(*Lycium barbarum*)产于宁夏，经过几十年的培育，枸杞已有很多优良品种，宁杞 1 号就是一个，其产量高，品质优良，是其中的精品

图 7 锁阳（*Cynomorium songaricum* Rupr.）是一种沙漠寄生植物，主要靠野生采挖，与肉苁蓉一样，资源已经很少了，图为笔者在内蒙古乌兰布和沙漠中采集到的标本

图 8 天南星（*Arisaema consanguineum* Schott）多生于半阴半阳的山坡腐殖土中，常与独角莲伴生，野生资源较多，人工栽培的也多。这是在北京上方山森林公园发现的一株野生天南星

黑白图第八部分 植物提取物工艺流程及主要设备

图1 采集的原药材及植物原料要经过挑选，然后要清洗表面的泥砂及杂质。图为原料清洗机

图2 洗干净的原料要及时烘干，防止发霉变质，准备用于提取。图为烘干设备

图3 将原料及溶剂放入提取罐中提取。提取用的溶剂及时间随提取物的要求而不同。图为提取罐成套设备

图4 提取完毕后，将提取液抽到浓缩罐中浓缩。图为浓缩罐成套设备

图 5　图为成套的吸附柱设备，用于植物浓缩液中有效成分的分离

图 6　分离后的提取物浓缩液要喷雾干燥，制成干粉。图为喷雾干燥塔

图 7　干燥后的提取物要粉碎成一定的粒度，并要过振荡筛。图为一台振荡筛

图 8　图为一台混合机,用于各批次提取物混合用,包装前要检验其含量,以控制提取物的颜色和批号的一致性

图 9　包装车间。经检测各项指标合格的提取物要在一个干净可控的环境中进行包装。然后运到仓库贮存

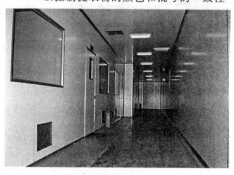

图 10 薄层扫描仪。用于检测药用植物的有效成分

图 11 高效液相检测仪。用于药用植物有效成分含量的检测

图 12 气相检测仪。用于药用植物有效成分含量、溶剂残留、农药残留的检测

图 13 紫外分光光度计。用于药用植物有效成分含量的检测

图 14 原子吸收检测仪。用于植物提取物中重金属的检测

附录一 对中药材 GAP 认证和产业的思考与建议 *

周成明 周凤华 （北京大兴时珍中草药技术研究所 北京 102609）

靳光乾 （山东省中医药研究院 济南 250000）

付建国 杨世海 （吉林农业大学 长春 130018）

李 刚 （吉林农业科技学院 吉林 132109）

董学会 （中国农业大学 北京 100094）

王康才 （南京农业大学 南京 210095）

韩见宇 （贵州省中药材种植指导中心 贵阳 550000）

杨胜亚 （河南省中药研究所 郑州 450000）

彭 菲 （湖南中医学院 长沙 410001）

摘 要：本文阐述了我国中药材产业的特性和继承传统中药栽培技术的重要性，认为中药材实施规范化是必要的，但对中药材 GAP 认证的法律依据和必要性提出了质疑。指出中药材质量问题主要不是出现在栽培过程中，而是出在饮片加工过程中和人为掺假上。从而针对中药材产业的现状提出了若干建议。提出中药材生产是一个"三农"问题，建议国家也应像 2004 年春季对粮食种植户进行直补一样扶持每一个药材种植户；建议成立国家药材生产管理机构对全国有一定技术和规模的药材种植企业和种植户进行注册登记制度，进行监督管理和技术指导。

---

* 引自《世界科学技术——中医药现代化》，2004 年，第 5 期，第 66～76 页。

关键词： GAP 认证　法律依据　传统中药材产业　中药材种植直补办法

前　言

作者长期在一线从事中草药栽培技术研究、教学和推广工作，每年参与设计建设药材种植基地几十个，推广种植数千公顷，指导数万名药农种植中药材，对我国传统中药材产业有较深刻的认识和体会。中药材实施规范化种植是必要的，但对中药材生产质量管理规范（GAP）认证的法律依据和必要性提出质疑。

一、中药材 GAP 认证与有关法律条文相抵触

1. 当前 GAP 立法认证为时过早

我们认为目前"中药材 GAP"的工作及"中药材 GAP 认证"只是一个中药材新的管理和技术模式的探索起点，只能是一个科研工作，离"中药材 GAP"推广应用及"中药材 GAP"的立法认证还需要相当长的时间。

2. 目前国家食品药品监督管理局制订的"中药材 GAP 认证"法律依据不足，并与有关法律相抵触，主要体现在以下几方面

（1）"GAP 认证"提前，法律依据不足。

2004 年 6 月 29 日，国务院第 412 号令发布需保留的行政审批项目设定行政许可的决定，其中第 352 条由国家食品药品监督管理局实施中药材 GAP 认证，即 2004 年 6 月 29 日之前，有关部门对 10 个药材基地进行认证，法律依据显然不足。

（2）"GAP 认证"与许可法第 11、13 条对比。

2004 年 7 月 1 日，《中华人民共和国行政许可法》开始实施。"中药材 GAP 认证"由国务院作为保留行政许可项目，但"中药材 GAP 认证"与《行政许可法》第 11 条、13 条、20 条、28 条、58 条的

规定相抵触。第 11 条明文规定"设定行政许可，应当遵循经济和社会发展规律，有利于发挥公民、法人或其他组织的积极性、主动性，维护公共利益和社会秩序，促进经济、社会和生态环境协调发展。"而《认证管理办法》第 4 条明确规定"中药材 GAP 认证"只对企业，不对种植户，企业必须有营业执照。据了解，2 000 余家中药企业种的药材还占不到总面积的 5%，没有营业执照的 100 多万户占 95% 的广大药农都排除在"中药材 GAP 认证"及国家的资金扶持和监管之外，而且按国外 GMP"试认证"、"认证"、"强制认证"的思路执行，未来若干年后，药农生产的传统药材没有经过"GAP 认证"视为"非法"产品，这显然不利于发挥广大药农的生产积极性，不利于中医药事业的发展，更不利于社会的经济发展，并可能损害"三农"利益。

（3）目前状况符合"许可法"13 条。

第 20 条规定，"对已设定的行政许可，认为通过该法第 13 条所列方式能够解决的，应当对设定该行政许可的规定及时予以修改或废止"。第 13 条第二、第三、第四款明确规定"市场竞争机制能够有效调节的"，"行业组织能自律的"，"行政机关可事后监督的"。我国传统中药材栽培已有 2000 年的历史，1985 年以来，国家已批准 17 个传统药材专业交易市场，这 17 个药材专业市场已是一个有效的具有市场调节作用的专业市场。广大药农生产的药材产品除满足国内饮片和制药原料需求外，还销往世界 100 多个国家和地区，是一个巨大的成熟的农副产品产业，有益于解决我国约 100 万户药农的经济收入及"三农"问题。我国药农生产的传统药材均有国家和地方以及市场流通的质量标准，目前设定的"中药材 GAP 认证"将可能冲击传统中药材产业和影响市场秩序。

（4）依据"许可法"28 条及目前状况，"GAP 认证"出台是否必要。

第 28 条规定，"对直接关系公共安全的产品检验，除法律、行政法规规定由行政机关实施外，应当逐步由符合法定条件的专业技术组织实施，专业技术组织及有关人员对实施的检验承担法律责任"。我国的中药材产品已栽培、采集、使用数千年，数量上千种，卫生部明确规定约 100 种中药材产品可以药食兼用，占栽培药材的 30% 之多，如薏苡、白芷、当归、党参、甘草等，既可做药材，也可以做食品。我国 200 余种药材已有一个较完善的传统栽培技术规程及产品的质量标准，中药材产品从下种到收获其实是一个农副产品生产过程，只有进入饮片厂切成饮片才是药材。目前的全国药检所系统、制药厂质检系统、药材市场系统、农副产品市场系统均可以把好质量关，不需要再设定另外的标准和规定。

（5）"GAP 认证"与"许可法"对比。

第 58 条规定："行政机关实施行政许可和对行政许可事项进行监督检查，不得收取任何费用"。而《中药材 GAP 认证管理办法》第 34 条规定"中药材生产企业应按照有关规定缴纳认证费用，未按规定缴纳认证费用的，终止认证或收回《中药材 GAP 证书》"，这与《行政许可法》相抵触。

（6）"GAP 认证"与"反不正当竞争法"有出入。

《中华人民共和国反不正当竞争法》第七条规定"政府及所属部门不得滥用行政权力，限制其他经营者正当的经营活动"。对企业进行 GAP 认证，应充分考虑占 95% 以上药农的利益及"三农"问题，按国外 GMP 的思路和仅考虑少数中药材质量不合格和出口受阻，对我国传统中药材生产设立多个门槛，限制其他经营者的活动，是与《反不正当竞争法》相抵触的。

3. 中药材 GAP 认证是一个严肃的"三农"问题

我国药农每年栽培传统药材约 300 万～500 万亩，随着土地及人工的涨价，约 70% 的药材种植面积已向西部贫困地区转移，涉及约 100 多万户农民的产业结构调整及经济收入和社会稳定。

目前 GAP 认证制定一种新的药材管理体制，可是这样就忽视了一个传统中药材生产体系和技术的继承和发展的"三农"问题，忽视了 13 亿广大人民群众需要吃质优价廉的中药问题。因此，根据《行政许可法》和《反不正当竞争法》的以上条款，建议有关部门修改"中药材 GAP 认证"，以保护绝大多数药农和企业的利益。

二、对如此 GAP 认证的目的及必要性提出质疑

从 1998 年开始，国家提出中药现代化发展纲要，其中一个重要内容是五个"P"，即 GAP、GLP、GCP、GSP、GMP。五个"P"中，GLP、GCP、GMP、GSP 都是人工可控条件下的认证，而 GAP 是人工不可控条件下的认证。对我国中药制药企业 GMP 的认证与中药材种植基地的 GAP 认证，在认证的方法和内容上有本质的区别。参照国外相关经验并与我国实际情况相结合才能制定出符合国情的 GAP 认证。中药材栽培的土壤及气候条件是一个开放的可变又复杂的农业生态系统，正因为多变的气候条件才形成我国种类繁多的中药材。我们制定的 GAP 认证条文无法控制不断变化的气候条件（光照、水气、积温、CO_2、寒流、干旱、沙尘暴等）和土壤条件（N、P、K 含量、有机质、微生物、地表径流、水土流失、人工施肥干扰等）。

1. 对 GAP 认证的必要性提出质疑

早在 1998 年编写中药材"GAP"时，起草的条文很严格，如不能打某农药，建基地应离开马路 50 米或 100 米，以免污染，甚至不能在药材地内大小便，要建洗手间等。如果照那时的条文去种药材，是怎么也种不出符合"GAP 要求"的药材。1998—2002 年 4 年间，经过几次扩大会议，广泛征求种植户的意见，2002 年 6 月 1 日颁布试行的《中药材 GAP》宽松了许多，作为国家药品监督管理局的第 32 号局令向全国正式发布施。像粮食和蔬菜生产一样，全国所有的药材种植户自觉

遵守执行即可。可是后来又起草了一个《中药材 GAP 认证管理办法（试行）》和《中药材 GAP 认证检查评定标准（试行）》，此标准设立了 104 个检查项目，其中高达 19 项为关键否决项，85 项为一般否决项目。要通过 GAP 认证，必须要有营业执照，而没有营业执照的占种植面积 80% 以上的广大专业种植场和种植户不在 GAP 认证之列。另外《中药材 GAP》是参照欧盟的芳香及药用植物生产规范起草的，是一个外国行业规范条款，是否符合中国2000年传统中药栽培的国情，还需要摸索相当长的时间。德国是一个很严谨的国家，对药品质量要求是最严格的国家之一，该国制药协会只是制定了一个简便的检验程序，而不是用 GMP 的条款对植物药原料的生产进行GAP 认证。

2. 今年我国中药材下种面积已降到历史最低谷

据不完全统计，我国的中药材种植面积（1～3 年生）每年约 34 万公顷（500 万亩）左右，最高年份达 45 万公顷（700 万亩）。2001 年的种植面积约 40 万公顷（600 万亩）左右，由于2001—2002 年药材采收后销售难，到 2003 年春季药材的播种大为减少，但"非典"的出现，使许多库存的药材如板蓝根、甘草、苍术、桔梗、防风销售一空，又刺激了药材的生产，播种面积有所增加。据不完全统计，2003 年的种植面积在 27 万公顷（400 万亩）左右。到 2004 年春，国家鼓励粮食生产，减免农业税，并直接发给农民种粮补贴，使东北、西北、华北乃至全国的部分药材种植户改药种粮。据不完全统计，2004 年春季的药材播种面积预计在 20 万公顷（300 万亩）以下，种植面积已经降到了最低谷，如果再在此时设立 GAP 认证条款并投入很高的认证成本和收取认证费，又将有许多种植户退出中药材生产行业，种植面积将更加萎缩。据了解，河北安国市及周边市县，药材种植面积最好年份高达 1 万公顷（15 万亩）；2004 年春季估计药材种植面积不到 2 000 公顷（3 万亩）；北京市郊区 2000—2001 年的种植面积达 0.6 万～0.7 万公顷（10 万亩左右），2004 年估计不到 600 公顷（1 万亩左右）；甘草的种植面积全国 2001 年下种面积约 10 万亩，2004 年春季全国下种面积不到 3 万亩。我国每年栽培药材的用量约是 34 万公顷（500 万亩）左右，照此发展下去，2005—2006 年我国的药材原料将严重缺乏，价格将暴涨，直接影响中药产业的发展！

3. 若将 80%以上的种植面积及 95%的种植户排除在 GAP 认证之外，GAP 认证没有实际意义

我国传统药材种植业的构成情况大致如下：我国中药材资源 63%分布在西部 12 个省、直辖市、自治区，品种繁多，种植零散分布；80%以上的种植面积是由药材种植专业户来投资的；这部分种植户的面积基本上在 100 亩以下，绝大部分是几亩、十几亩，这些种植户构成我国药材种植业的基石！构成了我国中药材原料的贮水池！其实，中药材栽培讲究规模的适度性，讲究小面积精耕细作，这是我国农民几千年的农产品生产经验，生产出的药材产量高、品质好，国家应大力扶持这些专业药材种植户，就像 2004 年春季国家发给粮食种植户直补一样来扶持这 80%的药材专业种植户，形成一个巨大的药材原料贮水池。

由于土地归农民个人承包，种植什么完全由农民自己决定。100～1 000 亩以上的种植户在全国来讲都屈指可数，1 000～10 000 亩的种植户就更少了，这 100 亩以上的种植户的种植面积约占总面积的不到 20%，这些种植户因种植面积过大，管理不当，造成草荒和虫害，产量和品质下降，根本不如小面积专业户精耕细作的好。这些种植大户中包括各类中药材扶持资金项目及各地的国有资产、贷款项目等。尽管有关部门在鼓励中药制药企业投资中药材栽培基地建设，但种植的面积和品种极有限，许多药材种植资金并没有用到栽培上，部分资金在运作过程中就花掉了，大部分中药制药企业通过 GMP 认证后，就已经负债累累，很多企业根本无心再搞药材 GAP 基地建设,即使目前有的中药制药企业搞了 GAP 基地,也是力不从心。因此,我们认为在我国社会分工不断细化,竞争激烈的情况下,发展中药材生产主体还是 100 亩以下的专业种植场及专业户,国家应大力扶持这一部分药材种植主体,对这部分小型种植企业和专业户应纳入规范化种植范围,并进行适合中药材生产特点的宽松的监管。

目前,GAP 认证的范围和条文比较适宜国有大型制药企业或股份制企业,而无营业执照的专业种植户却不能进行认证。由此看来 GAP 认证的试行值得认真思考。

三、对 GAP 产品成本和价格高昂提出质疑

据了解,我国一些 GAP 认证企业实际种植面积约几百亩带动周边农户种植约几千亩。可 GAP 产品与传统农家非"GAP 产品"在质量上有多少区别呢?"GAP 产品"的成本和价格是"非 GAP 产品"价格的数倍,没有市场竞争力。如果连茬种植,其产量和品质势必下降,如果换地种植,其土质和水文资料又不相同,是否还需要再进行 GAP 认证?这样下去,势必加重企业和种植户的负担。绝大部分的专业种植户投资种植药材几万元到几十万元不等,如此高昂的代价笔者表示担忧,更为中药材生产行业的前途担忧!如果国家行业主管部门在近几年只是试认证,摸索一些 GAP 认证的经验和方法还好说。如果真的如此认证下去,将会给中药材生产行业带来严重不良后果,到 2005—2007年,我国许多专业种植场及种植户将改药种粮,以后想再恢复药材生产就很难了。

四、中药材 GAP 认证可能引起的弊端

药材栽培是我国传统经济作物的一小部分,栽培历史很长,但品种繁多,面积小,分布复杂。我国的水稻栽培处于世界一流水平,但国家也没有对其进行 GAP 认证,美国的玉米、棉花等

农作物都研究到基因水平，也没有对其进行 GAP 认证。美国的松果菊成千上万亩的种植，也没有对其进行 GAP 认证。美国 FDA 并没有要求我国的中药材必须通过 GAP 认证才能进入美国市场。我们的中药材栽培水平还很落后，部分药材种子质量标准都没有，栽培水平也很原始，在此时进行 GAP 认证可能出现以下弊端。

1. 目前的 GAP 认证管理办法及检查评定标准不能提高中药材栽培质量

因为它不是下种前的认证，而是下种后的认证，下种以后土地、种子、环境已不可改变，较易存在花钱检测，编材料，走马观花式的检查。一些通过 GAP 认证的中药制药企业的种植基地药材原料与传统农家的中药材质量在本质上相差无几，并没有因为认证而提高其质量，相反有可能会使劣质药材原料在 GAP 认证的招牌下直接进入 GAP 企业的提取罐，劣质中成药可能进入市场。

2. GAP 认证成本和费用过高

由于投入很高的认证成本和认证费用，GAP 产品的价格是传统农家非 GAP 产品的数倍甚至数十倍，这些投资将加价到中成药中，最后加价到每一个中药消费者的头上，增加了中药制药企业的负担，也增加了消费者的负担。

3. 认证药材一旦紧缺可能出现的不良后果

在某种药材原料紧缺的情况下，那些通过 GAP 认证的企业，有可能在 GAP 的招牌下垄断某种原料的货源及价格，伤害没有通过 GAP 认证的企业及种植户，将会给中药材栽培行业和原料市场带来不良后果。

4. 田间标准操作规程与传统栽培技术有不同之处

每一茬中药材从种到收需要投入资金，投入技术，劳作 1～3 年，冒天灾风险和市场风险，才有收获。目前"GAP 认证"内容中的田间标准操作规程（SOP）过于严谨，如果按这样的 SOP 去种药材也许事倍功半，有些地方有悖于传统中药材栽培技术及理论。

5. GAP 认证会影响部分种药企业和药农的积极性

中药材种植是一个"三农"问题，涉及千家万户，在目前粮食直补的情况下，中药材播种面积大幅度下降，有的地区毁药种粮。如果在此时对中药材种植企业进行认证，会迫使许多中药材种植企业和种植户退出中药材种植行业，未来几年，中药材原料将缺货，价格将暴涨，老百姓更吃不起中药。

6. 为了通过"GAP"认证，可能出现违规操作

有些种植企业会谎报种植面积和材料，违规违法，弄虚作假，给社会诚信带来极大的不利。

7. 为了认证企业付出太多伤了元气

为了得到一张 GAP 合格证书，许多中药材种植企业要花大量的人力物力去组织验收写材料；而无心去搞好田间管理、去施肥、打药、除草，迫使有些企业和种植户去借钱、圈钱搞 GAP 认证，最后的结果是 GAP 认证通过了，企业可能负债了，最后卖掉药材也还不了钱。

五、中药材种植业的基本特征决定中药材必须规范化种植，而不需 GAP 认证

1. 中药材基地建设应具备粮食和蔬菜生产的所有特征，及中药产品的特殊性

从种子下地到入库，由几十个重要的技术环节构成，哪一个田间环节操作不得当，都可能造成损失或影响药材产品的质量，投资者就要承担投资风险。中药材规范化栽培过程中有以下 3 个关键点必须控制住（附录一图 1），只要控制 3 个关键点即可达到规范化要求，现在市售的农药残留期很短，只要按规定打药不会有残留，因此，不需要某个部门来认证，种植户经过技术培训，自觉执行即可。

2. 中药材基地选建的复杂性要符合"中药材原产地"特点

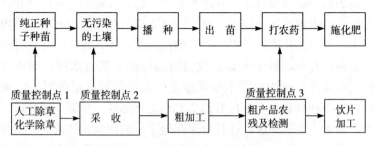

图 1　中药材规范化栽培过程

和现代生态景观学

选建一块药材基地，是一件很复杂很难决策的一件事情，在药材种子下地之前应认真考察以下指标：①土地的位置，是否有排灌条件。②土地的土质是否符合该种药材的特性，N、P、K及有机质的含量。③土地的朝向、坡度。④前茬种的是什么作物，如豆科植物茬最好不要种黄芪、甘草等豆科药材。⑤是否前茬使用了有害除草剂。⑥是否有土壤农残。⑦光照。⑧降水。⑨无霜期。⑩积温。⑪水源是否有污染。⑫地下水位的高度及地下水是否有盐碱。⑬当地有无种药材的历史，种的是何种药材等。以上 13 项重要的指标均符合这种药材的生长才可以决定，而不是 GAP 认证检查评定标准中简单的列出几个国家标准和几个检查项目，实际情况比这个"标准"要复杂得多。

3. 重茬问题及道地药材产区的迁延性

绝大部分根及根茎类药材都存在重茬的问题。如地黄，一般种植一年后必须换地，如不换地倒茬，第二茬地黄的产量是第一茬的 30%～50%，如再种第三茬，几乎没有产量。河北安国周边的土地比较适宜种植祁黄芪，在 1991—1992 年时，栽培面积高达数万亩，由于连续种植，地力下降，根皮上均长有病斑，严重影响产量品质。2003—2004 年下种面积只有几千亩，黄芪的产区迁延到山东的文登、荣成一带及陕西、甘肃等西北地区，祁黄芪的品牌都快没有了。甘肃岷县的当归、文峰的党参均存在这种情况，道地产区向周边迁延。许多人认为甘草的道地产区是内蒙古、新疆、甘肃，从野生甘草的角度讲确实如此，但甘草野生变家种，甘草的种子发芽到成苗极需好的土壤及水质，而内蒙古、甘肃许多原产地因干旱和沙尘暴无法进行甘草的野生变家种，只有迁徙到水土条件好的华北、北京郊区、新疆、河套地区及河西走廊发达地区，在甘草原产地干旱的沙漠和盐碱地种植甘草完全是个误区。药材道地产区随着气候的变化和农业生产方式的调整，正在不断地向周边地区迁延。这个重茬问题和道地药材产区的迁延性决定我们无法在一块通过"GAP 认证"土地上长期种植下去，必须倒茬换地，因此，GAP 认证条款中多次化验土壤和水文资料是不现实的。

4. 中药材种植者的文化和宗教背景复杂及不确定性

我国有 56 个民族，各民族都有自己的种植习惯和道地药材，种植单位及种植者的文化背景极其复杂，同一种药材在不同地区不同民族 SOP 几乎不可能统一。同一种药材在不同的产区因人因地而异，其产品的质量不可能是均一的，这个特性决定我们的主管部门很难用一个标准、一个批号来衡量一种药材的品质。这种种植者文化和宗教背景的复杂性，决定了药材产品质量的复杂性，也是道地药材产生的根源。因此，中药材饮片搞统一批准文号也是很难的，现行同一种药材饮片不同产地，标明"产地"的做法是可行的。

5. 中药材种质资源的纯正性

中药材栽培比农作物的栽培历史要短一些，除少数几种药材有几百年、上千年的引种栽培历史外，绝大部分只有几十年的引种栽培史，利用时间不长，如乌拉尔甘草野生变家种只有几十年引种栽培史，许多问题还在研究过程中，同属胀果甘草、光果甘草还没有引种栽培的报道。地黄、丹参、板蓝根、人参栽培已有成熟的栽培品种，但分化、退化严重，研究药材种子种苗的纯正性是目前中药材产业发展的瓶颈问题。许多药材的种子种苗野生性很强，连种子种苗的质量标准都没有制定，因此，我们目前要加强栽培技术的研究与投入。

6. 中药材栽培的投入和产出遵循"水桶理论" 药材基地建设，除完成必要的科研项目外，对于投资者来说，种植药材能赚钱、获利是第一目标，从一开始就应认真仔细地进行投入和产出的效益分析，充分估测市场行情的涨跌及药材的销售渠道，预计在 1～3 年的栽培过程中，哪个环节可能会出问题，会出现什么样的问题，要充分估计大旱、大涝对你的药材基地造成什么样的影响。大面积（6.7 公顷以上）栽培时，要考虑除草和机械化采收的难度，应采用化学除草技术，田间的草谱是什么，用什么样的除草剂。采收和移栽的时间要准备充分，北方地区在 10～11 月土地已上冻，如准备太晚，没有采挖完就上冻了，将是非常被动的局面。经过我们多年亲自大面积投资种植的经验，基本摸索出了一套药材栽培的经济学规律，即药材栽培的投入和产出基本遵循"水桶理论"，即在各项因子中，因为某一个因子表现不好，其效益状况按最低水平计算（图 2），种植 6.7 公顷（100 亩）甘草由 9 个技术实施环节组成，每个环节都做好了按 100％计算，如果其中的除草环节出问题，只除了 4 公顷（60 亩），有 2.6 公顷（40 亩）甘草地被草荒了，6.7 公顷（100 亩）的前期投资花了 3 万元，40 亩投资前功尽弃，以后的技术实施和投入就缩小为 60 亩了，到 2003 年秋季采收时，因其他原因失误，只收了 50 亩，又有 10 亩没有收成，那么，最终收获的面积只有 50 亩，就只能按 50 亩的收入计算，浪费了 50 亩。如果是这样的结果，那么药材基地建设投资者就会发生亏损，还不如当初设计时只种 50 亩，投入也缩小了 50％。因此，如果不规范化种植，根本就没有收成。

在药材基地建设过程中，我们走访了许多药材基地，有很多药材基地都不同程度地存在干旱、草荒现象及田间管理技术不到

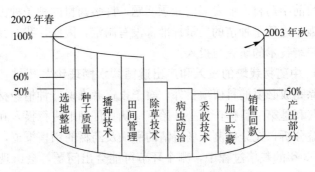

图2 药材栽培投入产出"水桶理论"

位。因此，在决策时，一定要综合考虑自然条件和自身的经济实力及风险承受能力，再决定种植面积的大小。规避天气风险和财务风险是药材基地建设中首先要考虑的问题。

7. 中药材种植规模的适度性

在设计药材基地时，土地、种子种苗、人员的技术操作水平是决定药材基地建设成败的关键因素。但以上三个条件具备，我们也不能一下子上千、上万亩地种植，一定要讲究种植规模的适度控制，种植面积最好按年度递增或递减，每年有种植和采收，这样可以使基地财务进入良性循环。作者每年走访几十个药材基地，亲眼所见许多药材基地虎头蛇尾，号称几千亩、上万亩的药材基地也不少，可是，真正搞得不错的药材基地实在不多，投入产出进入良性循环的药材基地更不多，大部分是负债经营，还有不少人种植药材是为了获得政府的资金和优惠政策，根本无心去种药材，这样的基地怎么能搞好呢？笔者见到宁夏银广夏公司的万亩麻黄基地，许多人为其壮观的场面而惊叹，而笔者看完以后为其田间管理跟不上而着急，更为其能否收回8 000万元人民币的成本而担心。我国西部地区有上百万亩的麻黄野生资源，可以每年割其茎叶提取麻黄素，而不破坏其野生资源，完全可以满足我国用药需要。另外，麻黄素是制造冰毒的前提物质，国家严格控制其生产与销售。人工如此大面积种植是否有必要？麻黄的茎叶每千克收购价只有 1.0～2.0 元，每 667 米^2 可以割其干茎叶 50～150 千克，亩产值 50～300 元，如何能收回成本？因此，在药材基地建设前期，对各项自然指标、技术指标、经济指标进行严格的认证，控制种植规模，是一项关键的工作。而不是建成以后再去进行 GAP 认证。

8. 中药材产品必须经过市场交易的特性

中药材产品具备农副产品的所有特性，数千年来，农副产品的交易均遵循按质论价的原则，中药材产品也不例外，在买卖双方的交易过程中，买方可以控制卖方的药材产品的质量，如果卖方种植的药材质量不好，就卖不出去，这就要求种植者在种植加工过程中认真按技术要求进行田间管理操作和粗加工工艺流程操作，并防止霉变。其实药材交易的过程就是质量检验和控制质量的过程。任何电子商务不可能取代按质论价或看大货论价的交易方式，电子商务只能提供一个信息平台，实物交易必须在药材交易市场看大货论价，过去几千年是这样，现在是这样，将来肯定还这样。

六、中药材质量问题主要不出在栽培过程中，而是出在饮片加工过程中及人为掺假

1. 中药材出土采收后的粗加工工艺流程如图 3

2. 粗加工后中药材原料进一步加工成饮片的工艺流程如图 4

中药材栽培过程中如图 1 有 3 个质量控制点，在出土采收后到加工成饮片，有 3 个关键质量控制点。在粗产品加工质检时，质量控制点 4 是至关重要的一个控制点，残次品及不可药用部位被掺杂到合格的原料产品中则导致产品质量不合格。饮片加工过程中的浸润是一个重要的质量控制点，要防止有效成分流失及发霉，在饮片出厂前的质量关，质量控制点 6 是上市前的最后一

关，必须把不合格品挡在市场门外。从以上 3 个图工艺流程表明，中药材质量问题不主要出在药材栽培过程中，而是出在饮片加工过程中及人为掺杂使假行为上。

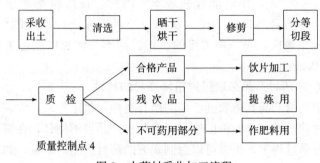

图 3　中药材采收加工流程

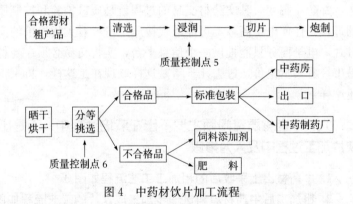

图 4　中药材饮片加工流程

七、监管方式不利也是造成中药材质量不合格的原因之一

国家行业主管部门每年对我国的 17 个中药材专业市场及中药房饮片进行多次检查，各省、直辖市地方也对药材经营户进行检查，但收效甚微，原因何在？我们认为，我们的行业主管部门

在监管方式上存在问题：

1. 走马观花式的检查

2003 年"非典"期间，亳州个别不法商贩用茄子秆切片当藿香出售；2004 年不合格饮片流向东方医院，都是等到新闻媒体曝光后才进行追查，缺乏一种长期有效的预警监管机制，上级部门到亳州、安国等药市进行检查，地方有关部门早就知道，个别不法经营户早就关门走人，前呼后拥检查一圈后，该卖假药的还在卖，几乎没有什么有效的办法。

2. 重处罚轻疏导

发现经营户出现质量问题后不是纠正疏导，而是轻则几千、几万罚款，重则 10 万、几十万的罚款，形成恶性循环，经营户更加与监管部门对立。

3. 没有建立一个完整的药材种植推广体系及饮片质量监督管理体系

一个上百亿人民币的中药材产业，其生产没有技术服务体系，只是靠各地的协会、农委、科委、技术员进行推广，各自为战，国家没有一个部门来行使这个职能，这是个多大的误区。国家每年投入中药生产的资金上 10 亿元，为什么不能建立一个专业的国家药材种植推广管理部门？饮片的加工上市连包装都没有，没有厂名、电话、产地等，连普通食品的生产水平都达不到，更谈不上监管。

4. 充分利用和重视现有人才

把部分老药工、熟练药材加工人员排除在专业队伍之外。安国药市周边的村庄如郑章村，是黄芪、甘草专业村，村里有数百名专业药材加工人员，并制作药材加工机械，这些熟练的老药工切出的甘草片、黄芪片质量好、片型好，深受国内外客商的喜爱。这些长期从事药材种植加工的农民目前均是"非法"药工，排除在监管体系之外，应将这些人员登记注册，为国所用，这些人是我国发展中药材产业的人才！是中药材产业的螺丝钉！我们一边喊人才不够，而实际情况是人才在浪费、在流失。

5. 药材市场价格的低迷及饮片交易过程中的回扣是导致伪劣药材饮片进入市场的因素之一

我们认为提高我国整体中药材栽培水平及饮片加工和营销水平才是真正的监管方向。

八、针对我国目前中药材产业的现状提出三点建议

1. 尽快成立国家级中药材生产管理机构的必要性

中药材生产是属于农业生产的范畴，具备农业生产的所有特征，是一个"三农"问题，涉及千家万户。每年中药材种植面积为 300 万～700 万亩左右，是一个上百亿元人民币的产业，可以生产 1 000 亿元的食品、保健品和药品，而且直接关系到中华民族的生存发展与健康。中药材的 60%～70% 产在西部地区及贫困地区，农民种植药材本身就难以挣钱，哪里还有钱交认证费。2004 年笔者走访了全国的一些药材种植基地，现状令人担忧，2004 年药材的下种面积估计在 300 万亩以下，降到了最低谷。我们提出，要尽快成立一个国家级的"中药材生产管理"机构。目前的状况，不利于中药材产业的发展，中国药材公司改制后已经不能主管全国的药材生产，国家药监局只管认证和药材市场监管，无力管药材生产，卫生部、国家中医药管理局只管中医中药，国家科学技术部和国家发展与改革委员会只管中药材的科研项目申报及拨款，农业部只管粮食生产，中药材生产成了无国家主管部门的大产业，这是一个极大的政策误区，建议上级有关部门认真研究，尽早成立一个"国家中药材生产局"类似机构，将中药材生产管起来，配备专业药材种植人员，将全国所有的药材种植户进行注册登记，而不是现有的小范围的 GAP 认证制度；对每一个药材种植户进行监管、技术指导、技术服务，而不是现在的只对大企业中药材种植进行扶持；必须像 2004 年春季对每一个粮食种植户进行直补一样来扶持每个药材种植户，减免所有

的农业税及各种费用，而不是像现在的药材项目申报评审拨款制度；必须对中药材生产的政策及资金管理办法进行彻底的改革！只有这样，我国的中药材产业才会走向一个新的历史阶段，否则，我国的中药材产业将进入一个误区，会更加走向衰落。

2. 重视人才培养与管理，以免后继乏人

大力培训中药材栽培人才，重视使用现有人才，加强中药材栽培技术的研究、开发与推广，对各阶层的老药工、熟练加工户登记注册，为国所用。发展中药材产业，靠一个企业、一代人是不够的，人才的培养目前已成为瓶颈问题。现只有吉林农业大学中药材学院有中药材栽培专业，只有 60 学时的栽培课，吉林农业科技学院有 80 学时的栽培课，南京农业大学也有栽培专业，这 3 所学校每年培养 100 余名学生分布在全国，基层几乎没有专业的中药栽培人才，如果国家不加强中药材栽培教育经费投入，未来几年就没有搞栽培的后备力量了，这是一个多么紧迫和可怕的现实。

3. 加强和建设好国家级 17 个中药材专业交易市场，为种植户建立一条绿色通道

中药材栽培的特性决定中药材生产必须分配到千家万户，不可能被某一个企业或某一个商家所垄断。药材种植户经过1～3年的栽培，生产出的药材产品要在交易市场完成货币的回笼，收回资金进行下一年的农业生产，国家主管部门及地方政府应为种植户建立一条种植、加工、销售一条龙的绿色通道，在这个过程中加强监督，只有当大部分的种植户种植的药材能赢利的情况下，中药材产业才能稳步发展，如果种植户既要承担天灾风险、市场风险，还要承担政策风险的话，中药材产业是难以发展起来的。

以上是我们提出的三点建议，供上级有关部门参考，希望组织一些有实践经验和有责任心的人认真讨论调查研究，尽早提出更加合理的和切合我国国情的药材生产方案，付诸实施。

注：文中数据因难以准确统计，均为不完全统计数据。

附录二 甘草栽培与甘草酸生物合成及其调控的研究进展[*]

李 刚[1,2] 周成明[3] 姜晓莉[2] 何钟佩[1]

(1. 中国农业大学农学与生物技术学院，北京 100094；

2. 吉林农业科技学院，吉林 132109；

3. 北京大兴时珍中草药技术研究所，北京 102609)

摘 要 本文概述了国内外有关甘草酸生物合成及其调控方面的研究情况。从甘草药用成分主要种类；甘草酸的生物合成途径；甘草栽培及药用成分的研究现状三个方面进行了探讨，认为应用现代生物技术，系统地研究甘草次生代谢产物生物合成及产量形成的机理，研究利用高效、安全、无公害的植物生长物质协同提高甘草的产量、品质等潜力与适用技术，有可能成为甘草实现高产优质人工栽培的重要技术途径。

关键词 甘草酸，栽培，生物合成，调控

甘草（*Glycyrrhiza* sp.）是豆科（*Leguminosae*）甘草属药用植物，多年生草本，以根和根茎入药。甘草中药用成分主要是甘草酸（glycyrrhizic acid，GA），有和中缓急、润肺、解毒、调和诸药之功效，属于常用的中药之一，甘草除药用外，还用于食品、饲料、烟草、日化及畜牧业等。随着甘草的需求量的增大，野生资源面临枯竭，人工栽培甘草已有一定规模。特别是最新研究成果表明，甘草酸具有抑制 SARS（severe acute respiratory

---

* 引自《中药材》，第 27 卷，第 6 期，2004 年 6 月，第 462～465 页。

syndrome）冠状病毒（coronavirus）的作用，因此对甘草酸生物合成及调控的研究已引起人们极大的兴趣。

1. 甘草药用成分的主要种类

对甘草属植物药用成分的研究始于 19 世纪初，1809 年首次从甘草中分离类似甜味物质——甘草甜素，直到 1942 年才确定甘草次酸的结构，1950 年 Lythgoe 确定了甘草酸中糖的联结方式，从而确定了甘草酸的结构。目前已从甘草中分离出 160 余种甘草黄酮类化合物和 60 余种三萜类化合物以及香豆素类、18 种氨基酸、多种生物碱、雌性激素和多种有机酸等。

甘草酸属三萜类化合物，其分子式为：$C_{42}H_{62}O_{16}$，公认是最主要的药用成分，因此被确定用以评价甘草药材、成药的质量，制剂稳定性的优劣，制订药品质量标准等。甘草酸为便于食用，一般制成可溶的盐（称为甘草甜素，glycyrrhizin，CL）。

2. 甘草酸主要药理作用

近年来研究表明，甘草酸及其盐类甘草甜素有抗炎、抗病毒、对小鼠肝细胞凋亡的影响、免疫调节以及降脂等功效。

抗炎是甘草酸类最主要的药理作用之一。Yi 等研究认为甘草酸既能增加与干扰素 γ 共同培养的 M_{Ψ} 产生 NO 的能力，也能增加与 ConA 共同培养的 M_{Ψ} 产生 NO 的能力。黄能慧等应用甘草酸铵注射给药，对巴豆油、醋酸所致的急性炎症、Freund's 完全佐剂所致的免疫性炎症均具有抑制作用，能减轻急性炎症的红肿反应，以及抑制慢性炎症引致的肉芽组织增生。

肝炎是危害人类健康的严重疾病之一，尤其是慢性肝炎可引起肝硬化、肝癌等后果。Van Rossum 等总结日本临床资料发现，短期应用甘草酸治疗可有效地降低血清 ALT 水平，并且改善了肝组织损伤状况；长期应用可以预防肝细胞癌征象的发生。

20 世纪 80 年代日本学者首次报道了 CL 抗爱滋病毒 HIV 的作用，实验证明 GL 可明显抑制 HIV 增殖，并具有免疫激活作用。甘草酸具有降血脂与抗动脉粥样硬化作用，阻止动脉粥样硬化的形成。黄能慧等应用动物模型证实,甘草酸灌胃给药对哺乳幼大鼠及鲜蛋黄液诱发的小鼠高血脂均有降低作用。另外,用高脂饮食喂饲家鸽,诱发的血清胆固醇升高也有明显的抑制作用。

J Ginatl 等的报道,GL 抑制 50％细胞病变所需药物浓度为 316～625 毫克/升,如达到 4 000 毫克/升,则可完全阻断该病毒的复制。至于其作用机制目前尚不清楚,根据作者所做的初步试验认为,可能与 GL 在 Vero 细胞中诱生一氧化氮(nitrouso-xide)合成、从而抑制病毒的复制有关。我国不少单位在治疗 SARS 的过程中应用过美能(复方甘草酸苷),并且取得了一定的效果和经验。因此,关于甘草酸及其制剂的研究已引起人们足够的重视。

3. 甘草酸的生物合成途径

关于甘草酸代谢方面的研究很少,但植物次生代谢物合成途径是清晰的,主要有苯丙烷代谢途径、异戊二烯代谢途径和生物碱合成途径等。异戊二烯代谢途径可分别合成包括激动素、赤霉素、类胡萝卜素、甾醇、叶绿素等在内的单萜、倍半萜、二萜和多萜等次生代谢物,作为三萜类次生产物的甘草酸是在异戊二烯代谢途径合成的,在其由乙酰 CoA 反应而生成的 IPP 可进一步合成 CPP、FPP 和 GGPP,后者分别在单萜环化酶、倍半萜环化酶和二萜环化酶的催化作用下被分别环化成单萜、倍半萜和二萜次生代谢物;由 FPP 也可进一步合成鲨烯和甾醇及多萜次生代谢物。植物 IPP 的合成有两条不同的途径,其中一条是由乙酰 CoA 经过甲羟戊酸合成,该途径合成的 IPP 主要用于合成甾醇、倍半萜和三萜次生代谢物。甘草酸的生物合成途径为甘草酸的异戊二烯生物合成途径(图 1)。

次生代谢产物产生于乙酸、莽草酸及甲羟戊酸等少数几个前体,这些前体来自初生代谢,经酶催化形成几大类基本骨架,再经各种类型的酶促反应进行修饰,产生千差万别的次生代谢产物。

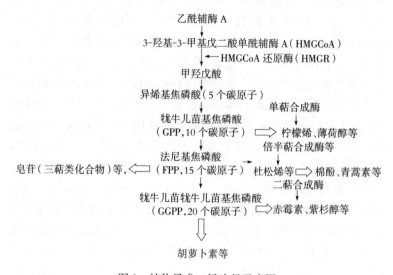

图 1　植物异戊二烯途径示意图

4. 甘草栽培的研究现状

随着甘草的用量越来越大，野生资源面临枯竭，肖培根等指出中药资源的无序开发及乱挖滥采导致生态环境的严重恶化，如在内蒙古、新疆等地区，严重破坏了野生甘草资源和草原植被，并加速了草原沙化。目前，甘草人工栽培的技术已开始受到重视并取得了阶段成果，如野生变家植驯化、人工栽培和发芽低的问题基本解决，并对甘草栽培过程中病虫害的防治、甘草不同龄期及不同种的甘草酸含药量、化学成分而存在的差异内容等做了研究。但缺乏有关甘草酸生物合成动力学规律的研究。此外，甘草种子经常规消毒后播在 MS 培养基上进行无菌萌发，得到无菌苗。取其下胚轴 3～5 毫米小段，子叶 3 毫米小段，胚根 3 毫米，小段分别接种于培养基中，安利佳等报道培养基①MS＋ZT0.2 毫克/升，②MS＋BA2 毫克/升，③MS＋KT2 毫克/升＋ZT2 毫克/升＋NAA0.2 毫克/升，④MS＋BA0.2 毫克/升＋NAA2 毫克/升均能产生愈伤组织，诱导率分别为 95％、86％、80％ 及 100％。于林清等实验认为 MS＋2，4－D1.2 毫克/升＋6－BA1.0 毫克/升＋3％蔗糖＋0.8 琼脂为甘草愈伤组织诱导最佳培养基，并且用 MS＋13.5 毫克/升 KH$_2$PO$_4$＋3％蔗糖＋0.8 琼脂无激素生根培养基获得了带叶茎段直接生根成苗的再生植株，具有生根率、种苗移栽成活率均高的特点。张荫麟等用发根农杆菌 15834 菌株感染甘草无菌实生苗的下胚轴或子叶后，诱导出发状根，在 3 周液体培养期间，发状根增殖速度为 43.6～46.9 倍，在 10 升转瓶培养条件下生长良好，发现发状根中甘草黄酮类化合物含量高于正常根培养物。为扩大药源、增加产量，国内外均有人曾试图通过甘草细胞培养技术大量生产甘草的主要成分甘草酸，值得注意的是，报道的结果不一，Henry 等报道甘草愈伤组织和悬浮培养细胞中检测不到甘草酸。因此在目前甘草细胞培养的情况下，解决甘草供需矛盾的关键还在于挖掘人工种植甘草的潜力，把甘草栽培应用现代生物技术与育种结合起来提高甘草产量，稳定甘草含药量，缩短甘草栽培年限，才是提高人工种植甘草的经济效益的有效之路。但实际生产中，存在着保苗率低、产量不高、效益差、药材质量不稳及有效成分检测技术不利于大样本、低成本检测等实际问题，特别是作为一个特殊商品生产，缺乏必要的产业化体系的研究与建设，如不能对上述问题及时很好解决，必将影响甘草药材产业的可持续发展及对自然环境的保护。

5. 展望

现代植物生理学研究表明，一切形态、物质、能量的转变都从属于信息系统的变化，21 世纪世界农业发展已把调控植物内源激素系统的信息控制技术列为技术创新的重要组成部分。应用环境友好型植物生长物质调控技术改善大豆、花生、甜豌豆、苜蓿等豆科作物品质方面的研究已有不少的报道，为我们研究根类药用植物增产、改善品质机制提供了全新的思路和高技术平台。因此，利用植物激素信息调控机理、免疫学技术和同位素示踪技术，系统地研究甘草酸生物合成及产量形成的机理，研究利用高效、安全、无公害的植物生长物质，协同提高甘草的产量、稳定有效成分含量和改善品质等潜力与适用技术，有可能成为甘草实现高产优质人工栽培的重要技术途径。为国内外市场提供大量的优质甘草，对保护珍稀濒危的野生甘草资源、减轻对生态环境的破坏、发展我国中药材生产及西部开发具有重要的意义。

附录三　人工种植乌拉尔甘草根中甘草酸含量的测定*

苑可武[1]　周成明[2]　凌海燕[1]　白芳[1]　徐文豪[1]　李刚[3]

（1. 中国医药研究开发中心，北京 102206；

2. 北京大兴时珍中草药技术研究所，北京 102609；

3. 中国农业大学，北京 100094）

摘　要　**目的**：测定不同产地不同生长年限的栽培甘草和野生甘草根中甘草酸的含量。**方法**：采用高效液相色谱法。**结论**：栽培二年以上的甘草根中甘草酸含量能够达到或接近药典要求，可以代替野生甘草入药。

关键词　乌拉尔甘草　栽培　甘草酸测定

甘草是豆科植物乌拉尔甘草（*Glycyrrhiza uralensis* Fisch.）的干燥根及根茎，是传统中医临床中最常用的一味中草药，在《神农本草经》中被列为上品，《本草经集注》中称"此草最为众药之王，经方少有不用者"。传统中医药理论认为，甘草具有补脾益气、清热解毒、祛痰止咳、缓急止痛、调和诸药等作用，现代药理学研究也证明其有抗氧化、抗病毒、抗艾滋病、抗菌消炎、抗变态反应、抗溃疡、抗动脉硬化、抗肿瘤以及镇咳祛痰和解毒等诸多功效。另外，甘草除在医药领域的应用外，还广泛应用于烟草、食品以及化妆品等行业，因此其市场需求量十分巨大。

甘草在我国主要分布于内蒙古、宁夏、新疆、甘肃、东北等

---

* 引自《中草药》，2004 年增刊。

北方地区。近年来，随着甘草开发利用的不断深入，全世界对甘草的需求量也日益增长，其中日本、美国等国每年从中国进口甘草逾万吨，我国作为主要的甘草出口国，甘草的产量和出口量连年攀升。由于最初的法规不健全、管理不到位，野生甘草常年无计划的被连续采挖，再加上过度放牧、自然灾害和毁草开荒等因素的影响，使我国的野生甘草资源遭到了严重的破坏，有的地方甚至面临枯竭。如甘肃庆阳地区，1986—1988 年间，每年可收购 5 000 吨甘草，而到 1999 年收购 10 吨甘草都已非常困难。此外，甘草作为荒漠地区的重要固沙植物，滥采滥挖造成当地生态环境严重恶化。

　　为了解决甘草的供需矛盾，各地政府在实行围栏管护、禁止采挖的同时，大力研究和推广甘草的家种技术，人工种植甘草受到政府和企业以及科研单位的广泛重视。但是家种甘草产品能否替代野生甘草，甘草酸含量是否能达到药典要求，还是一个大家所关注的问题。国内已有人对家种甘草根中甘草酸含量进行过测定，但各种植基地样品收集不全。本文选择甘草酸这一公认的甘草主要活性成分作为衡量甘草质量的指标之一，严格采集了栽培生产面积较大的北京、内蒙古、山西、黑龙江和吉林等地二年生或三年生甘草的根，按照药典方法，分别测定甘草酸含量，并与野生甘草进行比较，为确定家种甘草的最佳采收期提供科学依据。

1. 仪器与试药

　　1.1　仪器　美国 Waters 510 高效液相色谱泵；Waters 486 多波长紫外检测器；Waters 740 数据处理仪。

　　1.2　试药　甘草酸单铵盐对照品（购自中国药品生物制品制定所）；甘草药材（由北京大兴时珍中草药技术研究所大面积种植基地严格采样提供，并鉴定为乌拉尔甘草 *G. uralensis* Fisch. ）。

2. 方法与结果

　　2.1　线性关系　精密称取甘草酸单铵盐对照品 10 毫克，置

50毫升量瓶中，加甲醇溶解并稀释至刻度，摇匀，即得对照品溶液。精密吸取此溶液2、4、6、8、10微升，分别注入液相色谱仪，以峰面积为纵坐标，进样量（微克）为横坐标绘制标准曲线，得回归方程：$Y=1680016X-98431$，$r=0.9999$，线性范围为0.4192～2.096微克。

2.2　仪器精密度　精密吸取对照品溶液5微升注入液相色谱仪，连续进样5次，记录峰面积值，其$RSD=1.49\%$，仪器精密度良好。

2.3　供试品溶液的制备　取粉碎至中粉的甘草样品约0.3克，精密称定，置50毫升量瓶中，加流动相约45毫升，超声处理（功率250瓦，频率20千赫）30分钟，取出，放冷，加流动相至刻度，摇匀，滤过，即得。

2.4　样品测定　精密吸取供试品溶液和对照品溶液各5微升，分别注入液相色谱仪，以外标法计算含量，结果见表1。

表1　不同产地不同生长年限栽培和野生甘草根中甘草酸含量比较

样品	生长年限	产地	甘草酸含量（%）
栽培甘草	二年生	北京大兴	2.035
		内蒙古包头	2.112
		山西侯马	2.189
		河北承德	1.973
		黑龙江宾县	1.852
		吉林农安	1.878
	三年生	北京大兴	2.683
		内蒙古包头	3.819
		山西侯马	4.312
		河北承德	2.988
		黑龙江宾县	2.246
		吉林农安	2.940
野生甘草	多年生	内蒙古赤峰	6.149
		山西原平	6.149
		宁夏盐池	4.325
		新疆库尔勒	3.948

3. 结果与讨论

因为目前市场上家种甘草商品大都为二年生或三年生，因此本文对二年生或三年生的家种甘草样品进行了严格检测。结果表明，二年生的家种甘草北京、内蒙古、山西产的达到药典含量要求，河北、吉林、黑龙江产的接近药典要求。三年生的甘草根中甘草酸的含量均超过药典要求，但均低于野生甘草酸的含量。因此，生长二年以上的甘草均符合药典要求，完全可以替代野生甘草入药。

附录四　常用中药材种植生产效益分析参考简表

品种	采收年限	亩播种量（千克）	千粒重（克）	种子单价（元/千克）	亩产（千克/亩）	药材单价（元/千克）
根及根茎类						
人参	6	30 克/米²	27	1 200	700	120
三七	3	40 克/米²	20	1 000	240	60
大黄	3	4～5	14		300～500	12
川芎	2	30～40			100～150	11
山药	1	5 500～8 000 芽			400～500	9
太子参	3	80～100	16.5		200～300	19
云木香	3	1	0.85		400～600	6
天门冬	3～4	10～12 育苗	48		300～350	18
天南星	1	20～45	34		300～400	12
天麻	2	300	0.001 5		250	70
丹参	1	50	1.6		250～300	6
乌头	2	10 000	0.9		300～450	13
平贝	1	300	3	24	1 000	60
半夏	2	100	10		200～300	35
玉竹	1	250～300	32		600～700	17
甘草	2	3～4	7	90	400～700	200
龙丹	3	0.15	0.003	600	250	31
北沙参	3	3.5～7	24.5	60	300	10
玄参	1	50	0.2		300	6
白术	3	5～6	26～37		250	25
白芍	3～4	3～4	161		300～400	9
白芷	2	1～1.5	3.2		350	7
白芨	4	20	0.006		200	14
百合	2	150		150～200	20	13
百部	2～3	2～2.5	27		200～300	9

（续）

品种	采收年限	亩播种量（千克）	千粒重（克）	种子单价（元/千克）	亩产（千克/亩）	药材单价（元/千克）
西洋参	4	5～6	24		150～200	250
红景天	3	1	0.4	2 000	100	15
地黄	1	100 千克栽子	0.2		700～1 000	5
当归	2	4～5	2.3		250～350	10
防风	3	1.5～2	4.1	80	200	18
远志	3	2			200～250	70
怀牛膝	1	2～3	1.08		250～350	8
苍术	2	2～3			150～200	5
何首乌	3～4	0.8	2.3		250～300	11
苦参	2～3	1.5	50		150～190	5
延胡索	2	50～60 千克栽子	1.2～1.4		150～220	54
麦冬	2～3	33 350 株	32		200～250	12
板蓝根	1	1.5～2	10	60	200	5
知母	3	1～2	7.5～8		150～200	10
穿山龙	3	5 500～8 000 芽	9.5		200～300	6
独活	2	2			200～250	6
桔梗	3	1～2	1.1	80	200	11
党参	3	0.5～1	0.3	80	250	8
柴胡	2～3	2～3		60	200	18
射干	3～4	2.5	23	20	300～400	16
黄芩	3	0.5～0.7	1.5	100	250	11
黄芪	3	1.5～2	5.8	80～120	200	11
黄连	5～6	2～3	1.1	150	250～300	28
黄精	3～4	250～300 种栽	38		350～550	14
紫菀	1～2	15～20			400	5
紫草	3	3.5～4	8.7		150～200	16
种子果实						
小茴香	1	1	4.2		100～125	8
山茱萸	8～10	30～40 育苗			180	22
马兜铃	2	1	8.3		150	13
木瓜	3～5	165	54		150～200	16
王不留行	2	1.5	3.1		200	5
五味子	6	3.5～4	10.7	120	200	18

（续）

品种	采收年限	亩播种量（千克）	千粒重（克）	种子单价（元/千克）	亩产（千克/亩）	药材单价（元/千克）
车前	1	0.3	1.2	40	70～100	7
牛蒡子	2	1	10		150～200	8
白扁豆	1	2.5	338		150～250	10.5
决明	1	1～1.5	28～31		200～300	5
肉豆蔻	6～7	4～5			300～550	32
连翘	5	1.5～2	5.1		100～130	8
补骨脂	1	1～1.5	15		200～250	5
吴茱萸	3	110 株			600	38
佛手	5～7	100 株			500～600	21
罗汉果	3	2～3			200～300	20
使君子	3	110 株			500～600	21
柏子仁	7～8	7.5			200～300	28
枸杞	6	0.15	1		300～400	19
枳壳	5～7	4～6	115		400～800	9
砂仁	2～3	600 株			20～30	135
鸦胆子	6～7	4～5	50		500～600	8
栝蒌	1～2	6～8	207		1 000～1 200	16
益智	3～4	2～3			150～200	6.5
栀子	3～4	2～3			250～300	15
银杏	15～20	40	2 600		1 000～1 500	22
酸枣	2～3	4～5			150～200	33
蔓荆子	2～3	2～3			200～300	9
薏苡	1	5	83		250～300	20
全草类						
长春花	1	1～2	1.2		200	10
半支莲	1	0.3～0.5			500～600	5
仙鹤草	2	1			400～500	5
白花蛇舌草	1	1			300	13
红豆杉	5～8	5～6			2 000	8
细辛	6	1～1.5	4.9	120	150	25
穿心莲	1	3～5	0.9～1.5	300～400	10	
荆芥	1	1～1.5	0.25		200～300	3.5
绞股蓝	1	1～1.5			300～500	8
香薷	1	0.5～1	0.8		300～400	6.5
麻黄	1	4 000 株	5		150～200	5

（续）

品种	采收年限	亩播种量（千克）	千粒重（克）	种子单价（元/千克）	亩产（千克/亩）	药材单价（元/千克）
紫苏	1	0.5～1	0.9		250～300	4
颠茄	1	0.5	1.1		150～250	6
薄荷	1	100 种栽	0.7		300～400	5.5
瞿麦	1	0.5～1	0.3			5
藿香	1	0.3～0.5			300～500	7
叶　类						
芦荟	2～3	2 500～2 700 株			30～40	35
甜叶菊	1	3	0.25～0.4		150～200	10
皮　类						
牡丹皮	3～4	60	198		250～350	29
肉桂	15	15	650		200～250	8
杜仲	15～20	7～8	73		250	35
厚朴	20～25	8			200～250	19
黄柏	10	2～2.5	13～15	80	200～400	6.5
花　类						
丁香	5～6	8～10	255		50～80	17
西红花	1	2.5 万～3 万株			1～1.5	5 000
红花	1	2.5～3	35	40	30	60
辛夷	5～7	2～3			200～250	45
金莲花	2～3	2～3			30～50	16
金银花	3	1～1.5	3.4		150～200	42
洋金花	1	0.2～0.3	7.2～8		150～200	25
菊花	1	3.5 万～4 万株	0.1		80～120	14
款冬	1	30 种根			30	35
藤木及树脂类						
安息香	10	4	160		10～20	95
苏木	8	15～20	740		3～5 株	9
菌　类						
冬虫夏草	野生				1 千克/米²	25 000
灵芝	45～60 天				20～25 克/瓶	50
茯苓	1				5～10 千克/窖	9
猪苓	2～3				2 千克/窖	29
猴头	45～60 天				10～15 克/瓶	60

新疆富捷甘草集团公司简介

　　新疆富捷甘草集团公司董事长：陈振鸿，男，汉族，1963年出生。1988年毕业于陕西中医学院，长期在医药行业工作，2004—2008年负责主持了新疆农业综合开发办项目："塔河万亩甘草人工种植与管护"、新疆中小企业创新基金项目"光甘草定产品中试"、新疆科技厅项目："罗布麻系列产品综合开发"、新疆经贸厅项目"罗布麻种植基地建设及产业化开发"等等。

　　新疆富捷甘草集团公司分别由位于陕西西安市经济技术开发区的西安富捷药业有限公司和位于新疆沙雅县的新疆富捷生态农业开发有限责任公司、新疆富沃药业有限公司组成。是专门从事甘草资源保护、利用、开发、人工种植、产品的初级加工、精品生产、新产品研发、甘草废渣提取黄酮和生产生物有机肥的集团化公司，是我国从事甘草种植和加工的重点企业。

　　公司在沙雅县拥有10万亩甘草基地，并取得了有50年使用权的草场使用权证，已实施围栏管护6万亩。本公司基地的甘草通过IFOAM有机产品认证（国际认可），人工种植甘草（无性繁殖、种子繁殖）10 000亩，为集团的加工企业提供了有机甘草原料上的保障。两个制药企业分别于2004年、2006年通过GMP认证，主要产品有甘草浸膏、粉、霜，甘草酸粉，甘草单铵盐，甘草酸二铵，甘草酸单钾、二钾、三钾，甘草次酸，甘草锌，甘草甜素R19、R21，甘草黄酮等系列产品。西安富捷药业有限公司被陕西省科技厅授予"高新技术企业"，被西安市工商局连续五年授予"诚信单位"注册的"富捷"牌商标被评为陕西省"著名商标",新疆富沃药业公司被阿克苏地区授予"农业产业化重点龙头企业"和"重点扶优扶强"企业称号。集团公司现有员工:281人,具有大专以上学历56人,其中高级职称12人,初级以上职称40人。生产企业设备先进,拥有国际领先的生产制备工艺,配备先进的检测仪器,产品质量优良,在甘草领域具有很高的知名度和市场份额,深受用户的信赖。我们秉承"以诚信求发展,创新、敬业、务实"的经营理念,致力于为甘草产业化发展做出贡献。

联系方式:陈振鸿　13909971278、13909218178

图书在版编目（CIP）数据

80种常用中草药栽培、提取、营销/周成明等编著
.—3版.—北京：中国农业出版社，2014.11（2020.4重印）
ISBN 978-7-109-19575-2

Ⅰ.①8… Ⅱ.①周… Ⅲ.①药用植物－栽培技术②
中药化学成分－提取③中草药－市场营销－中国 Ⅳ.
①S567②R284.2③F724.73

中国版本图书馆CIP数据核字（2014）第215275号

中国农业出版社出版
（北京市朝阳区麦子店街18号楼）
（邮政编码100125）
责任编辑 贺志清 舒 薇

中农印务有限公司印刷 新华书店北京发行所发行
2015年1月第3版 2020年4月北京第4次印刷

开本：850mm×1168mm 1/32 印张：13.25 插页：2
字数：332千字
定价：40.00元
（凡本版图书出现印刷、装订错误，请向出版社发行部调换）